会展专业核心课系列教材

会展导论

张 义 主编

复旦大学出版社

前　言

会展业作为我国的新兴产业、朝阳产业、无烟产业,越来越受到政府、企业、学者以及普通民众的重视。而会展产业也确实为我国经济社会发展作出了巨大贡献。我国会展行业规模近年来平稳增长,据统计,2019 年我国在专业展览展馆举办的展会共计 6 000 场,总面积超过 1.3 亿平方米,展会举办规模和可供展览面积均居世界首位,展览服务市场收入约为 1 000 亿元。随着世博会、进博会、互联网大会、国际体育赛事相继举办,我国会展经济日趋专业化和国际化,已然成为我国服务型经济发展的新增长点。

本教材既有理论的深入分析,又具有实践的可操作性。本教材资料翔实,体系完整,内容有一定的创新性。教材总共分为八章,第一章为会展概述,第二章为会展产业分析,第三至第五章依次介绍会议业、展览业和节事活动,第六章为会展城市分析,第七章为会展宏观管理,第八章为会展支撑体系与会展业发展。

本教材的编者队伍是在全国各个学校具有丰富教学经验的会展专业教师。在编写过程中,我们参考了大量的教材、著作及论文,这些参考文献在书后均已列示。但更多的参考资料则因为教材编写的特殊性而无法详细加以注明,在此向这些作者表示衷心感谢。由于编者学识所限,书中难免会有错误和不当之处,恳请不吝赐教和批评指正,我们将在修订中认真吸取,使本书不断完善。

编　者
2020 年 8 月于上海

目 录

第一章 会展概述 … 001
第一节 会展的内涵与外延 … 001
第二节 会展产业与会展经济 … 010
第三节 会展业现状、问题与发展趋势 … 015
第四节 会展人才与会展教育 … 027

第二章 会展产业分析 … 039
第一节 会展产业的形成和发展 … 039
第二节 会展产业的产业属性 … 045
第三节 会展产业的产品及其生产和消费过程 … 050
第四节 会展产品的供求关系 … 056

第三章 会议业 … 063
第一节 概述 … 063
第二节 会议的需求特点 … 074
第三节 会议策划 … 081

第四章 展览业 … 098
第一节 概述 … 098
第二节 展览会参与主体分析 … 108
第三节 展览会策划 … 113

第五章 节事活动 … 124
第一节 概述 … 124
第二节 节事活动的发展 … 139
第三节 节事活动策划 … 145

第六章 会展城市分析 ……………………………… 149
第一节 会展产业与城市发展 …………………… 149
第二节 会展城市的形成条件与发展策略 ………… 153
第三节 我国会展城市的发展格局 ………………… 170

第七章 会展宏观管理 ……………………………… 194
第一节 会展业的政府参与模式 …………………… 194
第二节 会展业的行业管理模式 …………………… 201
第三节 国际会展组织及其管理运行 ……………… 204

第八章 会展支撑体系与会展业发展 ……………… 213
第一节 现代科技与会展业 ………………………… 213
第二节 旅游业与会展业 …………………………… 224
第三节 会展媒体的发展 …………………………… 228
第四节 会展业相关法律 …………………………… 236

主要参考文献 ……………………………………… 249

第一章 会展概述

学习目标

理解会展的内涵与外延
理解会展产业与会展经济
熟悉会展业现状、存在的问题与发展趋势
了解会展人才与会展教育

第一节 会展的内涵与外延

一、会展的内涵

"会展"是在汉语语境中出现的一个新词语,从字面理解,"会展"由会议和展览两个词语组合而成,但外文中并没有一个单词直接与"会展"相对应。

(一)国外的界定

最近几年,会展理论界出现了一个翻译国外著作的热潮(目前国内翻译的国外著作已有几十本),这是一个学科发展的重要途径。我们发现,国内学者的译著书名中很多都出现"会展"二字,而中文"会展"所对应的英文单词并不一致。为了更好地把握会展的内涵,我们对国际上和"会展"相对应的英文单词作简单归纳如下:

1. 会议类

如:convention,conference,meeting,congress 等,这些都是中文语境中的"会议"之义。不同的会议性质,分别对应不同的英文单词,这类单词代表对会展内涵的一种理解,把会展的研究对象界定为会议,主要研究会议的筹办运营管理。另外在美国,有人也把展览会看作是会议的一种来讨论(如 AH&LA 的饭店管理教材中的 convention management and service)。

2. 展览类

如:exhibition,exposition 等,持这类观点者只讨论展览,主要讨论展览搭建、招展、营销、人力资源、项目管理、物流等。这类观点以欧洲为代表。

3. 会议与展览类

即"CE"或"ME"——convention and exhibition 或 meeting and exhibition 等,持这

种观点者把会议和展览作为研究对象,这类观点以欧洲为代表。

4. MICE

即 meeting(公司业务会议)、incentive(奖励旅游)、convention(大会)、exhibition (展览)(也有学者提出是 events,这点后面将有论述),这四个英文单词的首字母缩写。该缩写 1990 年代中期被正式采用,在全球有一定的影响。这类观点以美国为代表。

5. 事件类

即 event(事件)。事件又可以分成两种,一种是大"event",一种是节事(FSE)。大"event"主要以 Getz 为代表,他把事件分成八种类型,我们一般意义上的会展外延都在其中。节事是特殊事件(special event)和节庆(festival)的合称。这类观点也以美国为代表。

从现有的网站介绍、名片、台历、相关会展文献摘要与会展资料的"汉译英"来看,我国"会展"二字的英文翻译大概存在三种类型,即"Convention & Exhibition""MICE"和"Exhibition",其中以第一种为主。

资料链接 1-1

进博会推动上海会展业快速发展,提速会展之都建设

中外瞩目的首届中国国际进口博览会,让外形酷似四叶草的国家会展中心(上海)跃上国际舞台,成为 2018 年全球最热闹的展馆之一:根据其年度推介会发布的数据,2018 年"四叶草"共承接 111 场展会及活动,平均每三天就有一场,总展览面积近 650.00 万平方米,比上一年增长近 20.00%。

首届中国国际进口博览会取得巨大成功,成为推动上海会展业快速发展的强大引擎。它不仅提升了上海作为国际知名会展城市的影响力,更在无形之中加快了上海建设会展之都的步伐。

根据上海市会展行业协会提供的最新数据,2018 年上海共举办国际、国内展览会以及各类会议、活动合计 994 场,总展览面积 1 906.31 万平方米,数量同比增长了 18.05%,面积同比增长了 8.04%。协会相关负责人透露,照此增长速度,今年增长率只需超过 5.00%,上海会展业"十三五"规划目标——年度展览总面积 2 000.00 万平方米将提前达成。

数字中还有玄机。细究这些在上海举办的展会,不仅数量多、面积大,而且质量高、国际化程度高。其中,国际性展会的办展面积超过了 1 400.00 万平方米,接近 2017 年广州和北京总展览规模之和。在汽车、设备制造、纺织、食品加工等领域,上海展会规模和质量居于全国领先地位。特别是去年 11 月在"四叶草"举办的首届中国国际进口博览会,六天展会期间共吸引 172 个国家、地区和国际组织参会,3 600 多家企业参展,超过 40 万名境内外采购商到会洽谈采购,展览面积达 30.00 万平方米,无论从规模还是水平看,都堪称史无前例。

从场馆来看,新国际博览中心、国家会展中心(上海)、世博展览馆三座大型场馆撑起了上海会展业的宏大格局。数据显示,三大展馆2018年共承接展览会278场,展出面积达到1 430.16万平方米。其中,新国际博览中心和世博展览馆出租率最高,均在50.00%以上;国家会展中心(上海)出租面积增速最快,增长了69.04万平方米,增速达14.16%。值得一提的是,国家会展中心(上海)正在上海会展业中扮演着越来越重要的角色。2018年,"四叶草"承接的总展览面积约为上海一年总展览面积的三分之一,首届中国国际进口博览会成功举办更加巩固了"四叶草"在国内会展业的龙头地位。

纵观世界发达国家和地区,会展经济都是重要的经济增长点,意大利米兰、德国汉诺威无不是响当当的"国际会展之都"。对于上海而言,如今展会的层级越来越高,进博会、上交会、上海车展、工博会、医药展、华交会,每一场重大活动都是城市发展的历史机遇,也是提升上海作为国际知名会展城市影响力的巨大契机。

根据2018年9月市商务委发布的《上海市建设国际会展之都专项行动计划(2018—2020年)》,上海将从品牌展会、品牌主体、营商环境以及经济社会效益四方面发力会展业。到2020年,培育一批具有国际领先水平的顶级展会,入选世界百强商展的展会数量超过15个;会展业直接收入超过180亿元,拉动相关行业收入达到1 600亿元以上。

资料来源:http://sh.sina.com.cn

(二) 国内的界定

经初步统计,国内会展的教材专著出版已经有上百种,但对于会展的界定,学者有不同的看法。

1. 内涵-外延型

这种类型的定义是通过对会展的内涵阐述,推导出会展外延。

对会展含义较早的阐释是:"会展是会议、展览、展销、体育等集体性活动的简称,是指在一定地域空间,由许多人在一起形成的、定期或不定期的、制度或非制度的、传递和交流信息的群众性社会活动。它包括各种类型的大型会议、展览展销活动、体育竞技运动、大规模商品交易活动等,诸如各种展览会、博览会、体育运动会、大型国内外会议和交易会等,其中展览业是会展的重要组成部分。"[1]这一阐述概括了会展的定义,并给出了会展的外延。该界定在理论界引用率很高。

2. 内涵特征型

这种界定只是对会展的内涵特征进行描述。例如一种获得较多学者认可的定义为:"会展是以追求经济效益为主要目的,以企业化运作提供社会化服务,以口头交流信息或者几种陈列展示物品为主要方式的集体性和综合性活动。"[2]这个定义只是给出了

---

[1] 刘松萍、梁文,《会展市场营销》,中国商务出版社,2004年。
[2] 向国敏,《会展实务》,中国审计出版社,2005年。

会展的内涵特征,并没有给出会展的外延,但从该定义的内容上可以推断,它认可的会展外延是会议、展览、大型或综合性活动。这样的定义已经触及了会展的一些内涵特质,如:特定空间、特定时间、集体性、交流等。

3. 外延界定型

这种类型的定义避开对会展内涵的界定,而是直接从会展的外延入手,先对会展的外延分类,然后再分别对每一类外延进行界定。这种外延型界定模式在早期的会展教材中被较多地采用。

比较典型的是马勇、肖轶楠在2004年出版的《会展概论》中对会展的界定,首先把会展分为狭义会展和广义会展,狭义会展即"CE"或"ME",以欧洲为代表,广义会展即"MICE"。随之分别对会议、展览进行了界定。该书没有对活动进行界定,但认为"MICE"中的"E"指"event",这就扩展了原来那个"E"即"exhibition",这样广义的会展外延扩展为"各种类型的专业会议、博览交易会(如展览会、交易会、招商会、发布会、专业与专题会、颁奖会、研讨会等)、奖励旅游以及各种事件活动,如庆典活动、节庆活动、文化活动、科技活动、体育活动等"①。

资料链接 1-2

不同会展参与者的会展观

市长说:会展是一项提升城市两个文明建设、利国利民的德政工程。会展经济是飞机在城市上空撒钱的经济。

学者说:会展是智者的峰会,是传播新思想、新观念的论坛。

模特说:会展是梳妆台,企业争先来,靓女靠打扮,产品靠会展。

预言家说:会展是充满活力、前途无量的朝阳产业。

哲学家说:会展是企业经营理念的展示,是步入市场经济后理性成熟的表现。

建筑家说:会展场馆规模宏大、气派,是城市标志性建筑。

数学家说:会展的布展是排列与组合、平面与立体、黄金分割与数模运筹的应用。

美术家说:会展是生活中又一道五彩斑斓、丰富亮丽的色彩。

IT总裁说:会展是各种信息交流、碰撞、传递与嬗变的信息加工器。

组展商说:会展是特殊的服务行业,核心本质是服务。"好儿郎最会伺候人"。

搭建商说:会展是"奢华",一掷千金三五天,是最短命的装饰工程。

参展商说:会展是最经济、最实惠、最有效的立体营销广告。

老百姓说:会展是购买物美价廉、货真价实物品的好去处。

展览公司说:会展"展示别人即展示自己"。

---

① 马勇、肖轶楠,《会展概论》,中国商务出版社,2004年。

> 气象学家说：会展是经济发展、产品走势的风向标、晴雨表。
> 环保专家说：会展是"不冒烟的工厂"，是无污染的绿色产业。
> 化学专家说：会展过热，市场化合反应后，一部分生成的是"泡沫"。
> 经济学家说：会展是经济发展的又一个新的增长点。
> 展台设计者说：会展是受参展商资金与观念限制的艺术创作。
> 软件小摊贩说：会展是视窗，打开之后，也不乏各类盗版。
> 投机招展商说：展不在好，能办则赢；展不在精，能捞则灵。
> 武侠小说爱好者说：会展人像"葵花宝典"，有些最终成了碎片，随风而散。
> 资料来源：杨顺勇、曹杨，《会展知识手册》，化学工业出版社，2007年版

（三）会展理论的几种观点

会展理论正处于百家争鸣的局面，对会展的认识，大体可以分成以下几种类别：

1. event（事件）类

这一派别主要受美国以研究事件旅游而闻名的学者 Getz 的影响，Getz 把研究重点放在经过策划的事件，他认为经过策划的事件分为8种：文化庆典、文艺/娱乐事件、商贸（business/trade 包括展览会/展销会、交易会、博览会、会议、广告促销、募捐/筹资活动）、体育赛事、科教事件、休闲事件、政治事件、私人事件。从这8种类型可以看出，这是一种非常宽泛的事件型"会展"概念，这样的定义认为，会议、展览等无非都是一种"event"——一种经过策划的"event"，所以，Getz 用"event"来定义会展。

狭义 event 指节事（FSE，Festival & Special Event，Goldblatt，1990），节事的研究对象是节庆和特殊事件，节庆即在节日所组织的活动，"特殊事件经过事先策划，往往能激发起人们强烈的庆祝期待"（Goldblatt，1990）。这一概念衍生出来的节事管理、节事营销等，在美国、德国有一定的支持度，各种节事活动也非常需要节事理论的指导。

节事理论在中国也有一定的发展，研究节庆的学者、介绍节庆的书籍越来越多，但节庆研究相对于会议和展览研究来讲还显得有些滞后。

2. 展览类

国内会展理论界的大部分观点属于这一类。这些观点不管是从"广义会展"（会议、展览、活动）还是"狭义会展"（会议、展览）着眼，实际上阐述的仅仅是或绝大部分是展览的内容。因为持这种观点者认为，"展览业是会展的重要组成部分"[①]。这一类观点虽然也认为会展分为会议、展览或者分为会议、展览、大型活动，但在对会展的具体阐述中，要不全是展览的内容，要么只是附带地阐述一下会议或活动。

3. 会议类

这类观点中，一部分认为会议是一个大概念，展览会也是会议中的一种。这类观点对会展的阐述，主要着重于会议活动，只是把展览看作会议的一种形式。

[①] 刘松萍、梁文，《会展市场营销》，中国商务出版社，2004年。

另一部分文献直接着眼于会议管理等,阐述如何进行会议的策划与管理,如《会议管理实务》(赵烈强,2005)、《会议运营管理》(肖庆国,2004)等。

4. 一分为二类——会议展览类

该类观点认为,会展包括会议和展览,会议和展览在理论和运作方面都不一样,因此应把会议和展览视为同等重要的研究对象。如:美国珍娜(JeAnna Abbott)和艾格尼丝(Agnes DeFrance),他们用同等篇幅来论述会议和展览(会)。高等教育出版社(2004)的会展专业系列教材也认为会展包括会议和展览,对会议和展览也基本上是分开阐述的。

5. 一分为三类——会议、展览和活动

这一类观点把会展分成会议、展览和活动三块,认为要讲会展,就应该讲这三块。①

6. MICE 类

这类学者主要从旅游学的角度来阐释会展,很多译著采用了"会展及奖励旅游""会奖旅游""会展旅游""会展""旅游会展"等译法。MICE 在西方是一个已经发育得比较成熟的市场,并已成长为一个规模巨大的专门产业(MICE Industry)。我国理论界对"MICE"则有两种观点,一种是"Meetings, Incentives, Conventions & Exhibitions"②,另一种是"Meetings, Incentives, Conventions & Events"③,这两种观点都有各自的支持者。

关于 MICE 和会展概念之间的联系,国内外学者都有不同的评述。有国内学者认为:"实际上,MICE 定义中并不包括体育赛事、节庆等特殊活动……MICE 既不与狭义会展概念相同(MICE 外延大于欧洲狭义会展概念),又不与广义会展概念相同(MICE 外延小于美国的特殊活动即广义会展概念)……MICE 没有表述会展内含,且 MICE 外延的界定缺乏科学性、系统性……"④国外也有学者认为:"MICE 行业与活动行业紧密相连,通常被认为是活动行业的一个组成部分。"⑤

我们认为,这两个评述是基于"MICE"最初的定义,即"Meetings, Incentives, Conventions & Exhibitions",这当然有道理。但是,从"MICE — Meetings, Incentives, Conventions & Events"的实际含义来说,它的内涵与外延旅游色彩太浓,如果按这样的含义来理解会展,其科学性也值得进一步探讨。

(四)理论总结

综合以上分析,我们对会展理论的研究总结如下:

(1) 国外学者对会展的内含特质的研究较少,现有会展理论大多侧重于会展外延或具体会展活动的具体操作上。

(2) 国内学者对会展的界定,不管是哪种方式,很多学者都提出狭义和广义的分类方法。狭义即"CE"或"ME",而对广义的界定则有不同意见,不过大部分学者认为是指

---

① 这一类观点比较具有代表性的是刘大可的《中国会展业:理论、现状与政策》(2004),马洁、刘松萍的《会展概论》(2005)等。
② 田一珊,《会奖旅游:瞄准国际市场》,《中国工商》,2000(7)。
③ 马勇、肖轶楠,《会展概论》,中国商务出版社,2004 年。
④ 余华、朱立文,《会展学原理》,机械工业出版社,2005 年。
⑤ [澳] 约翰·艾伦等,《大型活动管理》,王增东、杨磊译,机械工业出版社,2002 年。

会议、展览、特殊活动。

（3）虽然会展理论有好几种观点，但是学术界渐渐趋向于会议、展览和节事活动这一"广义会展"观点。在研究对象的选择上，大部分学者以展览为研究对象，其次是会议，研究最为薄弱的是节事活动。

（4）会展的内涵外延还没有在学术界达成共识，所以在会展课程体系的安排上，还处于摸索阶段，这也是会展理论、会展教育当前迫切需要解决的重大问题。

（五）本教材的界定

我们认为：会展是指在特定的空间、时间内多人集聚，围绕特定主题进行交流的活动。这一定义揭示了会展的五个方面的内涵：

特定空间——会展活动通常发生在特定的空间内，一般都在会展中心或展览馆。特定时间——会展活动一般都有特定的时间期限，如世博会一般六个月，会议若干天，节庆活动若干天，展览会若干天。特定主题——一个会展活动通常总是围绕某一个指定主题，组织与该主题相关领域的人员汇集于该活动现场。集聚性——展览会凝聚人气，是集体性的人类活动。有人展示、演讲，有人观赏、听讲。交流——会展活动的目的在于促进人们的交流和沟通，减少交易成本。这种交流包括精神和物质两方面，包括信息、知识、观念、思想、文化、商品、物品、货币交易等。

二、会展的外延

广义会展的外延除了会议、展览会外，还包括博览会、展销会、展示会、交易会、洽谈会、各类会议、庆典仪式、传统风俗活动、标志性活动、促销活动、体育赛事、大型文艺活动、奖励旅游等。业内很多人提出"会展节演赛"，很多活动这五个方面都相互交融。也有人提出了会展的六个相关领域"吃住行游娱购"。

会议、展览、节事活动三者的内涵、特点与市场运作方式都有很大的差异，为什么它们能够被纳入会展的体系呢？主要原因如下：(1)它们基本符合会展内涵的"特定空间、特定时间、特定主题、集聚性、交流"这几个条件；(2)它们的场所、设施往往合一，如今的会展中心或展览中心、酒店宾馆，一般都同时具备会议和展览的功能；(3)它们都是长时间策划、短时期聚集，对餐饮、住宿、旅游等具有较大带动性，具有影响大、规模高、拉动社会综合消费、带动相关产业发展的共性；(4)近年来的实践表明，它们之间的界限逐渐模糊，往往展中有会，会中有展，节中有展、会。

下面我们举例阐述会展的外延。

（一）会议

1. 大型会议

如：亚洲太平洋旅游协会年会、世界妇女大会、万国邮联大会、99财富论坛、2002年上海亚太经济合作组织（APEC）会议、达沃斯经济论坛。

2. 中小型会议

各种论坛、高峰会议、博鳌亚洲论坛、世界经济发展宣言大会（单年）、中国企业家峰会（每年）、国际石油大会、国际数学家大会、SARS研讨会与世界语大会等。

(二)展览

1. 大型博览会:世界博览会(包括综合与专业型)。

2. 中小型展示活动:汽车展、五金展、家纺展、华交会、上交会、工博会、广交会、科博会、高博会等。

(三)节事活动

1. 大型活动:F1、奥运会、世界杯足球赛、亚运会、澳网公开赛等。

2. 节庆活动:盱眙龙虾节、大连服装节、青岛啤酒节、潍坊风筝节、里约热内卢狂欢节、苏格兰的爱丁堡文化节、2006国际孔子文化节等。

资料链接 1-3

中国杭州西湖国际博览会

一、第二十届中国杭州西湖国际博览会介绍

第二十届中国杭州西湖国际博览会于2018年10月20日开幕。2018年的西博会围绕"助推城市国际化战略、助推拥江发展战略、助推产业提质增效和助推会展业转型升级"四大思路,为期15天的年度盛宴,不仅有西博会主题展、杭州湾论坛、市民休闲节三大核心项目,还举办了2018第五届中国(杭州)国际电子商务博览会、Money20/20全球金融科技创新博览大会、2018亚洲设计管理论坛暨生活创新展(ADM)三大板块、20余项主题活动,客商云集,精彩纷呈。

二、重点活动介绍

1. 2018杭州湾论坛

2018杭州湾论坛以"金融科技链接智慧未来"为主题,于10月17日在黄龙饭店举行。

论坛聚集海内外政商学界精英,包括法国前总理德维尔潘,中国社会科学院副院长高培勇、南南合作金融中心主席、银保监会原副主席蔡鄂生、2010年诺贝尔经济学奖获得者、英国科学院院士Christopher Pissarides,以及众多政商学界知名人士受邀出席,通过对全球和中国经济发展的宏观把脉、金融科技创新的趋势判断、监管新规的解读与剖析,探求金融科技和实体经济的双赢之道和国际金融科技中心的构建之途,为中国经济增长寻找新动力和新范式。

论坛分为主旨演讲、全体大会、高峰论坛三个部分。主题包括:全球贸易变局下的中国经济、《财经》智库杭州金融科技调研报告预发布、金融去杠杆与经济稳增长、金融安全与投资者保护、金融科技与监管科技、区块链的抉择与应用、大数据与物联网等。同时,通过专业的分论坛深度探讨,为杭州经济发展、推动钱塘江金融港湾建设把脉。

2. 第二十届西博会主题展

第二十届西博会主题展以"创新驱动转型升级"为主题,2018年10月20日至22日在杭州国际博览中心举办。本次主题展面向社会公开征集符合杭州市"1+6"主导产业和十大潜力产业导向的品牌会展项目,举办2018中国(杭州)艾生活国际体验展、2018国际数字教育展、2018中国(浙江)安全环保展、2018中国(国际)时尚杭州展、2018中国(杭州)国际潮流文化展五个项目,展览面积共5万平方米。

2018中国(杭州)艾生活国际体验展以"城市艾生活、健康新主张"为核心理念,在尊重传统中医药文化的基础上,通过潮流、时尚、创新的方式来表达未来健康生活新主张。

2018国际数字教育展以共享、科技、未来教育为主题,搭建国际合作商务平台。汇聚中国、芬兰、英国、美国、德国、意大利六国政府与校企代表,分享数字教育资源。

2018中国(浙江)安全环保展以"打造绿色生态家园 共享净土碧水蓝天"为主题,以展示浙江改革开放——科技创新、改善环境质量成就为内容,邀请相关知名企业参展,推动安全环保产业发展,建设美丽浙江。

2018中国(国际)时尚杭州展以"未来范 We Find"为主题,引入知名时尚品牌,举办系列高端活动,建立时尚营销平台、资源展示平台、文化推广平台,有力推动时尚行业的创新升级,促进国内外时尚界的合作交流。

2018中国(杭州)国际潮流文化展传承国粹、重启国潮。国内外知名潮流人物、潮流品牌、非遗匠人、艺术家齐聚现场,成为代表国潮的"弄潮儿",向世界展现杭州乃至中国的潮流文化。

3. 2018年市民休闲节

2018年市民休闲节于10月19日至23日在杭州西溪天堂举办,是一场集美食、娱乐、观光、度假、社交为一体的休闲体验盛会。

主会场设于西溪天堂国际旅游综合体内,活动面积达15 000平方米。绿树成荫,小桥流水,自然环境优美。既有深受百姓喜欢的集餐饮、娱乐为一体的商业街,也有以悦榕庄、喜来登等为代表的国际化休闲、度假会议酒店群等硬件配套设施。

活动期间,有传统杭帮美食、台湾美食、海外美食及丰富的时令土特产展销;有杭州市各类非物质文化遗产项目的展示和互动;有对口帮扶地区带来的充满民族韵味的特产和文艺演出;还有茶艺、花艺,儿童娱乐和教育,海淘日用品展销,房车露营体验,爱它宠物乐园及爱宠表演等;有民间厨神大赛决赛、休闲生活主题摄影比赛颁奖和展示,上百人的山地车骑游、彩粉跑启动仪式等活动,形式多样。同时,来自乌兹别克斯坦、捷克、斯洛伐克、斯里兰卡、韩国、泰国、俄罗斯、匈牙利、美国9个国家的文化交流团体,带来异国他乡精彩的文艺演出节目。

休闲节辐射6个分会场。同步开展的市民休闲节活动还有萧山区楼塔镇的"休闲嘉年华"、富阳区永安山的"富春江运动节"、余杭区西溪洪园的"休闲游"、西湖区兰里景区的"农业体验观光游"、下城区武林广场地下商城的"金秋购物节"、上城区涌金广场的"西子美丽节"。

另外,杭州多个社区开展了"休闲与美食"民间厨神大赛,发掘社区美食达人和菜肴等。

资料来源:http://www.hangzhou.gov.cn/art/2018/10/19/art_812262_22017133.html

第二节 会展产业与会展经济

会展的内涵必然表现为一定的活动形式,这就是会展的外延。随着会展活动的展开及深化,会展活动会以一种独立的产业形态表现出来,这就是会展业。随着会展业的繁荣,会展经济就出现了。

由于第二章会展产业分析中还要详细阐述会展产业的属性及其供求关系等内容,所以,本节主要以概述的形式介绍会展业与会展经济。

一、会展产业

(一) 会展产业的界定

会议、展览和节事活动在各自的发展过程中相互影响、相互促进、融合发展,从而会展产业逐渐形成。所谓会展产业,是指现代城市以会展企业和场馆为核心,以完善的基础设施和配套服务为支撑,通过举办各种形式的会议、展览、节事活动等,来吸引大批与会人员、参展商、专业观众和一般公众参与,以此带动交通、住宿、商业、餐饮等城市相关产业发展的一种综合性产业。

会展产业是近几年来发展起来的产业,国内开始正式提出会展产业大约在1998—1999年,会展产业能够创造高额的经济价值和社会价值,因此会展产业受到很多地区和城市的重视。

(二) 会展业的特点

1. 经济与社会效益显著

会展一般被认为是高收入、高赢利的行业,其利润率为20%—25%。据专家测算,国际上展览业的产业带动系数大约为1∶9,即展览场馆的收入如果是1,相关的社会收入为9。从国际上看,在瑞士日内瓦、德国汉诺威、慕尼黑、杜塞尔多夫、美国纽约、法国巴黎、英国伦敦以及新加坡和中国香港等这些世界著名的"展览城"会展业为其带来了巨额利润和经济的空前繁荣。美国一年举办200多个商业展览会带来的经济效益超过38亿美元;法国展会每年营业额达85亿法郎,展商的交易额高达1 500亿法郎,展商和参观者的间接消费也在250亿法郎左右。香港每年也通过举办各种大型会议和展览获得可观的收益。

会展不仅会给当地带来巨大的经济利益,也会带来无法计算的社会效益。在社会效益方面,会展经济可以提升会议与展示举办地的综合竞争力,提高举办地的知名度,并对基础设施的进一步完善、市容市貌的美化有巨大的推动作用。2018年上海的亚太经合组织(APEC)会议、F1赛事、云南昆明的99世界园艺博览会、2008北京奥运会、2010上海世博会、2010广州亚运会等大型会展活动,对城市管理、城市基础建设、市容整洁、环境保护以及市民整体素质的提高等诸多方面都具有重大的社会意义。

2. 产业联动性高

会展业的产业联动性通过拉动效应、扩散效应以及旁侧效应实现。如图 1-1 所示。

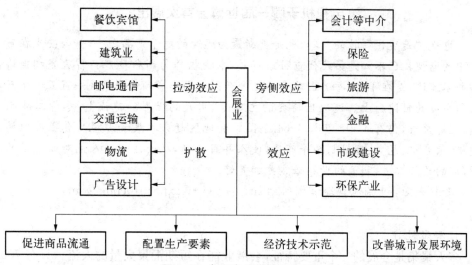

图 1-1　会展产业联动效应图

会展产业的拉动效应主要表现在一个大型的会展活动除了带来会务费、场租费、搭建费、广告费、门票等直接收入外,还能拉动城市的餐饮宾馆、建筑、邮电通信、交通运输、零售、物流、装潢设计等行业的增长。

会展产业的扩散效应主要表现在会展活动能够促进商品更好地从生产商转移到经销商或消费者手中,提高了流通效率,促进了商品销售;通过信息交流,当地可以使生产要素实现重新组合配置,使生产要素流动到能发挥更大效用的组织,从而提高生产要素的使用效率;通过经济技术示范,给行业带来方向性的战略指导;改善城市发展环境,提升城市文明水平和知名度。

会展产业的旁侧效应主要指会展业的发展能辐射会计、保险、旅游、金融、市政建设、环保等产业的发展。

3. 行业导向性强

会展具有强烈的行业导向性。会展可以全面、专业地通过展览、会议和大型活动等向世界传递社会、科学技术和各个产业的最新成果和发展趋势。比如很多划时代的发明创造如电话、蒸汽机、电视等都是通过世博会最先向世人展示的;1876 年费城世博会上的贝尔电话机、留声机;1939 年纽约世博会上的电视机;1964 年纽约世博会上的电子计算机技术、复印机;1985 年筑波世博会上的机器人技术等。历届向世博会递交的评奖报告,都有千余种新开发产品,它们记录了人类征服自然,提高生产率,改善生活质量的历程,堪称人类历史的里程碑。再比如,每年的大连服装节都会通过大型发布会、展览会、赛事等活动,向纺织服装行业传递各种行业信息,而这些信息,为行业内优化资源配置、合理流动起到了很好的作用。总之,会展通过各种活动所传递的信息,给行业的发展起到了很好的行业导向作用。

资料链接 1-4

电视机于哪一届世博会首次展出？

电视机是现代科技的产物，也是更新最为迅速的电子产品之一，如今安坐在百姓家中的电视机已不知是第几代重孙。可是，电视机作为新科技产品首次亮相世博会却并不遥远，是在1939年美国政府为纪念开国元勋华盛顿就任总统一百五十年而在纽约举办的世博会上。这次世博会的主题是"明天的世界和建设"。尽管二战刚爆发，经济萧条，仍有4 500万人从64个国家和地区赶来参展和参观。会上展出的电视机、录音机、尼龙、塑料制品等产品，使人耳目一新，从而燃起了人们对新生活的希望，旧的已经过去，明天的世界必然更加美好。

资料来源：上海世博会官方网站 http://www.expo2010china.com

4. 凝聚性好

多人聚集是会展的一个重要特征，会展业能在短期汇聚大量的人流。只有700万人口的瑞士，每年举办的国际会议超过2 000个，这些国际会议吸引的国际游客达到3 000万人。而闻名全球的世博会，其聚集性就更强了，1889年巴黎世博会参与人数3 200万，1970年大阪世博会吸引6 400万参与者，创造迄今为止的世博会参与人数最高纪录，世博园区的人流日峰值达到80多万，1992年西班牙塞维利亚世博会参与人数4 200万。会展活动大量的人流为举办城市带来大量的信息流、技术流、商品流和财富流，这也是各大城市争相举办大型会展活动的重要原因。

5. 专业性强

会展的专业性越来越强，这表现在以下几个方面：

（1）综合性的会展活动越来越少，专业性的会展越来越多。（详见会展业发展趋势）

（2）会展运作越来越专业化。

一个会展活动，从前期的申办、中标、策划到现场管理及评估反馈，往往需要经历几年的时间，对会展活动的主承办方来讲，这是一个庞大的工程，需要专业化的知识。同时，现在主承办方也越来越多地运用服务外包的形式，把一个会展活动拆分为很多小的业务包，如招商、设计、搭建等，分给会展辅助企业去专业化操作。

（3）会展业由专业的会展机构和会展人才操作。

要保证一个庞大的会展活动顺利完成，必须有专业的会展机构和会展人才。现在会展行业的发展就催生了大量的这种机构和个人，如：会议策划者（Meeting Plan，MP）、专业会议组织者（Professional Convention Organizer，PCO）、专业活动组织者（Professional Event Organizer，PEO）、认证展会经理（Certified Exhibition Manager，CEM）、目的地管理公司等（Destination Management Company，DMC）。

（4）诞生了一批专业化的会展国际组织。

全球会展业由一批专门的国际组织来协调并进行行业管理。如国际会议组织：国际会议协会(International Congress & Convention Association，ICCA)、国际协会联盟(Union of International Associations，UIA)，国际展览组织：国际展览业协会(Union of International Fairs，UFI)、国际展览管理协会(International Associations for Exhibition Management，IAEM)、国际展览局(The Bureau of International Expositions，BIE)，其他会展组织：奖励旅游管理协会(Society of Incentive and Travel Executives，SITE)。

6. 交融性强

会议、展览、节事活动往往你中有我，我中有你，相互促进，相得益彰。现在一个大型的展览会，一般会有相应的论坛、峰会。而大型的会议，一般也会出现小型的展览。大的节事活动更是把展览、会议融为一体，如宁波的国际服装文化节就包含了国际服装博览会、国际服装面料展览会、国际纺织器材展览会、国际服装设计研讨会、流行信息发布会、服装设计大赛、模特大赛等相关活动。

二、会展经济

(一) 会展经济的界定

简单理解会展经济比较容易，但实际上国内外迄今对什么是会展经济尚没有一个公认的科学且权威的定义。会展经济的概念在我国出现是最近七八年的事，比较有代表性的主要有以下几种：

会展经济是以会展业为支撑点，通过举办各种会展活动，传递信息、提供服务、创造商机，并利用其产业联动效应带动相关产业等发展的一种经济。

会展经济是伴随着人类会展经济活动、会展业发展到一定历史阶段形成的跨产业、跨区域的综合经济形态。通过举办各类会展活动，在取得直接经济效益的同时，带动一个区域相关产业的发展，达到促进经济和社会全面发展的目的。

会展经济是以会展业为依托，通过举办各种会展活动，形成信息流、资金流、物流、人流，创造商机，实现商品和技术信息的交流，并带动商贸、旅游、物流、餐饮、交通、通信等相关产业发展的一种经济。

会展经济，就是某一特定地区，通过举办会展活动，发展会展业，能够为本地区带来直接或间接经济效益和社会效益的一种经济现象和经济行为，是一种综合的经济效应。

我们对会展经济的定义是：会展经济是指通过举办大规模、多层次、多种类的会展活动，即通过举办各类会议、展览和各种形式的大型活动，传递信息，提供服务，创造商机，在取得直接经济效益的同时，带动一个地区或者一个城市相关产业的发展，并形成一个以会展活动为核心的经济群体，以达到促进经济和社会全面发展的目的。

(二) 会展经济的特点

1. 会展经济是一种综合性经济，会展经济具有明显的产业关联特点

会展经济涉及服务、交通、旅游、广告、装饰、边检、海关以及餐饮、通信和住宿等诸

多部门,是一条集商贸、运输、交通、宾馆、餐饮、购物、旅游、通信等为一体的经济消费链。一个会展活动不仅可以为主承办方、场馆、会展辅助企业带来收益,还可以直接或间接带动餐饮、住宿、交通、通信、旅游、零售等相关产业的发展,如图1-2所示。

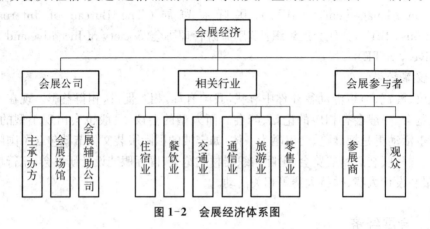

图1-2 会展经济体系图

2010年上海世博会吸引了包括190个国家、56个国际组织在内的246个官方参展者,参观人数达到7 308万人次,带动旅游业等相关产业的发展。据统计,航空客运量、外贸进出口、批发零售、住宿和餐饮等旅游相关产业在世博期间的增长率高达20%以上,世博会对当年上海GDP的贡献值约为5%。每年两届的中国出口商品交易会(广交会),带动了广州第三产业的发展,展会期间,广州市酒店客商入住率达90%以上,来自100多个国家和地区的10万多外商云集广州。云南昆明召开的99世界园艺博览会的影响一直持续到现在。法国巴黎国际服装产品贸易展览会、德国法兰克福国际美容美发世界展览会、拉斯维加斯国际消费品及礼品展览会、韩国电子展、日本五金工具展览会等世界级会展,不但带动了当地的房地产业、宾馆业、餐饮业、交通业、商业、旅游业等相关产业蓬勃发展,而且成为城市经济的一个重要支柱。

2. 发展会展经济是现代市场经济的必然要求

市场经济的主要特征是市场的开放性和统一性。当今世界,经济发展已经突破国界,呈现全球化趋势。会展的目的在于传递供求信息,连接供求关系,促进商品、服务和各种市场要素的跨区域交换和流动。所以,发展会展经济是现代市场经济的必然要求。实践证明,世界上经济发达国家大多是会展经济比较发达的国家。其中德国的会展经济最为发达,世界上十大展览公司就有六个在德国。全球最有影响的五大国际汽车展也都分布在发达国家。

3. 会展基础设施及相关行业的服务是会展经济的必备条件

会展大国都拥有非常完善的展览场馆,德国全国的展览场馆面积有300万平方米,其中10个展览中心的面积超过10万平方米,另有5个展览中心的面积超过5万平方米,单次组织的汽车展展场面积在20多万平方米。会展大国与展览会有关的基础设施和配套设施也十分齐全,其中旅馆、道路交通、物流等基础设施一应俱全,服务完善。会议和节事活动的发展对城市的交通、旅游、饭店、环境等的要求也非常高。

第三节 会展业现状、问题与发展趋势

一、会展业的现状

（一）世界会展业现状

随着企业全球化和世界经济一体化的发展，会展业引起了全球政府和企业的重视，迅速成长为第三产业中一个举足轻重的产业。但从全球来看，由于各国经济总量、经济规模和经济发展水平不一样，世界会展经济在世界各国的发展很不平衡。

1. 欧洲

作为世界会展业的发源地，欧洲会展业整体实力强，规模最大，其中德国是世界头号会展强国，而意大利、法国、英国也是世界级的会展业大国。

全世界300个最知名的、展出面积在3万平方米以上的专业贸易展览会中，约2/3在欧洲举办。从世界上举办大型会议、展览最多的展馆分布情况看，世界上最大的展览场馆绝大多数都集中在欧洲。根据德国贸易展览协会（AUMA）统计资料显示，截至2018年1月，欧洲超过10万平方米的展览场馆有35个，其中德国就有10个。

以德国为例，德国会展业的突出特点是专业性、国际性的展览会数量最多、规模最大、效益好、实力强。在国际性贸易展览会方面，德国是第一号的世界会展强国，世界著名的国际性、专业性贸易展览会中，约有2/3都在德国主办。按营业额排序，世界十大知名展览公司中，也有六个是德国的。2017年，德国举办的国际性贸易展览会约有157个，净展商17.6万家，其中有超过一半的参展商（约为61.2%）来自国外，吸引超过970万的观众。在展览设施方面，德国也称得上是头号世界会展强国。德国现拥有25个大型展览中心，其中超过10万平方米的展览中心就有10个。目前，德国展览总面积接近650万平方米，世界最大的10大展览中心中，有4个在德国。如表1-1所示。

表1-1 欧洲著名展览馆面积一览表

展览场馆名称	展览场地（平方米）	
	室内面积	室外面积
汉诺威（德国）	463 275	58 000
法兰克福（德国）	393 838	59 506
米兰（意大利）	345 000	
科隆（德国）	284 000	100 000
杜塞尔多夫（德国）	261 817	43 000
巴黎（Expo）（法国）	246 312	
克洛库斯（Expo）（俄罗斯）	226 399	

(续表)

展览场馆名称	展览场地（平方米）	
	室内面积	室外面积
巴伦西亚（西班牙）	223 090	20 675
巴塞罗那（西班牙）	203 106	143 230
巴黎（Nord）（法国）	202 036	
马德里（西班牙）	200 000	30 000
博洛尼亚（意大利）	200 000	80 000
慕尼黑（德国）	200 000	414 000
纽伦堡（德国）	179 600	50 000
伯明翰（英国）	178 856	
柏林（德国）	170 000	157 000
罗马（意大利）	167 000	
维罗纳（意大利）	155 000	108 000
巴塞尔（瑞士）	141 000	11 300
里昂（法国）	138 336	
华沙（波兰）	129 199	
伊斯坦布尔（土耳其）	120 000	
斯图加特（德国）	119 800	40 000
萨拉戈萨（西班牙）	118 391	
帕尔马（意大利）	116 162	
布鲁塞尔（比利时）	115 000	
里米尼（意大利）	113 000	
莱比锡（德国）	111 300	70 000
伦敦（英国）	110 411	
埃森（德国）	110 000	20 000
海宁（丹麦）	110 000	
布鲁诺（意大利）	110 000	91 500
波兹南（波兰）	109 071	
毕尔巴鄂（西班牙）	108 000	
日内瓦（瑞士）	106 000	
莫斯科（俄罗斯）	105 000	
乌得勒支（荷兰）	102 000	120 766

资料来源：国际展览业协会（UFI）www.ufi.org 和德国贸易展览协会（Association of the German Trade Fair Industry）www.auma.de。

2. 北美

北美(主要是美国、加拿大)是世界会展业的后起之秀。每年举办的展览会近万个，其中，净展出面积超过5 000平方英尺(约460平方米)的展览会约4 300个，净展出面积约4 800万平方米，参展商160.0万，观众约9 120万人次。举办展览最多的城市是拉斯维加斯、多伦多、芝加哥、纽约、奥兰多、达拉斯、亚特兰大、新奥尔良、旧金山和波士顿。

3. 中美洲和南美

经济贸易展览会近年来在中美洲和南美洲逐步发展起来。据估计，整个拉美的会展经济总量约为22.0亿美元，净展出面积约为520万平方米，参展商21.7万，吸引观众近1 000万人次。其中，巴西位居第一，每年办展约500个，经营收入8.0亿美元；阿根廷紧随其后，每年约举办300个展览会，产值4.0亿美元；排在第三位的是墨西哥，举办的展览会近300个，营业额2.5亿美元。除这三个国家外，其他拉美国家的会展经济规模很小，很多国家尚处于起步阶段。

4. 非洲

整个非洲大陆的会展经济发展情况基本上与拉美相似，主要集中于经济较发达的南非和埃及。南非凭借其雄厚的经济实力及对周边国家的辐射能力，其会展业在整个南部非洲地区处于遥遥领先的地位。北部非洲的会展业以埃及为代表，埃及凭借其连接亚非欧和沟通中东、北非市场的极有利地理位置，会展业近年来发展突飞猛进，展览会的规模和国际性大大提高，每年举办的展览会接近500个，净展出面积约为100万平方米，参展商4.2万，吸引观众约210万人次。当然，由于种种条件所限，大型展览会一般都集中在首都开罗举办。除南非和埃及外，整个西部非洲和东部非洲的会展经济规模都很小，一个国家一年基本上举办一到两个展览会，而且受气候条件的限制，这些展览会不能常年举办。

5. 亚洲

亚洲会展经济的规模和水平应该说比拉美和非洲要高，尤其是会展经济的规模，仅次于欧美。东亚的中国及中国香港地区、西亚的阿联酋和东南亚的新加坡，或凭借其广阔的市场和巨大经济发展潜力，或凭借其发达的基础设施、较高的服务业发展水平、较高的国际开放度以及较为有利的地理区位优势，分别成为该地区的展览大国。据统计，2018年亚洲展会的净展出面积为3 380万平方米，吸引参展商和观众分别为121.0万和8 150万人次，各项数据仅次于欧洲和北美地区。

以新加坡为例，该国的会展业起步于20世纪70年代中期，时间并不算早，但新加坡政府对会展业十分重视，新加坡会议展览局和新加坡贸易发展局专门负责对会展业进行推广。而且，新加坡本身具有发达的交通、通信等基础设施、较高的服务业水准、较高的国际开放度以及较高的英语普及率，新加坡2000年被总部设在比利时的国际协会联合会评为世界第五大会展城市，并连续17年成为亚洲首选会展举办地城市，每年举办的展览会和会议等大型活动达3 200个。

日本自1970年来，已经办了4次世博会，1970年的大阪世博会参观人数为6 420万人次，占当时日本本国人口的一半。中国2010上海世界博览会参观人数达7 309万人次,创下世博会历史记录。

6. 大洋洲

大洋洲会展经济发展水平稍次于欧美,但规模则小于亚洲。该地区的会展业主要集中于澳大利亚,每年约举办300个大型展览会,参展商超过5万家,观众660万人次。

(二)我国会展业现状

1. 会展业总体情况

中国会展经济方兴未艾,目前每年以20%—30%的速度增长,发展潜力还很大。随着中国国内生产总值的不断增长以及服务贸易的不断发展,中国会展业正面临难得的机遇,发展空间十分巨大。据有关调查表明,举办和参加会展的数量不断增多,2018年我国境内共举办展览会10 889个,出国参展1 672个,境内展览总面积14 456.17万平方米,境外展出面积83.02万平方米。会展收入增幅明显,目前举办各类展览会营业收入近900亿元人民币,间接带动的旅游、餐饮、交通、广告、娱乐、房产等行业收入高达数千亿元。

经过多年发展,一些由政府主导的综合会展向专业会展转变,有的随着市场化、专业化、国际化水平的提高而成为著名会展,已培育出一批具有特色的、高水平的、较大影响力的会展知名品牌,诸如广交会、高交会、工博会、东盟博览会等综合展。又如北京的机床展、纺机展、冶金铸造展和印刷展、上海的广印展等已跻身国际前列,珠海国际航空展成为亚洲第二大航展,而号称"中国第一展"并享誉全球贸易展的"广交会"是我国历史最长、规模最大、层次最高、影响最广、商品种类最全、到会客商最多、成交效果最好的综合性国际贸易会展。

2011—2018年,我国展览数量和展出面积快速增长,如表1-2和图1-3所示①。截至2018年,国内展览会数量达到10 889个,展出面积为14 456.00万平方米,举办地覆盖近200个城市。

表1-2 2011—2018年我国展览数量和展览面积增长情况

年 份	2011	2012	2013	2014	2015	2016	2017	2018
展览数量(个)	7 330	6 901	6 904	7 495	8 157	9 892	10 358	10 889
展览面积(万平方米)	8 173	8 250	8 956	9 736	10 846	13 075	14 285	14 456

2. 场馆建设与运营情况

据中国贸易促进会的《中国展览经济发展报告2018》显示,2018年国内展览馆数量为164个,室内可租用总面积约983.00万平方米,年新建展馆数量增幅保持在10个左右。同时,2018年全国展览馆整体租馆率明显提升,租馆率提高的展馆有104家,表明展馆利用率呈现整体提升的发展趋势。

国内原有展览中心无论是在选址、展览面积、展馆设计还是在实用度、配套商务设施上都不能满足迅速发展的市场需求。目前中国国内已建的展览中心以展览面积5万

---

① 表1-2和图1-3数据来源:中国会展经济研究会,引自《2018年度中国展览数据统计报告》。

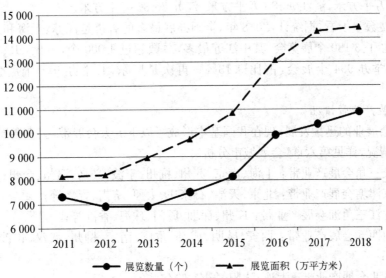

图 1-3　2011—2018 年我国展览数量和展览面积增长曲线

平方米以下的居多，展览面积 10.00 万平方米左右的展览中心也将扩改建、改善商务设施、扩大展览面积提上了议事日程。目前，我国规模最大的会展场馆是于 2014 年投入运营的国家会展中心（上海），总投资约 160 亿元，总建筑面积 147.00 万平方米，其中地上面积 127 万平方米，集展览、会议、活动、商业、办公、酒店等多种业态为一体，是目前世界上最大的建筑单体和会展综合体。根据国际展览业协会（UFI）的统计数据，场馆室内可租面积达到 40.44 万平方米，排名世界第二，仅次于德国汉诺威展览中心。目前，国家会展中心（上海）已成功举办进博会、工博会、广印展、上海车展等大型展会。其次为位于广州的中国进出口商品交易会展馆，该馆于 2008 年全面启用，总建筑面积 110.00 万平方米，其中馆内可租面积为 33.80 万平方米，已成功举办广交会等展会。而其他会展城市如昆明、武汉、重庆、义乌、成都、北京、沈阳、深圳、长春、苏州等新建的国际展览中心占地面积一般超过了 100.00 万平方米，展览面积超过了 10.00 万平方米。

在场馆运营上，北京、上海、广州等城市会展需求旺盛，展馆供不应求。而全国绝大多数展览馆平均使用率在 20.00% 左右，对于中小城市而言，经过前几年的盲目建设，各地会展中心雨后春笋般地出现，但相当部分展馆闲置率较高，实际使用率很低、配套服务也缺失，同时没有产业和区域经济贸易优势，这样的展馆将会被淘汰。

从展览馆的地域分布看，东部沿海 10 省市（北京、河北、天津、山东、上海、浙江、江苏、广东、福建、海南）有 168 家，占比 58.74%，展览面积 669.26 万平方米，占比 61.16%。中部 6 省共有展馆 52 家，占比 18.18%，展览面积 147.54 万平方米，占比约 13.48%。东北三省共有展览场馆 24 家，占比约 8.40%，总展览面积 75.90 万平方米，占比为 6.90%。西部十二省市共有展馆 42 家，占比约 14.69%，展览面积 201.52 万平方米，占比 18.42%。

从各省市的展馆数量来看，山东展馆最多，有 45 家，其次是江苏 30 家，广东 27 家，河南 26 家，浙江 22 家，河北 15 家，辽宁 11 家，上海和四川各 9 家，北京和福建各 8 家；从展馆面积来看，山东以 155.55 万平方米居全国第一位，其次是广东 124.38 万平方米，上海 97.7 万平方米,浙江 96.89 万平方米,江苏 85.30 万平方米。

从办展数量上看,据统计,2018 年,全国办展最多的省市是江苏、上海和广东,这三省市一共办了 3 180 个展览会,其中江苏最多,总数超过 1 000 个,占比 11.12%。其次是上海,共举办 994 个展会,占比 9.13%。再次是广东,共举办 975 个展会,占比近 9.00%。

3. 会展产业带情况

随着会展业的迅猛发展,现在我国基本形成了以下五大会展带,五大会展带会展产业的发展情况,详见第六章《会展城市分析》。

(1) 长三角会展产业带:上海、南京、苏州、杭州、宁波、义乌、温州、台州;

(2) 京津塘会展产业带:北京、天津、石家庄、太原、济南、青岛等;

(3) 珠江三角洲会展产业带:广州、深圳、厦门、珠海、香港等;

(4) 中西部会展产业带:西安、昆明、成都、重庆、南宁、柳州、武汉、长沙、郑州、合肥、南昌等;

(5) 东北会展产业带:大连、沈阳、长春、哈尔滨等。

二、我国会展业存在的问题

(一) 会展业的发展缺乏统筹规划与宏观调控

从发达国家情况来看,举办会展活动无须政府部门的行政许可,这也是国外会展业市场化、产业化的重要前提。我国现行的行政审批体制存在着许多弊端,由于政府机构不是进行专业化的管理,对所申报的会展活动的经济效益和社会影响的估计不够或完全不予估计,再加上这种审批的手续繁杂、时间过长,导致了一些档次不高、影响力不大的会展活动出炉,而一些真正具有经济价值、社会影响力的会展活动则因审批效率过低而丧失了良好的市场机会。

目前,国内尚没有统一的会展管理部门和行业自律组织。根据现行的展览管理办法,国务院各部委及其所属的工贸公司、外贸公司、协会、商会、中国贸促会及其行业分会和地方分会、地方政府或省市级外贸主管部门、展览场馆、境外展览机构等都能举办会展活动。这种多层次、多渠道办展的局面使得会展管理混乱。这种管理上的政出多门、本位主义,导致多头办展、重复办展、恶性竞争的现象出现。与行政干预、计划管理的"错位"相对应,是行业管理的"缺位",全国会议展览业缺乏权威、广泛、有效的行业规范和自律,诸侯割据,各自为政。

(二) 会展业缺乏规范化机制

国外展会行业内有"前后 4 个月不能办同类展会"的行规,展馆不能租给两个时间相近的同类展会,但国内对此却没有明确的约束,损害了一些展会的信誉。另外,展览场地、运输、各种公共服务的费用标准、境内外招展程序及费用标准,消防、安全、环境卫生等验收事项的规范化程度等都很低。而且会展行业的侵权问题特别是知识产权问题更是屡见不鲜。这些都需要政府、行业协会制定规范化的游戏规则,为我国会展业发展营造一个好的发展环境。

(三) 我国会展企业缺乏竞争力

虽然我国会展活动越来越多,国际会展项目也呈不断上升趋势,但真正具有国际影响力,有相当竞争力的可持续发展的会展项目并不多。主要原因有:

(1) 多数会展项目缺乏明确定位,组织管理模式落后,同国际知名会展相比,我国会展项目缺乏明确定位,往往盲目跟随社会潮流,没有可持续发展的战略规划,会展项目缺乏生命力。

(2) 我国举办的会展项目规模太小。我国专业展览会的规模大多在2万平方米以下,超过5.00万平方米的展览会很少,而德国平均每个展览展出面积超过5万平方米。如上海2018年举办的994个展览会中,平均展览面积仅为1.92万平方米,不足2.00万平方米。再如北京、广东等发达地区的平均展览面积也只有1.90万平方米和1.85万平方米。

(3) 会展行业的专业化分工有待提高。

展览信息、展览咨询、施工、道具、展示设计等辅助行业的发展滞后,使我国会展业出现会展组织者同时又是展览管理者,也是展览项目的实施者甚至组织者同时还负责会展项目的吃住行游娱购等活动的现象,会展行业专业化分工不明确细致严重影响了我国会展业的效率。

(四) 我国会展项目服务质量差、性价比低

如2006年的北京车展,其展位价格比日本东京的车展还高,物价昂贵的东京,每平方米展台也只花200美元,而在北京,每平方米展台就得花325美元。而在服务方面,我国展览馆大多面积小、功能单一、设施落后、服务水平低,在展馆的交通安排、展馆周边环境、展馆内部的拥挤程度、空气质量、气温的调节等方面都让参展商和参观者相当不满意。

(五) 我国会展项目的品牌化程度很低

有世界展览业"联合国"之称的国际展览业协会(Union of International Fairs,UFI),成立于1925年,总部设在法国巴黎,是迄今世界博览会和展览会行业重要的国际性组织。由于其资质评估制度较为成熟,UFI资格认可和UFI使用标记就成了名牌展览会的重要标志。而我国展览会获得UFI认可的还非常少,可见我国会展品牌化程度还很低。

2004年,全球获得UFI认证的国际性展览会或贸易博览会共有629个,其中中国占有37席[内地(大陆)19个,中国香港15个,中国台湾3个]。我国内地获得UFI认证的国际性展会占全球的3.02%。2006年,根据UFI官方网站披露的资料,全球获得UFI认证的展会有717个,中国占有62席,[内地(大陆)43个,中国香港16个,中国澳门1个,中国台湾3个],我国内地在全球所占比例为5.30%。同期,德国占有108席,在全球所占比例为15.00%。2019年7月,全球获得UFI认证的展会共有958个,其中中国占有144席[内地(大陆)103个,中国香港25个,中国澳门5个,中国台湾11个]。我国内地获得UFI认证的展会占全球10.75%。2019年同期,德国占有117席,在全球所占比例为12.21%。以会展大国德国为参照,我国获得UFI认证的展会数量迅速增多。

(六) 会展业从业人员综合素质不高成为会展业发展的瓶颈

无论是会展组织者、管理者、施工人员还是为展览提供其他服务人员的素质总体来

看不是很高,其观念更新较慢,多是承袭前人的经验或简单地照搬国外会展业的经验,而缺乏创新精神。同时,会展业发展时间短的客观原因造成了我国会展业信息不完整的现状,会展理论研究跟不上会展产业的发展。展览从业人员分工不明确,大多数人没有自己的专长,这种情况使得我国的展览业缺乏竞争力。

三、会展业的发展趋势

(一) 世界会展业发展趋势

1. 会展越来越受到城市政府的重视,政府通过多种渠道支持会展业发展

伴随着会展经济的理念向全球迅速扩张,会展业正在被越来越多的国家重视,尤其是发展中国家。地区经济发展的不均衡对会展业也有一定的影响,由于会展业是经济生活的晴雨表,能够反映未来经济发展的趋势,因而一些亚洲和非洲的会展业在国际会展业的地位越来越重要,甚至可能成为国际会展业今后几年继续保持高速发展的重要因素之一。发达国家政府对会展业的支持有以下方式:

(1) 政策投入和经济投入。从世界会展业发达国家的情况看,地方政府在当地会展业发展中的作用一般体现为有限的投入:政策投入,如在税收、土地使用以及在招商引资等方面对会展业给予优惠的政策;经济投入,如大型会展场馆的投资、土地投入等,政府投资的部分以政府股份或政府委托企业的股份形式参与到场馆建设中,以减轻投资商的投资压力。如德国汉诺威展览中心、法兰克福展览中心等都是政府占有一定的股份(法兰克福展览中心市政府占60%股份),而主要由展览公司经营。

(2) 为企业提供出国参展经费支持。为促进本国企业发展,许多国家政府通过间接方式组织本国企业出国参展,如在德国,每年联邦政府通过特定的组织或机构,如联邦经济科技部、联邦食品、农业与林业部组织企业赴国外参加展览会180—200个,参展企业4 500多家。2001年联邦经济科技部为出国展览提供了3 400万欧元的财政支持。联邦政府计划2003—2006年每年提供3 350万欧元资助企业出国参展。

(3) 协助、配合会展公司开展展会推广工作。一些政府也协助、配合展览公司推广本地会展活动。如新加坡旅游局展览会议署每年都有计划地向世界各地介绍新加坡旅游会展方面的情况,如上半年去欧洲,下半年就去美国,并且在世界各地举办新加坡会展经济方面的研讨会,向国际上介绍新加坡搞国际会展的优越条件,宣传在新加坡举办的各种会展。

2. 欧美市场稳定,亚洲市场增长迅速

欧美会展业发达的国家,由于具有雄厚的经济实力做后盾,加上丰富的营销经验、高质量的服务、便捷的交通以及是众多会议展览协会的总部所在地,其会展市场仍然会稳定增长。

亚洲现在是世界经济发展最快的地区,必然会带动亚洲各个行业的快速发展,世界发达国家也会以极大的热情关注这个市场。会展业作为世界贸易、信息交流的平台之一,必然引起各个国家的极大兴趣。会展业巨头抢占中国市场的态势在近几年有了新的变化,除了德国的汉诺威、法兰克福、慕尼黑、杜塞尔多夫等展览公司已先后入驻上海外,其他国家的会展企业也进入了中国。

亚洲的会议城市如新加坡、中国香港、日本东京、泰国曼谷和中国大陆的北京、上海等,举办的国际会议越来越多,亚洲越来越多的城市成为国际会议的举办地点。而2002年韩日世界杯、2005年日本爱知世博会、中国2008年北京奥运会、2010年上海世博会等大型活动的举办,也证明亚洲会展市场发展迅猛。

3. 会展中心数量不断增长,呈大型化、便捷化和智能化趋势

由于会展业的不断发展,尤其是展会规模的不断扩大,科学技术的不断发展和对展会服务要求的不断提高,许多国家和地区都将继续掀起新建大型、配套设施齐全、智能化的会展场所的热潮,未来将呈现数量增加、规模扩大、便捷智能化程度和现代化水平更加提高,小型会展场馆逐渐消失的趋势。

未来的会议中心也将充分考虑使用者的方便,增加视觉设备和灵活度。多数会议中心可以接待各种不同种类的服务,有可供选择的展览会承办人、人员齐全的商务中心和餐饮服务设施。而将会议中心和饭店建筑物相连接也将成为一大特色。与此同时,智能化程度很高的网络系统,如观众登记系统、电脑查询系统及多声道同声传译系统、多媒体展示系统、消防保安系统等,以及无线上网、信息通信设备将得到更加广泛的应用。

4. 会展业发展专业化趋势

专业性的展览已成为国际会展业发展的主流,代表着会展经济的发展趋势。众所周知,德国展览业的优势是综合性展览会,但近年来,德国开始重视开发举办国际专业贸易展览会,综合性展览会开始呈现下降趋势。近年来,德国综合性展览会的总展出面积下降了4.7%,参展企业数量下降了3.1%,观众人数下降了1.4%。同时,原来一些著名的综合性展览已经被细分为若干个专业展,如汉诺威工业博览会虽是综合展,但却是由若干个专业展组成的,如机器人展、自动化立体仓库展、铸件展、低压电器展、灯具展、仪器仪表展、液压气动元件展等。这些专业展的规模和水平均居世界一流,且一般两年办一次。这样,尽管"工博会"年年办,但细分的各个专业展主题却不重复。

5. 通过投资、收购、兼并等手段扩张和重组展览资本,形成了会展公司集团化趋势

由于会展规模直接与展览效果和效益挂钩,会展大型化已成为国际会展业的发展趋势,通过兼并合作,实现资本合作、低成本扩张,可以利用国际和国内两种资源,大型会展公司及会展组织者,都采取了战略联盟和并购的方式来扩大规模,提高竞争力,以抢占市场份额,形成会展企业集团化的趋势,如世界上两家著名的展览公司"瑞德(Reed)"和"克劳斯(E.J.Krise)"合作联姻,共同开发了通信计算机展览市场。法国也形成了很多会展集团,如爱博展览集团、博闻展览集团、巴黎展览委员会、励展集团等。

全球闻名的展览公司——英国励展集团,1999年以3.6亿英镑收购了博闻集团欧洲公司。2000年励展集团又投资伦敦Excel展览中心,成为股东之一,并收购了新加坡亚洲宇航设备展示中心50%的股权。我国会展业的发展也吸引了国际会展巨头的投资目光。2005年下半年,世界最大会展主办商——英国励展博览集团宣布,收购了中国医药集团下属公司——国药展览有限责任公司50%的股份,该公司同时更名为"国药励展展览有限公司",这是中国展览界首个由国有企业与境外公司携手打造的合资项

目。2018年，全球排名第二的展览公司博闻（UBM）与排名第三的英富曼会展集团（Informa）正式合并，成立新英富曼会展集团，一跃成为全球最大的展会主办方。

6. 通过移植品牌会展，加速向国际市场拓展

在世界会展业向专业化、国际化和集团化发展的过程中，欧美发达国家的跨国会展公司通过资本运作，寻求低成本扩张，进入会展业相对落后的发展中国家市场，把自己举办成功的品牌会展逐渐移植到其他国家，方式有合建展馆、海外推介会、品牌移植、管理输出、海外展会入股、培育新展会等，而在它们进入海外市场前，往往都会进行大量的准备，甚至提前几年进行大量分析研判工作。

美国卡尔顿通公司以12.6亿美元的高价购下拉丁美洲约40个大型贸易展览会和相关的刊物，德国汉诺威展览公司就直接收购了上海一个较有名气的地面装饰展览会。另外，它们充分利用广泛的业务网络，将一些名牌展览移植到他国举办。这一跨国运作，既满足了国际市场的需求，同时也抢占了世界展览市场份额。推行全球化战略，抢占国际展览市场。

7. 信息技术在会展中全面应用，网络会展发展迅速

电子商务和网络技术的快速发展，给会展业带来了新的契机，使会展业拓展向另一个空间——网络。信息技术开始应用在会展的各个方面，与实物展览相结合是现在国际会展发展的新趋势。

信息网络技术不仅仅局限在展馆，在会展营销、会展登记注册、会展组织、会展服务等方面也都应用最新技术。几乎所有的展览会在项目初期就建立了自己能提供的会展场所、会展活动本身以及娱乐、休闲、交通等相关活动详细信息的网站和网页。同时，搜索引擎的便捷，让展览策划者在更加短的时间内完成寻找会展活动场址、选择联系酒店销售人员、签订会展活动合同等。

互联网具有无可比拟的渗透性和广泛性，可以超越时空的限制。人们可以借助互联网展示产品、交流信息、洽谈贸易。作为一种与实物展览互补的展示形式，网上展览在美国、德国等发达国家方兴未艾。在德国，网上销售和网上展览会等互联网业务发展很快，会展业的总体发展规模和势头并未因此受到影响。

8. 会议市场迅速发展，会议与展览结合越来越紧密

会议经济比展览经济增长速度快，会展的形式则更加注重展与会的结合，展中有会，会中有展；以展带会，以会促展。会议与展览之间的关系逐渐地融为一体。国际性的会议一般以会议为主，但是会议的同期总要结合一些商业化的展览活动，而国际性的展览虽然以展览为主，但展出期间的研讨会、专题会等会议也越来越多。

9. 酒店、会议中心等会议举办场所越来越注重会议相关服务

越来越多的饭店连锁公司正寻找通过直销和提供店内活动管理服务来增加其会议收入，这些饭店在提供会议设施的同时，还在视听支持设备、人员管理、主题活动、宴会、会议出席代表管理甚至危机管理等方面提供创造性的建议和专业的咨询服务。

10. 会议举办地发生变化，由大城市向中小城市转移

由于许多大都市饭店价格上涨，交通费用升高，会议策划人员将会寻找更为经济的会址——中小城市或大城市的郊区。同时，向与会者"销售"具有地域风情、交通便利、民族特色、善良民风的会议地点,将是非常有吸引力的。而主办地区负责人及服务机构的热情也是让人难以抗拒的。如世界经济论坛就是在瑞士小镇达沃斯举办的,又如博鳌亚洲论坛也是在海南的小镇博鳌举办的。

(二)我国会展业发展趋势

1. 我国会展业受到各方重视,会展产业将越来越大

首先,会展产业作为环保产业、朝阳产业,越来越受到城市政府的支持。各地政府不仅在产业政策(如上海浦东新区对开办会展企业实行税收优惠等)、场馆建设方面给予支持,自身也主导展会的举办,参与程度很高。虽然从经济学角度讲,政府应该作为经济的裁判员而不是运动员,但这显示出各地政府对会展是非常重视的。其次,企业也越来越重视会展活动,现在越来越多的企业把会展作为国际贸易、国内营销的重要整合营销传播工具,在会展方面的投入也越来越多。再次,各级大中专院校越来越重视会展教育,会展专业教育和培训如火如荼。会展理论研究也越来越深入。最后,会展产业必然会在政府支持、企业参展(会)意识的提高、会展教育与研究深入的背景下,吸引越来越多投资,从而越来越大。

2. 我国会展业竞争愈演愈烈,竞争模式发生变化

利润的驱动使越来越多的资本进入会展产业,会展市场的竞争越来越激烈,会展企业的竞争趋于规范,品牌竞争成为主流竞争模式。

"十五"期间中国会展项目数量急剧增加,相同主题的会展数量越来越多,这些会展项目之间的竞争非常激烈,不合理、不合法的竞争大量存在,如会展市场出现的"三多"现象(数量多、主办单位多、重复多)、骗展现象、知识产权侵犯现象等。近年来,由于我国会展法律法规的建设、会展行业协会的规范与自律作用以及外资会展公司的规范操作的影响,我国会展企业的竞争趋于规范。

今后会展竞争的模式将转化为品牌竞争。会展项目的激烈竞争使劣质会展生存空间将越来越小,品牌会展的发展空间越来越大。由于品牌会展的价格充分反映出会展质量和供求关系,品牌会展的展位将供不应求,其价格可数倍于未来会展价格的平均水平,同时拉动全国展会价格水平的总体上扬。由此可以预见,品牌化将作为一项重要任务提上中国会展业发展的日程,中国会展业的品牌化主要围绕三个内容来进行:建设会展名城、扶持品牌企业和培育品牌项目。我国政府也对会展品牌建设投入很大的热情,商务部计划未来若干年内将重点支持100个品牌会展项目,着力培育一批具有国际竞争力的"会展航母",并将进一步加强国际合作,支持有条件的企业赴境外单独或联合办展。

3. 我国会展中心数量、质量提高,盈利能力成为发展关键

据中国贸易促进会的《中国展览经济发展报告2018》显示,2018年国内展览馆数量达到164个,室内可租用总面积约983万平方米,另有128个非专业展览场所。现在新建成的展览中心大多在5万平方米以上,很多已经突破10万平方米,甚至20万平方米。会展中心的建造质量、服务质量、信息化水平不断提高,综合功能加强,大部分场馆现在集会、展、演、赛、娱乐等功能于一身。但同时,我国会展中心的总量相对过剩、布局失调,一方面北京、上海展馆供不应求,展馆租金不断上涨,会展组织公司压力大增;另一方面一些中小城市展馆门可罗雀,产生巨额亏损,难以为继。可以预见,会展中心盈利能力将成为其未来发展的关键。

4. 我国会展业国际化程度不断加深

广交会是我国外贸最大的平台,不仅历史最长、规模最大、商品最多,而且档次越来越高、成交额越来越大。广交会成交额占我国一般贸易出口的1/4,对广东来讲则占1/3,是当之无愧的中国外贸第一品牌,具有一定的世界性。北京举办的世界建筑师大会、世界万国邮联大会、联合国保护大气臭氧层签约国第11次会议、世界数学大会等国际大型会展,上海举办的中国国际工业博览会以及于2010年举办的世博会都促进了我国会展业的国际化发展。这些大型会展活动中,国外参展商、专业观众、国外与会者等比例都在不断提高,国际化程度越来越深。

5. 我国会展业信息化程度不断提高

信息化既是中国会展业与国际接轨的一个重要衡量标准,也是会展业发展的必然趋势。人类社会已经迈入知识经济时代,知识经济的主要标志就是信息化。我国会展业的信息化表现在:(1)我国会展企业与国际会展组织或世界知名会展公司之间开展交流与合作,并定期向国外发布国内会展信息,同时及时掌握全球会展业的最新动态。(2)积极推广现代科技成果,逐步实现行业管理的现代化、会展设备的智能化和活动组织的网络化。(3)充分利用国际互联网(Internet),推动国内会展业的信息革命,如开展网络营销、举办网上展览会等。

6. 集团化运营成为我国会展业发展的必然选择

集团化是国内各个产业部门急需解决的共同问题,它是伴随市场竞争而产生的一种企业经营战略。会展业的集团化运营可以实现企业项目间的优势互补,提高国际竞争力。会展企业的集团化发展表现为以下几个方面:(1)采取横向联合、纵向联合、跨行业合作等灵活多样的组织形式,组建会展集团;(2)实行海外扩张。积极向海外扩张是会展企业集团化达到较高水平的一项重要竞争策略,它能使国内会展企业在国际市场竞争中保持主动。海外扩张主要有设立办事机构、合作主办会展、移植品牌会展、投资兴建展馆等四种形式。

7. 循环会展成为我国会展业发展的时代要求

党的十七大提出我国要转变经济发展方式,实施可持续发展的循环经济。顺应时代的要求,可以预见,循环会展将成为会展业发展的必然趋势。循环会展的发展可以从以下几个方面着手:(1)注重会展中心的"绿色"设计。投资者在兴建会展场馆时将从会展场馆选址、建筑材料选择到内部功能分区,突出"绿色"的特色,有关管理部门也会对此制定相应的规范。(2)大力倡导"绿色"营销理念。会展城市在组织整体促销或展会主办者在对外宣传时,都将更加强调自身的生态特色和环保理念,以迎合参展商和大众的环保心理。(3)强化环境保护意识。除积极建设"绿色"会展中心外,会展组织者和会展中心管理人员将比以前更加注重节能降耗和"三废"处理,在布展用品的选用上也应做到易回收的材料优先。(4)以环保为主题的展览会将倍受欢迎。随着中国会展业的日益成熟,国内会展产品中必将涌现出大量与环保相关的专业会议或展览,并且这些展会具有极大的市场潜力。

第四节 会展人才与会展教育

一、会展人才

（一）会展人才需求单位

一般来讲，会展人才的需求单位有以下几种：

(1) 政府机构、会展行业协会、会展专业组织。

(2) 会展公司。

以下几种类型的会展公司对会展人才提出需求：

会展主承办公司，它们一般具有雄厚的人力资源和财力，具有专业展览品牌和客户资源，良好的企业声誉，它们主要负责会展项目的前期策划、招展招商、项目管理等工作，是会展产业的核心。

会展场馆，如饭店、酒店公寓、会展中心和各类文博馆。这类公司对会展场馆的运营管理与服务类人才需求很大。

会展服务公司，协助主承办公司开展会展服务工作。如会展设计公司提供设计服务、会展搭建公司提供展台搭建服务、会展临聘公司提供短期志愿者和服务者、会展销售公司提供招展招商等专业服务、会展公关公司提供会展公关、礼仪、翻译等工作，还有些会展服务公司提供会展旅游、饭店、运输等相关服务。

(3) 会展专业服务公司以及一般的旅游公司或旅行社。

专业服务公司主要是指会展专业组织者（Professional Congress Organizers, PCO)和目的地管理公司（Destination Management Company, DMC）。它们主要是负责协助起草申办文件、策划、组织、协调、安排和接待会展活动的专业公司，其专业水平的高低是目的地会展业发展水平的重要标志，并在目的地会展业的发展中扮演着重要角色，国际上多数会展组织者在目的地的选择和日程安排上首先要找的就是目的地的PCO 和 DMC，如果没有，一般都不予考虑。

(4) 会展教育、科研、媒体、咨询机构。

主要包括开设会展专业或方向的各大中专院校、研究所、会展专业媒体以及涉及会展行业的咨询机构。

(5) 大中型企事业单位。

一方面，作为参展商，大中型企事业单位需要一部分会展人才来策划管理本单位的参展工作，另一方面，很多企事业单位自己也会组织大中型会议、展览或活动，这也对会展人才提出了需求。

（二）会展人才需求数量

相关统计表明，会展专业人才岗位空缺与求职者的比例：上海 10∶1、北京 8∶1、广州 8∶1。

就上海而言，上海会展业的从业人员多来自各行各业，大多没经过专门的培训，缺乏系统的会展知识和操作技能，从而严重制约上海会展业务的开展及会展组织水平和服务质量的提高。缺乏高素质的会展专业人才和高水平的专业会展服务公司将会是上海会展业发展的一个瓶颈。

根据对近年来上海会展行业的了解，大致可以勾勒出上海会展业从业人员的基本情况。目前上海的会展从业人员中，有40%多以上受过中等层次的教育，包括中专、职校等；50%接受过高等教育；还有部分是硕士以上学历。

上海现有注册会展公司近万家，从业人员有近30 000人，但有5—10年实际操作能力和经验的会展项目经理较少，真正懂会展理念、会操作、会管理的专业人才就更少。

会展布置方面，特装工程技术人员的缺口庞大，一般在会展业中要运用到高科技技术时，几乎是从国外直接引入人员和设备。

会展展示设计方面，大多是一般室内装潢设计人员担当会展的设计工作，缺乏能够根据展商的功能诉求进行个性化展台展位设计的前沿人才，而具有丰富运用声光电和多媒体特效制作的实战经验的人才更是少之又少。据预测，2030年前，上海对会展环境设计与搭建人员需求量较大。其中，以从事设计策划类的人才和制作类人才为主。

（三）会展人才需求类型

会展人才可以分为会展业核心人才、会展业辅助型人才和会展业支持型人才三个结构层次。会展业核心人才包括会展策划和会展高级运营管理等人才，他们在行业中层次最高，专业性最强；会展业辅助型人才包括设计、搭建、运输、器材生产销售等人才；会展业支持型人才则包括高级翻译、旅游接待等。

会展业核心人才的需求量最少，通常而言，一个展会项目的策划和组织只需要四五个人，而展会发展的趋势是项目整合，规模扩张，数量减少，能够做到这些的人才现在最缺。

会展辅助型和支持型人才也严重不足。例如在国际会议上，要找一个具有良好素质和经验的双外语翻译人才是一件非常困难的事，而这只是举行国际会议的基本要求。

（四）会展人才的知识结构

会展业是一个整合性极高的行业，会展业从业人员特别是高级会展人才必须具有经济学、管理学的深厚基础知识，而且还要具有会展营销、策划、项目管理、危机管理、财务管理、人力资源管理等各方面的专业知识，同时，会展高级人才还要有很高的外语水平、了解各行业的发展前沿，对公关与礼仪也要比较熟练。所以，香港有会展专家认为，会展人才需要很高的外语水平、专业知识、营销技能和服务技能。

（五）我国会展人才的开发策略

根据以上对会展人才的分析，我们可以从以下几个方面来进行会展人才的开发。(1) 必须健全会展教育体系，开设会展相关专业，深化会展学科体系的研究。(2) 要加强会展师资队伍以及教材的建设。(3) 要进一步推进产学研一体化，与企业联合办学与研究。采用走出去、请进来的办法，一方面，派学校教师到企业去调研，派学生到企业实习；另一方面，聘请企业高层、中层人员到学校座谈与授课。最后，必须开展各层次的职业培训。

详细的措施,将在下一个单元"会展教育"中阐述。

二、会展教育

(一) 德国二元制会展教育

德国会展教育的核心力量包括与会展业界有着密切联系的高校教师和对会展人才培养有着使命感的会展业界。这两个方面相互支撑和互动,构成了富有生命力的德国会展教育体系。

20世纪80年代末,德国瑞文斯堡大学创办了德国第一个会展管理系,时至今日,德国的会展教育已经享誉全球,为德国会展业的持续、稳步发展培养了大量专业人才,并基本形成了产、学、教互动的良好机制。综观德国的会展教育发展历史和现状,可将其模式概括为以下几点:

作为会展业发展历史最悠久的德国,其"二元制"的会展教育模式也已经成为其他国家模仿的对象。在德国著名的瑞文斯堡合作大学,其会展管理系只有三名专业教师,这与其在世界会展教育显耀的名声相比显得有些不相称。由于有发达的会展业支撑、有会展业界的大力支持,瑞文斯堡合作大学会展教育才名声大振,在三名专业教师背后有着许许多多经验丰富、热心教育的会展业界人士承担着"会展教师"的职责。

1. 办学力量集中化

德国是世界公认的展览王国,但它在会展教育方面并非我们想象的那样,在许多院校都设有相关的专业。目前,在德国主要有两所院校开办会展教育,一是瑞文斯堡合作大学,另一个是科隆大学(经济学院设有会展经济方向硕士课程),两所学校错位发展、相得益彰,前者偏重实践操作,后者偏重理论研究。其中,瑞文斯堡合作大学只是一所普通的大学,相当于国内的职业技术大学,但该校于1986年就正式成立会展管理系,并与众多会展公司建立了广泛的联系和合作关系,对整个德国甚至世界展览业的发展都起到了很大的推动作用,因而在全球会展界具有较高的知名度。

2. 专业教育定制化

德国会展教育基本上属于定向培育,采取的是与组展商合作的人才培养模式,即学生大多来自各个会展公司,经过学习和培训后再回到原公司工作。这些学生平时可以从会展公司获得工资,有的在学习或培训的同时仍旧参与公司的部分工作;另一方面,教师在教学过程中十分注重从学生中吸收经典案例和操作经验,收集业界的最新动态,进行分析、提炼后反馈给学生,在这种教、学有机互动的环境下,教学和学习都有更明确的目标。

此外,在德国还有为数不多、专为某一个展览公司而举办的短期培训班,培训的内容也因公司的发展需要而定,往往包括展览策划与组织、成本控制、会展服务等实务内容。显而易见,这种招生和培养模式为会展教育的定制化创造了条件,并成为德国会展教育持续发展的动力。

3. 课程设置模块化

在开办会展教育之初,瑞文斯堡合作大学的会展教育仅限于展览行业,但随着德国会展业的迅速发展,会展教育的内涵也在不断扩展,目前已涵盖会议、展台搭建、大型活动策划等领域。在课程设置上主要分为五大模块,即工商管理、展览管理、会议管理、大型活动管理以及展示设计与搭建,学生每学完一个模块再经过相应的实习,即可基本具备该模块所要求的工作能力。

4. 实习活动主题化

德国的会展教育十分注重实践性环节的作用。一般而言,会展专业的学生在学校学习三年,其中,一年半学习理论知识,一年半参加实践活动;每学期通常只上三个月的课,另外三个月则是实习。将生产劳动与教学训练相结合,突出培养学生的实践能力;学生一进入学校,就有了学生和企业学徒工两种身份,在校学习阶段有大量的时间是在公司或企业进行实际操作。学生反复从理论到实践,再从实践到理论,不断提高自身的理论素质和动手能力。而且,为了巩固学生所学的理论知识,每次实习活动都有特定的主题,这些主题往往与刚刚结束的课程相关,这一点与国内许多院校所开展的走马观花式的会展专业学习大相径庭。

(二)美国会展教育

美国的会展教育起步虽然较晚,但发展却异常迅速,已经颇具"领袖"风采。据统计,全球有150多所大学提供与会展管理相关的教育,美国大约占了一半,而且目前该国已经形成了相对完善的教育体系。在会展管理人员中,60%以上具有学士学位,其中近10%拥有硕士学位。在课程设置、教材编写、教师配备方面,美国也很有优势,且已成为重要的会展管理知识输出国之一。

1. 多元化的教育主体

美国的会展教育主要由高校、行业协会、中介机构和咨询公司等组织承担。其中,高校处于核心位置。目前在美国开设会展专业或课程的主要院校有乔治·华盛顿大学、内华达大学、休斯敦大学、俄克拉荷马州州立东北大学等75所高校。其他像行业协会、中介机构、咨询公司等也为会展从业人员提供技能性培训。高等院校的学习以学位教育为主,一般不要求具有从业经验;而行业协会、中介机构、咨询公司从事的是技能培训和在职培训,学员大多具有一定的从业经验。美国高校基本上是在旅游管理或商务管理的基础上设置大型活动或会展管理专业。美国国际展览管理协会自1975年起开设了展览管理认证证书的学习课程,以期提高从业人员的专业水平。

2. 多层次的教育体系

美国高校已经形成了与自己专业特色相适应的从一般职业资格认证教育到学士、硕士学位教育的多层次会展教育体系。

在美国,会展管理的提法一般是"事件管理"或"特殊事件管理"。它不仅包括会议管理和展览管理,还涉及大型事件、体育事件、各种节庆甚至私人重要活动在内的事件管理。会展管理专业一般设置在酒店管理、旅游管理、接待礼仪、体育运动、休闲娱乐、艺术门类中。在目前开设会展教育的高校中,乔治·华盛顿大学的会展教育规模最大、课程体系最完整,学生不仅可以攻读学士学位,还可攻读硕士学位。该校于1988年率先推出的特殊事件管理职业资格认证制度已得到全球20多所大学的认可。还有许多大学的会展教育也取得了较好的发展,并且树立起了自己的品牌。

3. 实用化的会展课程设置

美国会展教育的课程设置很实用。在本科教育中,由于学科重点不同,各学校提供的课程体系也有所差异。乔治·华盛顿大学开设的会展管理课程主要有必修课 4 门(旅游和接待管理概论、运动和大型活动管理中的问题、运动和大型活动商业企业、运动和大型活动营销);选修课至少 1 门(在国际商务概论、国际营销管理、营销研究、公共关系等 12 门中选择)。内华达大学开设的会展课程主要有 3 门必修课(会议业概论、会议规划、贸易展览运营);选修课 2 门(在会展服务管理、会展设施管理、展示管理等 5 门中选择)。而硕士学位教育则主要向学员提供带有研究特征的相关课程,如内华达大学主要向研究生提供会议管理战略、服务业金融分析、市场营销系统、人力资源和接待行为管理等课程。

美国的职业资格认证体系也高度重视应用性问题。如美国国际展览管理协会展览管理认证证书(CEM)的课程设置具有很强的针对性,教材由专人编写,每两年更新一次。必修课包括观众组织、展位分配、场地选择等 7 门;选修课包括招标和采购的开发、展览开发、住宿和运输等 5 门,可任选 2 门。乔治·华盛顿大学大型活动管理资格证书(EMP)的考试课程设置则体现出初级的入门性在职培训特点,4 门必修课包括大型活动的最佳管理、大型活动协调、大型活动营销、风险管理,选修课则在大型活动的礼宾、大型活动赞助、餐饮设计和协调等 12 门课程中任选 3 门。

4. 多样化的教育途径

美国会展教育的时间安排灵活多样,个人可以根据自己的情况选择适宜的方式。除了四年制的学士学位教育和两年制的硕士学位教育以外,还有一些两年制的社区学院也参与提供会展教育。在职业资格认证培训上,时间则更为灵活。以乔治·华盛顿大学大型活动管理证书培训为例,它主要是对刚进入会展行业、工作经验不多的人员进行初级入门培训,无学期要求。耗时最短的学员在 6 个月里就学完了全部课程,耗时最长的则用了 36 个月。美国国际展览管理协会的展览管理认证证书课程学习要求学员在 3 年内学完 7 门必修课和 2 门选修课即可,耗时最短的纪录是 11 个月,最长的则达 24 个月。

美国的高校还通过专业研讨会、书刊、VCD 等方式为公众提供学习会展知识的机会。此外,它们还通过远程教育向全球 24 个国家提供相关教育与培训。乔治·华盛顿大学"特殊事件管理职业资格"认证体系获得了西班牙、摩洛哥等国家的认可。目前全球约有 20 多所大学采用了该校的会展职业资格认证课程,通过远程教育对会展从业人员进行职业培训。

此外,美国高校的会展教育非常注重实践环节,许多高校在校园里建立模拟客房、餐饮设施,邀请会展业界人士为学生开讲座,并让学生参加会展活动,要求学生为学校的体育赛事寻求赞助商。这些实践活动对提高学生的实际操作能力大有益处。

(三)中国会展教育

会展是一个新兴专业,是顺应会展产业的蓬勃发展而兴起的一个边缘、交叉学科。在国外,从美国内华达大学饭店管理学院旅游会展管理系 1978 开设第一门会议管理课程到现在也不过 42 年的时间。在中国,2004 年教育部正式把会展专业列入教育部专业目录,2006年,教育部正式把会展经济与管理专业划到公共管理学科下面。目前,会展专业招生、会展教材出版、会展培训等方面或多或少都存在盲目过热的现象,需要冷静看待。

1. 会展教育总特点

(1) 依托专业以管理类为主,尤以旅游管理专业居多。

在依托专业中,管理类专业要占一半以上,其中又以旅游管理专业为最多。这是因为旅游和会展这两大行业本身就具有密切联系,而且旅游人才和会展人才也有不少相通之处。

(2) 会展方向所依托的专业很分散。

英语、广告、国际贸易、公共事务管理、艺术设计,甚至文秘专业都可开设会展方向。这也从另一个方面反映了会展行业需要复合型人才的特点。

(3) 方向名称五花八门,各校侧重点不一。

各校结合自身优势,切入会展的角度各不相同。从方向名称上也可看出其不同的侧重点。如设计、会务、经营管理、策划管理、会展旅游等等。

(4) 教学组织形式多样,会展专业课程或多或少。

虽然各地各校差异巨大,但是在教学组织上,"专业课程+会展类课程模块"的做法越来越流行了。然而各校会展课程多的可以开到15门左右,少的却只开1—2门。因此就学生而言,虽然大家学的都是会展方向,但是实际上对会展专业的了解和接触程度差距会很大。

(5) 培养人数不定,走一步看一步。

与会展专业的培养方式不同,由于大多数学校要在高年级才让学生自己来选定专业方向,因此是否选择会展方向决定权在学生手里。但是由于会展业在我国是一个蓬勃发展的新兴产业,学生选择会展方向的人数应该不会少。

2. 会展专业

会展是一个新兴专业,是顺应会展产业的蓬勃发展而兴起的一个边缘、交叉学科。在国外,从美国内华达大学饭店管理学院旅游会展管理系1978开设第一门会议管理课程到现在已经40余年的时间。

在中国,2004年教育部正式把会展专业列入教育部专业目录,2006年,教育部正式把会展经济与管理专业划到公共管理学科下面。教育部正式批准的会展本科专业如表1-3所示。

表1-3 教育部正式批准的会展本科专业一览表

学 校	批准时间	专 业	学 位
上海师范大学	2004	会展经济与管理	管理学学士
上海对外经贸大学	2004	会展经济与管理	管理学学士
上海大学	2005	会展艺术与技术	文学学士
沈阳师范大学	2005	会展经济与管理	管理学学士

(续表)

学　　校	批准时间	专　　业	学　　位
广西财经学院	2005	会展经济与管理	管理学学士
东华大学	2006	会展艺术与技术	文学学士
北京第二外国语学院	2006	会展经济与管理	管理学学士
浙江万里学院	2006	会展经济与管理	管理学学士
厦门理工学院	2006	会展经济与管理	管理学学士
广东商学院	2006	会展经济与管理	管理学学士
上海应用技术大学	2006	会展经济与管理	管理学学士
上海理工大学	2006	会展经济与管理	管理学学士
上海第二工业大学	2006	会展经济与管理	管理学学士
复旦大学太平洋金融学院	2006	会展经济与管理	管理学学士
东华大学	2007	会展经济与管理	管理学学士
浙江大学城市学院	2007	会展经济与管理	管理学学士
山东交通大学	2007	会展经济与管理	管理学学士
河南财经学院	2007	会展经济与管理	管理学学士
湖南商学院	2007	会展经济与管理	管理学学士
广州大学	2007	会展经济与管理	管理学学士
重庆文理学院	2007	会展经济与管理	管理学学士
南开大学	2008	会展经济与管理	管理学学士
华东师范大学	2008	会展经济与管理	管理学学士
北京联合大学	2008	会展经济与管理	管理学学士
首都师范大学科德学院	2008	会展艺术与技术	文学学士
河北经贸大学	2008	会展经济与管理	管理学学士
内蒙古财经学院	2008	会展经济与管理	管理学学士
哈尔滨商业大学	2008	会展经济与管理	管理学学士
武汉科技学院	2008	会展经济与管理	管理学学士
湖北经济学院	2008	会展经济与管理	管理学学士
湖南商学院北津学院	2008	会展经济与管理	管理学学士
重庆工商大学融智学院	2008	会展经济与管理	管理学学士
西安外国语大学	2008	会展经济与管理	管理学学士
天津商业大学	2009	会展经济与管理	管理学学士
杭州师范大学	2009	会展经济与管理	管理学学士

(续表)

学　　校	批准时间	专　　业	学　　位
浙江传媒学院	2009	会展经济与管理	管理学学士
华南师范大学	2009	会展经济与管理	管理学学士
广东工业大学	2009	会展经济与管理	管理学学士
西安建筑科技大学	2009	会展艺术与技术	文学学士
四川大学	2010	会展经济与管理	管理学学士
首都师范大学科德学院	2010	会展经济与管理	管理学学士
河北经贸大学经济管理学院	2010	会展经济与管理	管理学学士
辽宁对外经贸学院	2010	会展经济与管理	管理学学士
吉林动画学院	2010	会展艺术与技术	文学学士
复旦大学上海视觉艺术学院	2010	会展艺术与技术	文学学士
南京艺术学院	2010	会展艺术与技术	文学学士
浙江树人学院	2010	会展经济与管理	管理学学士
电子科技大学中山学院	2010	会展经济与管理	管理学学士
广西艺术学院	2010	会展艺术与技术	文学学士
海南大学	2010	会展经济与管理	管理学学士
四川美术学院	2010	会展艺术与技术	文学学士
北京农学院	2011	会展经济与管理	管理学学士
天津工业大学	2011	会展经济与管理	管理学学士
长春大学旅游学院	2011	会展经济与管理	管理学学士
南京工业大学	2011	会展艺术与技术	文学学士
中国美术学院	2011	会展艺术与技术	文学学士
合肥学院	2011	会展艺术与技术	文学学士
淮南师范学院	2011	会展艺术与技术	文学学士
武汉长江工商学院	2011	会展经济与管理	管理学学士
广州美术学院	2011	会展艺术与技术	文学学士
重庆科技学院	2011	会展艺术与技术	文学学士
暨南大学	2012	会展经济与管理	管理学学士
天津财经大学	2012	会展经济与管理	管理学学士
廊坊师范学院	2012	会展经济与管理	管理学学士
哈尔滨德强商务学院	2012	会展经济与管理	管理学学士
哈尔滨广厦学院	2012	会展经济与管理	管理学学士

（续表）

学　　校	批准时间	专　　业	学　　位
上海外国语大学贤达经济人文学院	2012	会展经济与管理	管理学学士
济南大学	2012	会展经济与管理	管理学学士
山东财经大学	2012	会展经济与管理	管理学学士
山东女子学院	2012	会展经济与管理	管理学学士
中原工学院	2012	会展经济与管理	管理学学士
江汉大学文理学院	2012	会展经济与管理	管理学学士
仲恺农业工程学院	2012	会展经济与管理	管理学学士
北京师范大学珠海分校	2012	会展经济与管理	管理学学士
琼州学院	2012	会展经济与管理	管理学学士
重庆第二师范学院	2012	会展经济与管理	管理学学士
四川农业大学	2012	会展经济与管理	管理学学士
成都学院	2012	会展经济与管理	管理学学士
新疆财经大学	2012	会展经济与管理	管理学学士
华侨大学	2013	会展经济与管理	管理学学士
黄山学院	2013	会展经济与管理	管理学学士
巢湖学院	2013	会展经济与管理	管理学学士
华中师范大学武汉传媒学院	2013	会展经济与管理	管理学学士
中南林业科技大学	2013	会展经济与管理	管理学学士
广东外语外贸大学南国商学院	2013	会展经济与管理	管理学学士
海口经济学院	2013	会展经济与管理	管理学学士
成都信息工程学院	2013	会展经济与管理	管理学学士
四川旅游学院	2013	会展经济与管理	管理学学士
贵州财经大学	2013	会展经济与管理	管理学学士
北京石油化工学院	2014	会展经济与管理	管理学学士
天津科技大学	2014	会展经济与管理	管理学学士
吉林艺术学院	2014	会展经济与管理	管理学学士
福建师范大学协和学院	2014	会展经济与管理	管理学学士
贵州民族大学	2014	会展经济与管理	管理学学士
云南民族大学	2014	会展经济与管理	管理学学士
西安欧亚学院	2014	会展经济与管理	管理学学士
太原学院	2015	会展经济与管理	管理学学士

（续表）

学　　校	批准时间	专　　业	学　　位
三江学院	2015	会展经济与管理	管理学学士
上海财经大学浙江学院	2015	会展经济与管理	管理学学士
浙江外国语学院	2015	会展经济与管理	管理学学士
安徽外国语学院	2015	会展经济与管理	管理学学士
厦门华厦学院	2015	会展经济与管理	管理学学士
武汉商学院	2015	会展经济与管理	管理学学士
湖北商贸学院	2015	会展经济与管理	管理学学士
湖南师范大学	2015	会展经济与管理	管理学学士
三亚学院	2015	会展经济与管理	管理学学士
四川外国语大学成都学院	2015	会展经济与管理	管理学学士
四川文化艺术学院	2015	会展经济与管理	管理学学士
昆明学院	2015	会展经济与管理	管理学学士
兰州财经大学	2015	会展经济与管理	管理学学士
吉林工商学院	2016	会展经济与管理	管理学学士
长春科技学院	2016	会展经济与管理	管理学学士
南昌师范学院	2016	会展经济与管理	管理学学士
河南牧业经济学院	2016	会展经济与管理	管理学学士
武汉晴川学院	2016	会展经济与管理	管理学学士
成都理工大学	2016	会展经济与管理	管理学学士
成都信息工程大学银杏酒店管理学院	2016	会展经济与管理	管理学学士
北京城市学院	2017	会展经济与管理	管理学学士
河北环境工程学院	2017	会展经济与管理	管理学学士
晋中学院	2017	会展经济与管理	管理学学士
浙江越秀外国语学院	2017	会展经济与管理	管理学学士
河南财政金融学院	2017	会展经济与管理	管理学学士
桂林理工大学	2017	会展经济与管理	管理学学士
广西师范大学漓江学院	2017	会展经济与管理	管理学学士
四川电影电视学院	2017	会展经济与管理	管理学学士
西安外事学院	2017	会展经济与管理	管理学学士
保定学院	2018	会展经济与管理	管理学学士
辽宁传媒学院	2018	会展经济与管理	管理学学士

(续表)

学　　校	批准时间	专　　业	学　　位
闽江学院	2018	会展经济与管理	管理学学士
南昌大学	2018	会展经济与管理	管理学学士
信阳师范学院	2018	会展经济与管理	管理学学士
信阳农林学院	2018	会展经济与管理	管理学学士
贵州师范学院	2018	会展经济与管理	管理学学士
云南大学旅游文化学院	2018	会展经济与管理	管理学学士
河西学院	2018	会展经济与管理	管理学学士

从表1-3中可以看出，教育部共设两个会展专业，分别是会展经济与管理和会展艺术与技术。从2004年开始，全国共有133所高校开设会展专业，其中开设会展经济与管理的有120所，开设会展艺术与技术的有15所。从全国会展本科专业的布局来看，133所学校分布在28个省（区、市）中，其中上海和四川各占了11所，广东和浙江各有9所，湖北8所，北京7所，河南6所，安徽、福建、河北、吉林和天津各有5所。

据中国会展经济研究会教育与培训委员会2006年上半年对中国会展教育教学作的调查，会展专业和会展行业发展呈现很强的正相关性，以上海为龙头的长江三角洲、以香港、广州为中心的珠江三角洲，以北京、天津为中心的环渤海经济带的高校明显处于会展教育的前列，而广大西部十二省市以及几个中部省份会展教育资源非常匮乏，开设会展专业或方向的学校非常少。

除了会展本科专业以外，很多对市场敏感的高校也开设了会展专业方向，专业方向既包括本科的，也有硕士的。专业方向一般是设在旅游管理、外语、广告、公共事业管理、企业管理、市场营销等专业下面。这一批高校包括如上海交通大学、复旦大学、同济大学、东华大学等部属、省/市属公办高校。

开设会展专业的高职高专就更多了，大约有10所院校，如：上海建桥学院、上海新桥学院、上海工会管理干部学院、上海中桥学院、上海思博职业技术学院等。

很多中职学校也开设了会展专业，上海大约有10所。

各大学的成人/继续教育学院也纷纷开办会展专业。

3. 师资与教材

从2004年我国正式在高等教育中开设"会展经济与管理"专业以来，师资问题一直困扰着各个高校。大部分教师是从旅游、营销、经济学、企业管理等专业转过来的年轻教师，而很多学校从会展企业请来的兼职教师大部分并不了解教学规律。教材也是影响会展教学效果的重要因素。很多本科学校自己都编写了会展教材，仅上海院校编写的会展教材就有几十种，但这些教材大多层次不高，而且与会展实践脱节。

4. 培训项目比较分析

会展学历教育在中国已经有多所学校在竞争，而培训的竞争更加激烈。就上海而言，目前由政府出面组织并颁证的培训项目有三个：上海市会展行业协会与上海市职业能力考试院、上海市世博人才认证中心合作的培训认证;上海市紧缺人才办公室发证的培训;上海市劳动与社会保障局发证的社会培训。相应的,有三种会展资格证书比较受欢迎,它们分别是:上海市职业能力考试院的"会展师/助理会展师",上海紧缺人才培训办公室的"会展师/助理会展师"(原"会展策划与实务"),国家劳动和社会保障部的"会展经营策划师"(初级/中级/高级)。

"会展师/助理会展师"证书由上海市职业能力考试院颁发,具体的培训项目由华东师范大学会展学院具体承办,学院是由上海市会展行业协会和华东师范大学继续教育学院合办,有会展行业协会的认可,是比较有优势的。以上海市会展行业协会与华东师范大学联合组建的华东师范大学上海会展学院为主,对行业内的从业人员进行岗位培训;在岗位培训的基础上,开展人员认证工作。2006年是对岗位培训和人才认证的全面实施年。三级(高级、中级和助理会展师)培训工作全面开展,认证工作实施对高级和中级人员认证,共有50人获得证书。

"会展经营策划师"是国家劳动和社会保障部开发的项目,先由上海市劳动和保障局试点运行,并通过招投标选取优秀的教育机构进行委托招生培训,最后向全国推广。

"会展师/助理会展师"(原"会展策划与实务")颁证机构是上海紧缺人才培训办公室,号称证书长三角通用。

另外,CEM也占有一定市场,它是由美国CEM培训课程与中国贸促会合作,并由北京京摹公司与上海交大合作具体操作的。

思 考 题

1. 会展的内涵是什么?
2. 举例说明会展的外延。
3. 简述会展业的特点。
4. 简述会展经济的特点。
5. 我国会展业发展存在的问题有哪些?
6. 世界会展业发展趋势有哪些?

第二章 会展产业分析

学习目标

理解会展产业的形成和发展
理解会展产业的产业属性
了解会展产业的产品及其生产和消费过程
掌握会展产品的供求关系

第一节 会展产业的形成和发展

一、会展产业形成的社会经济依据

（一）会展产业形成的基本条件

首先,让我们看看什么是产业？产业是国民经济中以社会分工为基础,在产品和劳务的生产和经营上具有某些相同性质的企业或单位及其活动的集合(简新华,2003)。从产业经济学的理论角度来看,一个产业的形成需要三个基本条件：(1) 有广泛的社会需求；(2) 要有一个成熟的、被市场接受的产品并形成一定的生产规模；(3) 这个产品要在市场上形成稳定的供求关系。这三个条件实际上内含着一个最根本的条件,即一个产业的形成,要有足够的利润空间来支撑它。依照以上逻辑,会展要形成产业,首先社会上要有对会展产品的需求,其次要有一定量的企业提供会展产品,再次会展产品的供需要达到一个相对稳定的市场均衡。

（二）会展产业形成的经济依据

1. 社会分工是会展产业产生的推动力量

从最一般的意义上来讲,任何一门产业的形成都是社会分工的结果。历史上,农业、手工业的产生都是如此,而现代会议、展览产业的诞生也不例外。传统公司有很多会议(如采购、经销商会议等)与展览业务,原来这些业务都是公司自己策划与组织管理的(现在还有个别特大型公司的展览业务是自行策划)。而随着社会分工的深化,社会中出现了一些专业的会展运营商,如专业会议策划者,专业展览公司,它们专门负责会议展览的策划、管理以及相关的旅游等业务。当这种运营商形成一定的规模,当这种供求关系达到稳定状态,会展产业就正式形成了。

2. 节省交易费用,是会展产业产生的根本动力

(1) 就会议和节事产业而言,消费者愿意参加会议和节事活动,其动机是为了节省交易费用。因为更多的人已经不能接受一对一或一对少的个体社交模式中的时间成本,而更乐于接受规模化社交,其中的功利性交易价值与时间投入比更佳;更乐于使用各种各样的聚会活动来制造文化氛围与软化简单的人际交易关系,增加人们在群体交流中的交叉交易效应;更乐于在不同与会者、参与者中吸取可参考的组合元素。会展消费者的这种需求,催生了会展运营商,而会展运营商搭建的会展平台,大大节约了会展消费者的交易费用。

(2) 就展览而言,参展商和专业观众参加展览会,也是为了节约交易成本。一方面,他们参加展览会,可以节省收集供需信息的成本,另一方面,参展商把展览业务外包给专业会展策划公司也可以节约成本。因为以上提到的社会分工,这些专业会展策划公司实行专业化运营、整合了会展产业链的上下游,这使其在竞争中具有很大价格优势,原来自己主办展览的企业会愿意把这些业务外包出去而实现双赢。

二、会展产业形成的标志

在历史上,会展作为一种社会活动发生得很早,然而并不一定有会展活动就会形成会展产业。历史上很久以来会展都是为政治服务的,有着炫耀国力或者外交的目的,根本没有在社会上形成市场化的供求关系。即使作为市场交易平台,会展也只是把自己的功能渗透到市场交易中,而没有从市场的运行过程中分离出来成为一种独立的产品。我们认为要研究会展产业(而不是萌芽状态的或附属形式的会展活动)形成的标志,可以从社会宏观层面和产业链两方面来加以分析。

(一) 社会宏观层面分析

从社会宏观经济来讲,要分析一个国家会展产业何时形成,必须结合该国的具体情况做实证研究。下面我们从市场结构、消费结构、收入结构和产业结构标志四个方面来分析。

1. 市场结构:买方市场形成

会展产业并不是在所有的市场结构中都会形成。卖方市场更多的是需求对供给的追逐,商品相对短缺,商品和消费者之间的距离主要是物理性的距离,商品不会有更多的展示自己的动力。而在买方市场中,话语权在消费者手中,商品必须想方设法实现销售。此时生产企业会想方设法来展示自己,以获得消费者的青睐。在买方市场中会展活动会在商品的流通中创造出附加价值,更好地实现销售。从我国经济实际来看,进入20世纪90年代特别是21世纪,我国已经处在买方市场阶段,会展产业有了基本形成条件。

2. 消费结构:小康型

会展产业的形成也是和一定的消费结构联系在一起的。在温饱型的消费结构中,人们生存需要最为迫切(如吃饭、穿衣等),会展产业不可能产生。在小康型的消费结构中,人们追求发展需要(如产权住宅、汽车、教育、旅游)。富裕型的消费结构是以追求闲暇、张扬消费个性为特征的。会展产业应该是在小康型后期到富裕型转变的过程中形成的。在这个过程中,商品非常丰富,无差异的大众化商品销售出现困难。商品中只有凝聚了个性化、满足消费者情感需求,才能找到好的销路。而会展正是起到沟通供求,达成情感默契的作用。我国现在正处在决胜全面建成小康社会阶段,会展产业的形成有了消费基础。

3. 收入结构：中产阶级逐渐成形

消费是和收入紧密联系的一个概念。在一个社会的收入结构以低收入者为主时,这个社会的消费也肯定处在温饱型的消费阶段。只有在社会收入结构中中等收入者逐渐成为主流时,小康型的消费阶段才会到来。因此,一个社会只有呈现橄榄型格局,中产阶级出现并逐渐形成社会主流消费群体时,会展产业才能逐渐形成。近年来,我国GDP年增长率保持在6%—7%,居民收入增长迅速,中产阶级逐渐出现,我国已经开始具备了会展产业形成的收入条件。

4. 产业结构标志：第三产业发达

会展产业属于服务业,更准确地说是属于流通服务业,而流通服务业属于现代服务业。传统的农业社会和传统的工业社会分别是以第一产业和第二产业为主体的,所有的生产环节都是靠产业内部的自我服务来完成,在这样两种产业结构中,不可能也不需要产生类似像会展这样的产业。第三产业的发展,不仅意味着消费领域中的许多环节逐渐被生活服务业所取代,而且生产领域中的许多环节也逐渐被生产服务业和流通服务业所取代。当第三产业还只是以生活服务业为主干,从而在整个社会产业结构中只占据很小比例时,会展产业几乎无从谈起。只有当第三产业在社会产业结构中占据了30%以上的比例,从而现代服务业成为整个第三产业的主干部分时,会展产业才可能脱颖而出。我国在1985年第三产业占整个产业结构的29%,到2005年这个比重达到40%以上,而我国的会展产业大致正是在这段时期中逐步形成的。

(二) 产业链分析

我们从以下三个方面来分析会展产业链：会展运营商的独立化、会展服务的社会化以及会展需求规模化。

1. 会展运营商的独立化

会展运营商是会展产业市场的主体。在我国,会展公司每年增长非常快,仅上海就有近万家。而专业会展组织者PCO、目的地管理公司DMC,在我国近几年发展也很快,北京、上海、厦门等大城市都已经有了不少这样的公司。

2. 会展服务的社会化

会展服务社会化是指会展辅助企业比较发达,会展运营商把相关会展子业务委托给服务公司做。值得一提的是,我们不能因为会展对城市的旅游、餐饮、交通、物流、通信等有1∶9的带动作用,就断言会展已经形成了一个产业,这是颠倒了因果关系。近年来,我国会展辅助企业发展迅猛,截至2019年7月,上海会展行业协会展示工程委员会展示工程的会员有426家,而会展物流、广告、会展旅游等辅助企业发展同样迅猛。当然这样的辅助企业只有经过核心企业(会展运营商)的整合才能对会展产业的形成有意义。

3. 会展需求规模化

在我国,会议市场非常火爆,在上海,一个小型会议策划公司策划一个论坛,其参会者至少也在300人以上,而这样的项目小公司一年能做十个以上,可见参加会议的需求还是很大的。而对于展览来讲,现在大中型企业都已经把展览会作为市场营销(特别是国际市场营销)的一个重要手段,企业参展意愿越来越强烈。这从我国展馆面积越来越大,单个展览会面积越来越大可以看出来。例如2018年,上海共举办国际和国内展览会合计726场,总展览面积1 712.37万平方米。其中,国际展览会项目292场,总展出面积1 347.18万平方米,平均展览面积为4.61万平方米;国内展览会项目434场,总展出面积365.19万平方米,平均展览面积为0.84万平方米。2018年,上海九大主要场馆室内总面积约为75.00万平方米,承接503场展会,平均展览面积达到3.20万平方米,比上一年度的2.75万平方米增长了16.36%。10.00万平方米以上的展览会合计42个,展出面积801.14万平方米,10.00万平方米以上的大型展览会规模已占到近50.00%。

综合以上对会展产业形成的社会经济依据分析,我们基本可以判断:不管是从宏观社会的市场结构、消费结构、收入结构、产业结构,还是从会展产业链的会展运营商的独立化、会展服务的社会化以及会展需求规模化来讲,我国会展产业基本形成。不过,政府对新兴产业的政策扶持、会展产业研究的不断深化、法律法规等产业发展环境的完善、产业所需的人才的培养等都会促进会展产业的发展,我国会展产业的发展还有很远的路要走。

资料链接 2-1

中外会展业发展大事记

1. 1814年9月至1815年6月召开的维也纳会议是第一个真正意义上的国际会议,被国外学者认为是当今会展业的开端。这次会议旨在于拿破仑战争结束之际重新划分欧洲版图,与会者包括当时世界主要国家的首脑(土耳其除外)。维也纳会议发展局举办的这次会议在议程安排、会议设施、住宿接待、社会活动、娱乐餐饮等方面均达到了当时的最高水平。

2. 1851年,英国举办了世界上第一个博览会——大英万国工业博览会,此次博览会中展出了英国工业革命取得的经济成就和参展国家先进的工业品,如自动链式精纺机、大功率蒸汽机、轨道蒸汽牵引机、高速汽轮船、汽压机、起重机、机床以及先进的炼钢法、隧道和桥梁等模型。

3. 1890年在德国莱比锡小镇举办的"莱比锡样品展览会"是世界上第一个样品展览会。

4. 1896年,世界上第一个会议展览局(Convention Bureau)在美国底特律成立,会展业作为一个独立行业迈出了专业化的第一步。

5. 国际展览业协会(UFI)于1925年4月15日在意大利的米兰成立,是博览会/展览会行业唯一的世界性组织。目前在五大洲的67个国家、137个城市有172个正式成员及 30 个非正式协作成员。

6. 1928 年 11 月 28 日,31 个国家的代表在巴黎召开会议,签订了世界上第一个协调与管理世界博览会的建设性"公约",即《国际展览会公约》,并成立了执行机构——"国际展览局"(Bureau of International Expositions, BIE),总部设在巴黎,是一个协调和审批世界博览会事务的政府间国际组织,目前拥有 91 个成员。中国于 1993 年 5 月 3 日正式加入国际展览局。

7. 1955 年,由美国内华达州立法机关成立的拉斯维加斯会议观光局(LVCVA),同时掌管美国最大的会展场馆——拉斯维加斯会展中心。LVCVA 作为美国最大的会展目的地营销机构,其营销作用实际上超越了许多国家级的旅游组织。

8. 1956 年秋季,为适应社会主义建设的蓬勃发展,发展我国与世界各国的贸易关系和友好往来,新中国成立后第一个真正意义上的展览会——中国出口商品展览会(中国出口商品交易会的前身,又称广交会)在广州应运而生。在计划经济的摇篮中诞生的广交会已成为中国规模最大、层次最高、成交效果最好的综合性国际贸易盛会。

9. 1974 年,新加坡旅游局(Singapore Tourist Board, STB)成立,下设分支机构新加坡会议展览局(Singapore Exhibition & Convention Bureau)负责新加坡的会展目的地营销。STB 是世界上少数几个将国家旅游机构和会议展览机构合二为一的政府组织之一。

10. 1982 年 5 月 1 日至 10 月 31 日,中国参加了在美国田纳西州诺克斯维尔市举行的"能源"专业世博会。经国务院批准,中国贸促会首次代表国家组织中国馆参加,中国馆登上世博会的舞台,成为世博会新的亮点。

11. 1993 年 5 月 3 日,中国加入《国际展览会公约》,正式成为国际展览局成员。在 1999 年 12 月 8 日国际展览局第 126 次全体代表大会上,中国当选为执行委员会的成员国。2001 年 11 月 30 日,国际展览局举行第 130 次全体大会,中国成功以最高票连任国际展览局执行委员会成员(每届任期两年,可连任一次)。2003 年 12 月 12 日,在国际展览局第 134 次全体大会上,中国被选为国际展览局条法委员会成员国。

12. 各地会展企业在政府的主导下,开始组建行业自律性的会展协会。1998 年 6 月由北京市贸促会发起,组建了我国第一家国际会议展览业的协会——北京国际会议展览业协会。2002 年 4 月,上海成立会展行业协会,2002 年 2 月,山东成立国际展览业协会,2005 年 4 月,广州市会展业行业协会成立。会展行业协会的成立标志着我国会展业行业规范管理工作的正式启动。

13. 2001 年 7 月 13 日,在莫斯科国际奥委会第 112 次全会中,北京夺得 2008 年奥运会举办权。北京凭借其过人的优势,完美的陈述报告,从五个 2008 年奥运会申办城市中脱颖而出。

14. 2002 年 12 月 3 日,在国际展览局第 132 次全体大会上,成员国代表经过 4 轮投票,中国最终以 54 票对韩国 34 票的优势,获得 2010 年世博会的举办权。上海市成为举办2010年世博会的城市。

15. 2003年12月12日,中国前任驻法国大使、中国外交学院院长吴建民在巴黎举行的国际展览局第134次全体代表大会上被一致选举为国际展览局新任主席。吴建民是国际展览局成立75年来首位来自发展中国家的主席。2005年12月1日,国际展览局第138次大会上,吴建民连任国际展览局主席,任期2年。

16. 2005年8月6日,中国会展经济研究会召开了第一次筹备大会。国际展览局主席吴建民出席了大会,并任中国会展经济研究会会长,沈丹阳任秘书长。初步确定在2005年11月26日举行成立大会。中国会展经济研究会的主要任务界定为研究、交流、咨询、评估和培训。

17. 2005年1月11—13日,由中国贸易促进会(CCPIT)、国际展览业协会(UFI)、国际展览管理协会(IAEM)和独立组展商协会(SISO)共同主办的首届中国会展经济国际合作论坛在北京举行,来自17个国家和地区的600多名会展业界代表出席。此次论坛的举办,得到了我国政府的积极支持。1月11日,时任国务院副总理吴仪出席论坛的全体会议,并发表了主旨演讲。吴仪在讲话中首次强调,展览业要加快"市场化、法制化、产业化、国际化"进程,这是国家领导人首次就展览业发表讲话。

18. 2005年8月29日,世界最大会展主办商——英国励展博览集团宣布,将收购中国医药集团下属公司——国药展览有限责任公司50%的股份,该公司同时更名为"国药励展展览有限公司"。这是中国展览界首个由国有企业与境外公司携手打造的合资项目。

19. 2005年12月1日,法国巴黎国际展览局大厅,中国带来了与3年前申博成功时同样的震撼——2010年上海世博会注册报告,成为世博会历史上唯一按时通过并对所有问题都做了全面解答的报告。

20. 中国2010年上海世界博览会是第41届世界博览会,以"城市,让生活更美好"为主题,这是中国首次举办世界博览会。上海世博会为期184天,于2010年5月1日开幕,10月31日闭幕。184天来,共吸引246个国家和国际组织参展,打破了2000年德国汉诺威世博会177个国家和国际组织参展的纪录。在参观游客数量上,上海世博会共有超过7 300万人次的游客参观,刷新了大阪世博会累计入园6 421.877 0万人次的世界纪录。在举办活动方面,上海世博会文化演艺活动突破2万场次,平均每天演出100场,创下世博会历史之最。

21. 国内规模最大的会展综合体国家会展中心(上海)于2014年10月试运营,总建筑面积147万平方米,拥有40万平方米的室内展厅和10万平方米的室外展场,配套15万平方米商业中心、18万平方米办公设施和6万平方米五星级酒店,已成为世界上面积第二大的展览场馆,仅次于德国汉诺威展览中心。

22. 2018年6月18日,国际会展活动主办方、商业智能供应商和学术出版商英富曼集团(Informa PLC)宣布与博闻集团(UBM)正式合并,携手打造国际领先的B2B信息服务集团,以及全球最大的商营展会主办机构。

23. 2018年11月5—10日,首届中国国际进口博览会在国家会展中心(上海)举行。首届进博会以"新时代,共享未来"为主题,秉承"创新、协调、绿色、开放、共享"新发展理念,吸引了172个国家、地区和国际组织参会,3 600多家企业参展,超过40万名境内外采购商到会洽谈采购,展览总面积达30万平方米。

资料来源：http://www.hopeaa.com.cn
http://www.uifnet.org
http://finance.sina.com.cn
http://news.xinhuanet.com/world/2003-12/12/content_1228949.html
http://www.chinanews.com.cn/news/2005/2005-12-02/8/659597.shtml
http://www.southcn.com/news/dishi/guangzhou/jingji/200504210981.html
http://expo2010.sina.com.cn/news/roll/20101101/032715378.shtml
https://www.neccsh.com/cecsh/stat/597.jhtml
http://finance.sina.com.cn/roll/2018-06-27/doc-ihencxtu9950986.shtml
https://www.ciie.org/zbh/bqxwbd/20190314/11600.html

第二节 会展产业的产业属性

一、会展产业是现代流通服务业

（一）流通服务业的界定

流通服务业是泛指专门在流通领域为商品流通服务的产业,它的形成和发展,体现了社会在商品流通领域中的专业化分工。

商业是最古老的流通服务业,它的产生最早地体现了流通和生产之间的专业化分工。发展至今天,商业的业态已经发生了极大的变化。尤其是零售商业,它已经从古老的百货门店发展出了折扣店、仓储式商店、品牌专业店、类型专业店、连锁超市、购物中心、便利店等几十种新的商业业态。这些新的商业业态都从各个不同角度促进了商品的流通,缩短了商品供给和需求的距离。比较古老的流通服务业还有流通中介业或信托业,它主要是为交易各方提供信息、买卖、定价、仓储、食宿、信贷等各项服务,以减少商品生产者和经营者的市场风险,降低交易费用,从而促进商品的流通。在市场经济发展的历史上,市场中曾存在着各种形式的流通中介组织,在农村主要有牙行（还有牙人)、货栈、过载行,在城市主要有委托商行、典当行、经纪行、信托公司、商品交易所等。在市场经济的发展中,这些组织有的因为不能适应规模不断扩大的市场而逐渐衰落,有的则在规模扩大了的市场中,以新的形式发展了起来。目前在我国以各种形式建立起来的经纪人公司,便体现了流通中介业的新的发展。在现代市场经济中,流通服务业从形式到内含都有了新的拓展,从而形成了现代流通服务业。

（二）现代流通服务业的界定

对于现代流通服务业，目前理论界较多认同的是新的商业业态，甚至有研究者认为现代流通服务业是"传统商业的现代表述"①。这显然是不够准确的。从根本上说，新的商业业态的出现，是流通领域新的产业分工的结果。如果没有专业化的商品配送系统的形成，没有集约化的运输和仓储成本的大幅下降，没有现代信息技术和通信技术支撑下的供应链体系的完善，这些新的商业业态是不可能存在的。专卖店、大卖场、连锁超市等新的商业业态的出现，根本原因是原有的商业流通领域中的那些自我服务的环节，分离成了新的产业，从而和商业销售环节形成了新的分工。

由于流通服务业分工的不断细化，今天流通领域正在成为产业分工最为频繁的一个领域。从市场经济发展的趋势来看，一个商品从生产到消费，其间所发生的费用越来越多地集聚到流通领域。在生产领域，现代科学发展所提供的各种工艺技术和管理手段，使生产一件商品的成本日趋下降，而世界经济的一体化趋势，让生产商可以在全世界范围内寻找商品生产的最低成本组合。这使得商品的生产成本之低，和它在流通领域中发生的费用相比，甚至可以忽略不计。

大量的费用集聚在流通领域，无非表明商品的流通要比商品的生产困难得多，巨额的流通费用不过是巨大的流通困难的表征。但流通领域集聚的不仅是费用和困难，它同样集聚了巨额的利润，或者说，在流通领域蕴含着巨大的利润空间。因为所有的流通费用都有可能转变成利润，重要的是如何为缩短流通中商品供求之间的距离提供卓有成效的服务。正因为如此，商品流通领域成了现代市场经济最具魅力和最色彩缤纷的舞台，流通服务业成了分工最为细化和最为频繁的产业。

基于此，我们现在完全有理由来重新理解管理学大师彼得·德鲁克"流通是经济领域里的黑暗大陆"这一著名论断的深邃的理论含义。很显然，德鲁克这一论断并非仅仅针对物流产业而言。"黑暗大陆"应该指的是隐藏在流通领域中的巨大利润空间，物流产业的崛起，只是使这个"黑暗大陆"的一部分开始明亮起来，但这个"黑暗大陆"依然有待新的产业之光去照射。

（三）会展产业是典型的现代流通服务业

在流通领域中商品供求之间存在着两大空间，即物理性空间和社会性空间，由此形成了商品供求之间的物理性距离和社会性距离。现代流通服务业的最基本的产业功能，或者说这一产业所提供的最基本的服务，就是缩短这二者之间的距离。从这个意义上来说，物流业、会展业和营销业是现代流通服务业中最典型的产业。

然而，在现代市场经济的发展中，一个非常鲜明的趋势是：流通中供求之间的物理性距离正在缩短，而社会性距离则在扩大。由于物流业的发展，现代流通中商品供求之间的物理性距离已经显著缩短，新的商业业态，已经把商品的销售点延伸到了消费者的家门口，来自天南地北的商品，可以让消费者在同一个购物空间中伸手可及，但商品供求之间的距离似乎依然难以逾越。从消费者揣钱的口袋到销售者陈列商品的货架，其空间距离已经微不足道，现在需要逾越的距离是心理上的，逾越这样的距离，物流业是

---

① 宋则，《充分发挥现代流通服务业的作用》，http://www.linkshop.com.cn

无能为力的,商家需要诉诸会展业。这种社会性距离主要表现为消费者与商品在情感和认知上的距离。生活方式、社会归属、价值判断、文化认同等等方面的差异,常常使消费者对身边的商品视若无睹。今天,当人们超越了生理的和生存的需求阶段后,社会文化领域已经成了满足他们不断增长的需求的全新领域。和消费者消费商品联系在一起的是人对情感倾向的追求、审美情趣的流行、价值观念的认同、生活方式的比附等等。人们当然依然注重商品所提供的效用,但这种效用未必来自商品本身的实用性质。人们对商品实用性价值的关注越来越被对商品社会性价值的关注所取代,商品的社会性流动,不仅仅取决于实用性基础上的交换,而且越来越取决于文化层面上的交流和比较。很显然,消费者和商品之间的这样一种社会性距离只有通过文化的路径才能予以缩短,会展的功能就是在这样一个背景下从流通中独立出来,异军突起,成为现代流通服务业的一支新军。

本质上,会展就是主要依赖文化的渠道和手段来疏通和缩短消费者和商品之间在情感、审美、价值判断、文化认同等等方面的距离。一次成功的会议或展示,一次集会议与展示于一体的大型活动,都有一个鲜明的文化主题,都有一套具有感染力的文化理念,都是通过文化的交流和沟通来获取消费者的认同,都是通过现场的情景渲染和体验使消费者在感情上亲近和接受自己的消费对象。会展为商品流通提供的服务,不是单纯地从商品本身的意义上来推介商品,它更注重推介的是一种商品所内含的,或与之相联系的需要消费者去认同和体验的文化价值,是以这种商品为载体、为符号的一种审美情趣、一种生活方式、一种消费理念。可以说,会展的功能最集中地体现了现代体验式消费经济的特征,在这种消费经济中,消费者已经不注重商品本身的实用价值,不注重传统的性价比,他们注重的是在商品消费中所获得的个人感受和体验。在很大程度上可以说,会展在商品流通中所提供的最重要的服务,就是向消费者传递这种体验。

(四)会展业是现代经济效率提高的源泉之一

会展作为现代流通服务业的业态,是现代经济效率提高的源泉之一。

吴敬琏(2005)在谈到我国经济的增长模式时提出,现代经济增长中效率提高的源泉大致有三:一是与科学相联系的技术的广泛应用;二是服务业的迅速发展;三是现代通信技术促进信息成本的降低。事实证明,服务业特别是现代流通服务业对经济增长的拉动作用是惊人的。

服务业的发展有两种基本形态,一是独立的服务业即生活服务业,另一种是为生产服务的,是制造业内部服务活动的扩展,即流通服务业。而我们现在经常提到的现代制造业或先进制造业,其实是融合了大量现代流通服务业的制造业。事实上,流通服务业一般都处在现代制造业价值链中附加价值较高的部分,这一点在"微笑曲线"中能得到比较好的说明。

宏碁创始人施振荣1992年提出了微笑曲线,如图2-1所示。在微笑曲线中,价值链是一条两头高中间低的弧线(经济越发展,曲线曲率越大)。上游是研发、采购、设计,下游是营销(品牌、渠道)、物流、金融、会展。这两头是现代流通服务业,这些行业的附加值非常高,是现代经济的动力源泉之一。

会展和物流、营销同属于现代流通服务业,居于微笑曲线的下游,是产业链利润最

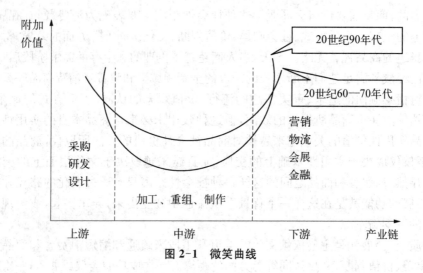

图 2-1 微笑曲线

高的部分之一。它们作为现代流通服务业的业态,其功能之一是为产业链的节点提供专业化的组之间服务。这些服务业能够大大地节省产品的流通成本,提升产品的附加价值,使得产业链各节点的流通效率大大提高,进而提升整条产业链的价值,从而推动整个社会经济的发展。

二、会展业是一种体验性产业

在一定意义上可以说,会展产业是最具有体验经济时代特征的产业。

最早提出"体验经济"这一概念的是著名未来学家阿尔文·托夫勒。还在20世纪60年代,这位对未来的发展有着极其敏锐感觉的智者,在马来西亚旅游时,发现一群人在一座小木屋前排队进入屋内体验冰的感觉,他豁然顿悟,预言未来的经济将转向"体验经济"。他在1970年出版的一本书中写道:"某些行业的革命会扩展,使得它们的独家产品不是粗制滥造的商品,甚至也不是一般性的服务,而是预先安排好了的'体验'。体验经济将成为服务业之后的经济的基础,商家将靠提供这种体验服务取胜。"[1]时隔不到半个世纪,托夫勒的预言竟然被完全证实,体验经济已经成为一种具有强劲发展势头的新经济形态,被越来越多的人所感知和接受。

所谓体验经济,是指有意识地以商品为载体,以服务为手段,使消费者融入其中的经济活动。

一些研究者认为,人类的经济活动史基本上可以分为农业经济、工业经济、服务经济和体验经济四个阶段。不同的经济发展阶段,为我们提供的"衣、食、住、行"表现出实质性的差别。农业经济的提供物是产品,真实的产品是从自然界中发掘和提炼出来的原材料,比如粮食、蔬菜、动物等。农业经济因其附加值低、生产周期长,一般以年为单位,经济效益最低。工业经济把产品当作原材料,实行标准化、工厂化生产,其生产周期

---

[1] 阿尔文·托夫勒,《未来的冲击》,蔡伸章,中信出版社,2006年。

一般以月为单位,较之农业经济,效益有极大提高。服务经济是根据已知客户的需求进行定制的无形活动。服务人员以商品为依托,为特定的顾客服务。如维修服务、饮食服务等。服务经济一般以天为单位,较之工业经济效益更高。

在体验经济中,企业提供的不再仅仅是商品或服务,它提供最终体验,并充满了感情的力量,给顾客留下难以忘却的愉悦记忆;消费者消费的也不再是实实在在的商品,而是一种感觉,一种情绪上、体力上、智力上甚至精神上的体验。农业经济、工业经济、服务经济与体验经济的最大区别在于,前三种经济的经济产出都停留在顾客之外,而在体验经济中顾客自始至终都参与其中。

一位对体验经济有着深刻理解的产品设计师,从产品设计的角度道出了对"体验"的精妙感受:"体验是认知内化的催化剂,它起着将主体的已有经验与新知衔接、贯通,并帮助主体完成认识升华的作用,它引导主体从物境到情境,再到意境,产生感悟的三个情感体验阶段。一是物境状态。重视对顾客的感官刺激,加强产品的感知化。一种体验越是充满感觉就越是值得记忆和回忆,为使产品更具有体验价值,最直接的办法就是增加某些感官要素,增强顾客与产品相互交流的感觉。因此,设计者必须从视觉、触觉、味觉、听觉和嗅觉等方面进行细致的分析,突出产品的感官特征,使其容易被感知,创造良好的情感体验。例如,在听觉方面,对汽车开、关门声音的体验设计,在视觉方面,显示器由超平到纯平再到等离子等。二是情境状态。一方面是人对产品的关爱情境,另一方面是产品对人、社会以及自然的关爱情境。物品具有自身的灵魂,它的价值符号是拥有者身份、地位以及权力的象征。人与产品之间必然会形成互动的关爱情境。三是更高层次的意境状态。中国画讲究'意在笔先',在体验经济时代,应追求'意在设计先',设计具有强烈吸引力的良好主题,寻求和谐的道具、布景,创造感人肺腑的剧场,产出丰富的、独特的体验价值。"[①]

在本质上,会展正是主要通过创造特定的场景来传递某种体验,以缩短商品和消费者之间的社会性距离,来消弭二者之间的疏离感,从而创造价值,创造利润。从这一点上来说,会展产业向经济领域提供的最有价值的服务产品是集会议与展览于一体的活动,尤其是大型活动。这些大型活动可以有节庆的主题,也可以由举办者赋予特定的主题。通过一个文化主题来感染和沟通参与观众,求得他们对展会上商品在文化和情感上的体验和认同,这是会展产品所具有的最核心的效用。

应当指出的是,体验经济时代的消费者理性倾向已经发生了本质上的变化。消费者首先关注的已经不是商品的使用价值,影响他们对商品选择的首要因素也已经不是传统的性价比。有研究者把现代体验式的消费倾向称之为非理性倾向,这种评判完全是站在传统工业社会的角度来认识问题的。实际上,体验式消费倾向偏离的只是传统的经济人理性,它表现的是人们在社会经济发展过程中效用偏好和理性价值的嬗变,这种嬗变是体验经济时代正在到来的一种表征。而会展产业就是这个体验经济时代特有的产业,或者也可以说,会展产业是商品流通服务业在体验经济时代的一个全新的拓展。

---

① http://arts.tom.com

第三节 会展产业的产品及其生产和消费过程

一、会展产业的产品界定

会展产业的产品可以归结为三种形式,一是会议,二是展览,三是集会议与展览于一体的各类活动。会展产业属于现代流通服务业,会展产品都是在服务的过程中提供效用的产品,它们具有一般服务类产品的共性。下面我们分别来阐述不同形式的会展产品及其特征。

(一) 会议产品

会议是一种自古就有的人类社会性活动。但这并不排斥它成为会展产业中的一种产品或商品。会议作为一种产品的最基本的使用价值,就是会集而议。首先是会集,即以会的形式把各方人士汇集在一起。其次是议,即协商、交流、讨论、谈判等。一般对会议的理解都是狭义的,即一群人在一个相对固定的空间中会集而议。这种狭义的会议,从对市场流通服务的功能来说,有其独特的使用价值,例如双边和多边的谈判和协商、协议和规则的制订和签署、重大信息的讨论和发布等等。但这种在相对固定的空间中的会集而议,显然不能承担起会展产业的主体功能或全部功能。当会议从社会政治领域进入社会经济领域,成为会展产业的一种产品形式时,它的外延必然会从广义上扩展开来。会议包括以下八个方面的要素:

(1) 会议组织者,即会议的举办方,也称会议的发起者或东道主。一些较大型的会议,组织者中还依据不同的分工分为主办者、承办者和协办者。会议的组织者是会议产品的最主要的生产者。

(2) 会议参与者,即参会者。在会议这一产品中,参会者的身份是比较复杂的。有的参会者仅仅是会议产品的消费者,有的参会者,仅仅是会议产品的生产者,而有的参会者则身兼会议产品的生产者和消费者的双重身份。

(3) 会议主题或会议名称。会议主题或名称是一次会议的特定目的的体现,也是每一个具体的会议产品的特定使用价值的标识。

(4) 会议形式和性质。作为一种服务产品,会议因形式和性质的不同,会呈现出极其多样化的品种,从而也会提供非常不同的使用价值。

(5) 会议服务。会议服务是会议的配套产品,它可以由会议的举办方自己来承担,也可以由社会的专业的会议服务公司来承担。会议服务分为两块,一块是会议内的服务,简称会务,包括会议的组织、宣传、接待、司仪、会场布置、进程安排等。一块是会议外的服务,包括交通、住宿、餐饮、娱乐、媒体、通信等。会议服务在一定意义上是会议的延伸产品,充分体现了会展产业和其他产业之间广泛的产业关联度,体现了会展产业价值增值服务的极强的拓展性。会议服务所提供的使用价值和会议本身所提供的主体使用价值是紧密相关的,它是整个会议产品不可分割的一部分。

（6）会议的进程。会议的进程是会议内容的具体展开，也是对会议主题的具体演绎，是会议产品的最主要的生产过程，通常也是对会议产品的最主要的消费过程。

（7）会议的时间和地点。这是会议产品不可或缺的物理性要素。

（8）会议的成果。会议成果反映了会议举办者预设目的的实现程度，是会议产品使用价值的比较集中的体现。会议成果可以有一个非常形式化的表现，比如一个大会宣言、一个会议决议、一个与会者共同达成的协议、章程、制度等等。也可以完全没有形式，会议本身就是成果，参加会议的过程就是分享和消费这个成果的过程。

上述八个要素，组成了一个比较完整的会议产品。

（二）展览

作为会展产业的产品，展览在形式上和会议有相同之处，它同样需要人的会集，因此人们习惯把展览称之为展览会。但在内容上这两种产品还是清晰可分的，因为如果说会议是一个提供人与人之间直接交流的服务平台，那么展览会则是一个提供人与产品之间直接交流的服务平台。在展览会上当然也有人与人之间的交流，但这是以产品为媒介或载体的交流。在词义上，展览是"展示"和"观览"的组合，作为一个服务平台，展示的主体是产品，观览的主体是人。一个完整的展览会，主要由如下一些基本要素组成：

（1）展览会组织者，或称组展商。组展商是一个展览会产品的最主要的也是最主动的生产者。一个展览会的形成，主要依赖于组展商的策划、设计、管理以及对各种相关资源要素的整合和利用。

（2）展览会参与者，或称参展商。从总体上来说，参展商是展览会这一服务产品的最主要的和直接的消费者，因为展览会主要是满足参展商销售商品的需要。从另一个角度来说，参展商又是极其重要的组成部分。如果说展览会是一台戏，那么组展商是搭台的，参展商则是唱戏的，没有唱戏的何成一台戏？从这一点上来说，参展商也是展览会的生产者。

（3）展览会观众。一般来说，展览会观众是冲着参展商的产品而去的，这些观众有的是这些产品的最终消费者，有的则是这些产品的中间商。但在一个展览会中，所有参展的产品都是按照组展商的设计陈列在展会中的，进入展会的观众所获得的信息和所受到的感染，不仅来自那些被陈列的产品，而且来自整个展会。因此展览会观众也是展览会的消费者。从组展商、参展商、展览会观众三者的关系来说，组展商是搭台的，参展商是唱戏的，展览会观众是看戏的。但在一个合格的展会上，观众看到的应该不只是某一个参展商在唱独角戏，他看到的应该是一台由组展商策划、设计和导演的完整的戏。

（4）展览场馆。展览会对展览场馆的依赖，就像农产品对土地的依赖一样，展览场馆是生产展览会的排他性要素。在一个城市，展览馆的场所总是有限的，这不仅是因为受到土地资源的限制，而且是因为展览场馆用途的专业性，使得展览场馆成为一种供给弹性非常小的生产要素，这就进一步造成了这一要素供给的有限性。

（5）展览会主题。会展产业在很大程度上可以被视为一种创意产业，无论形式上有什么区别，会展产品的一个共同的鲜明特征是具有一个文化含义上的主题。组展商对一个展会的设计，首要的就是主题设计，其次才是对表现这个主题的形式和手段的设计。会展提供的服务主要是通过这个主题来实现的。在外观形式上，展览会和大卖场是极其相似的,同样是有搭台的,有唱戏的,有看戏的。但差别就在于,展览会是在一个主题下,整个展会形成一台戏,而大卖场则无统一的主题,一个摊位一台戏。

(6) 展会服务。和会议服务一样,展会服务也包括展会内服务和展会外服务。展会内服务是指和展会直接有关的服务,如组织、宣传、布展、搭建、联络、引导、接待、保安等等。展会外服务是指和展会间接有关的服务,如交通、餐饮、住宿、通信、媒体、银行、保险等。展会外服务同样也是展览会产品使用价值的延伸,同样也体现了会展产业和其他服务产业之间的产业链关系。

(三) 活动

和会议、展览相比,活动有着更广泛的含义。从最一般的意义上来认识活动,那么所有的活动都是人们借着某个主题所进行的交往和互动。但如果从流通服务产业的角度来界定,那么很多活动并不在我们的研究范围之中,例如战争、恐怖活动、私人聚会、高层的政治活动等。还有些活动,本身并没有直接为流通服务的目的,如在历史上形成的各种节庆活动、由政府或某些团体主办的社会活动等,但在现代市场经济中,这些活动及其主题会被市场有意识地利用来为促进商品流通服务。如中国的传统节日春节、元宵、重阳、端午、中秋等,这些传统节日内含的是中国传统民俗、民风深厚积淀的主题,围绕这些主题所展开的节庆活动会成为有效促进市场流通的服务产品。又如由国际或国内某些机构发起的一些以环境保护、强身健体等为主题的社会公益活动,也都会被市场利用,成为推动商品流通的服务平台。但更多的活动是通过精心组织和策划,直接为着推动市场流通的目的而被生产出来的。这种活动基本上集会议与展示于一身,包含了会议,但表现形式更多样、更生动和更具有互动性。它包含了展示,但形式也会更加不拘一格,而显得丰富多彩。比起单纯的会议或展览,这种集会议与展览为一体的活动,主题更鲜明,内容更丰富,形式更多样,更具有情景渲染和情感疏通的功能,更容易向消费者传递特定的文化理念和价值体验。从会展产业的发展趋势来看,这种活动将成为会展产业最典型的、最具有创意潜力和文化内涵的产品。组成活动的要素基本上包括了会议和展览的要素,只是这些要素的内容更加丰富。

二、会展产品的基本特征

(一) 会展产品具有服务产品的最一般的特征

会展业属于典型的服务业,确切地说,会展行业属于现代流通服务业。所以,会展产品具有服务的一般特点。

1. 无形性

会展作为服务产品,首先具有无形性的特点。组展商为参/观展商提供的是一种无形的服务,这种服务产品的消费是在参/观展商既未看到,也未感觉到的情况下完成的。当然,说服务产品是无形的,并不是说服务提供过程中不存在任何有形的物体或要素。事实上,就很多服务的提供来说,有形物体是不可缺少的要素或条件。

2. 不可分离性

不可分离性也可以理解为同步性。即会展产品的生产过程与消费过程往往是同一的,两者难以相互割裂开来,生产和消费具有同步性。这个特征在会议和活动中表现得尤为明显,一个会议或一次活动向消费者提供的产品,只有在这个会议或活动结束时才是完整的。对展览而言,在组展商提供服务的同时,参/观展商也就享受了该种服务。某些情况下,参/观展商不仅在服务生产现场,而且在相当程度上参与了服务生产过程。

3. 不可储存性

会展服务的不可储存性是指会展服务无法保留、转售及退还。会展企业在形成提供会展服务的能力后,如果没有顾客购买服务产品,则服务能力就是一种浪费,如组展商组织的某一个会展,参/观展商很少,则形成了服务的浪费。由于不可储存,也就无法用预先储存起来的服务满足高峰时期顾客的需要。顾客为消费某种服务而来,服务产品供不应求时,则会令顾客失望而归。有鉴于此,如何妥善处理供求矛盾,是会展服务营销过程中所面临的一个重要问题。

(二) 会展产品具有创意产品的最一般特征

会展产品生产的过程,主要表现为创意策划、流动和发散的过程。一个会展产品的价值基础是它的主题揭示和设计,但这只是这个产品的一部分,当然是非常核心的部分,我们可称之为"产品之魂"。但这个"产品之魂"必须具象而质感地表现出来,这就需要对主题创意进行完整的演绎。因此,从服务产品的特征来说,会展产品表现为一个过程,从创意产品的特征来说,这个过程就表现为创意策划和创意演绎的过程。创意演绎的主体部分是在会展现场和消费者的消费过程中同步展开的,在这个过程中,主题创意在组织、控制、管理、服务、安全、技术、设备等各个环节中流动发散,使得会展产品成为主题创意和集体创意的结合。

(三) 有时候会展产品具有准公共物品的特征

公共物品(public goods)指具有消费的非竞争性(Non—Rivalness)和非排他性(Non-Excludability)的物品。与公共物品相对应的是私人物品(private goods),即具有消费上的竞争性和排他性的物品。不完全具有这两种特征的称为"准公共产品",如公园、电影院等。

公共物品具有两个基本特征:(1)非竞争性。一部分人对某一产品的消费不会影响另一些人对该产品的消费,一些人从这一产品中受益不会影响其他人从这一产品中受益,受益对象之间不存在利益冲突。例如国防保护了所有公民,其费用以及每一个公民从中获得的好处不会因为多生一个孩子或出国一个人而发生变化。(2)非排他性。是指产品在消费过程中所产生的利益不能为某个人或某些人所专有而将一些人排斥在消费过程之外,不让他们享受这一产品的利益是不可能的。例如,治理空气污染是一项能为人们带来好处的服务,它使所有人能够生活在新鲜的空气中,要让某些人不能享受到新鲜空气的好处是不可能的。

会展产品很多时候具有准公共物品的特征,具有竞争性但非排他性。这集中表现在会展产品的社会影响上。可以说,任何服务产品都很难具备像会展产品这样大的社会影响力,无论展览还是会议,抑或大型活动,其影响都会在一个区域中扩展开来,所谓"会展城市"的概念就是会展区域影响的典型表述。由于会展产业有着极大的产业关联度,能形成极长的产业链,这使它在一个区域内会产生极强的经济带动作用。也正是由于会展产品有如此大的区域效用外部性,因此在这一产品的固定成本中,就和其他很多公共产品一样,经常有公共财政的投入。

如果我们做深一步的经济分析,可以发现,公共财政在会展产品成本中的投入,和我们前面所提及的会展产品所依赖的场馆设施专用性强,供给弹性小有着极大的关系。从这一点上来说,对会展这样的产品,公共财政介入它的固定成本投入具有一定的合理性。但从总体上来说,会展产品作为一种流通服务产品并不是公共产品,而是竞争性产品,它必须遵循市场定价的规则,公共财政介入的合理性同样不能违背这一规则。

三、会展产品的生产和消费过程

(一) 会展产品的生产过程

前文已经提及,会展产品的生产过程,主要表现为一种创意策划、流动和发散的过程,现在我们具体阐述这一点。

1. 主题设计

无论是会议,还是展览,或者是集二者为一身的活动,会展产品的生产总是从创意策划开始。从功能上来说,会展产品在很大程度上属于文化产品,而文化产品的生产总是主题先行。虽然每一个主题背后都有明确的市场需求,但市场需求并不能直接形成主题。主题是要给特定的市场需求凝练出一个具有鲜明文化内涵的理念。这样一个生产过程主要是在策划者的头脑中完成的,这是所有文化产品所共有的特征。和我们所看到的或知道的其他产品的生产过程非常不同的是,这个生产过程看上去似乎是非常随机的和毫无规律的。那种"众里寻他千百度"的苦思冥想,那种在一个策划团队中发生的争议、辩论、吵架式的头脑风暴,那种被眼球注目处所刺激的引导和启发,最后,那种闪电般的灵感突现,都属于这个主题的生产过程。可以非常诗意地说,这个生产过程的完成常常是在"蓦然回首"所发现的"灯火阑珊处"。但是,没有理由因此就说这个主题的生产过程就是一个闭门造车的过程。事实上策划者的头脑运转,需要大量外界信息的刺激和支撑,因此对外部信息(譬如市场信息)的调研、收集、整理,都属于这个生产过程的有机组成部分。

2. 主题演绎

对于一个文化产品来说,主题的完成只是全部生产过程的开始,当然是一个极其重要的开始。但要向市场提供一个完整的产品,还要依赖对主题的演绎,前文已经指出,这是一个创意流动和发散的过程。

对于一个会议来说,主题的演绎具体地表现为:开展对会议的宣传、确定会议的各类参加者、确定会议的时间和地点、布置会议场所、设计和实施会议的进程、提供会议的各类服务、形成会议的成果,等等。对于一个展览来说,主题的演绎具体地表现为:对展会的宣传、招募参展商和客商、展览场馆的布置、展位和展台的设计与搭建、展会流程的设计、展会现场的服务和管理等等。对于一个大型活动来说,主题演绎展开的具体环节还会更多、更细。

这个过程之所以称之为创意流动和发散的过程,是因为主题在每个环节的渗透和演绎,都需要有新的创意来支撑。就像市场需求并不能直接形成会展产品的主题一样,主题也不能代替每个环节的设计。把一个会展产品的主题设计渗透到产品的每一个环节中去,需要一系列创意的相互衔接。

在整个生产过程中,最值得关注的是创意在会议、展览和活动现场的发散和流动。现场的展开过程可以说是会展产品的直接生产过程,就好像一个产品进入车间生产一样,但会展是一个服务产品,因此这又是一个和消费同步的过程。这意味着,会展向消费者提供的使用价值是在这个过程中才得以真正实现的。因此,会展产品的最终质量取决于主题设计的创意在这个过程中贯彻和实施的程度。现场的情景渲染、氛围营造、进程实施、服务配置、危机处理等等,都需要紧紧围绕着主题创意来展开。在这个过程中,确实可以说,细节决定成败。

（二）会展产品的消费过程

如前所述,会展产品的消费过程和生产过程是同步的,但我们仍然可以从不同的角度来描述和概括这个过程。

当消费者进入会议、展览和活动的现场时,对会展产品的消费就开始了。如果说,会展产品的直接生产过程是一个主题创意的发散和流动的过程,那么会展产品的消费过程就是一个对主题创意的呼应和会意的过程。从根本上来说,一个会展产品的主题创意是否成功,或者说成功的程度有多大,是由消费者的呼应和会意的程度来检验的。就像一台戏或一场音乐会,演出是否成功,是由观众或听众的掌声来检验的。消费者对会展产品所具有的主题创意的呼应和会意包含获取信息、交流思想和情感、获得文化和情感的体验等内容。具体阐述如下:

1. 获取信息

在很大意义上,会展产品是一个信息载体。比较准确的理解,会展也是一个提供信息服务的平台型的产品。无论是会议、展览还是各类活动,都是信息传播和交流的平台。对会展产品的消费过程,当然也就表现为在这个平台上获取信息的过程。在这个平台上,消费者不仅从会展产品的生产者那里获取信息,而且通过这个平台,从其他消费者那里获取信息,扩展社会联系,这往往是消费者非常注重的会展产品效用。对于消费者来说,花钱消费一个会展产品,可能会因此获得一个信息网络的衍生产品。

2. 交流思想和情感

在会展这个平台上交流思想和情感,是会展产品提供给消费者的更高层次的效用。尤其是会议和活动,这一产品的效用更为显著。因为在会议和活动的平台上,更多的是人与人之间的直接交流。尽管在很多场合这种交流有着商业或技术的背景,但思想和情感的交流往往会走在更前面,成为商业或技术沟通的铺垫和手段。而一些大型活动的策划,常常在活动的组织中设计了很多情感的元素,以强化情景渲染和情景交融的效果,直接满足消费者情感交流和宣泄的需求。在展览会的平台上,同样需要思想和情感的交流。从某种意义上来说,展会上的思想和情感交流,需要有更好的设计和创意。在展会上,更多的是人和产品之间的交流,但产品的背后是人,产品设计中有人的思想和情感的倾注。一个成功的展会就是要提炼产品中的思想和情感,使观众与之交流。

3. 获得文化和情感的体验

关于消费者在会展现场获得文化和情感体验的问题,我们在上一节中已经作了详尽的阐述，在我们看来，体验是消费者在消费会展产品时所获得的最核心的效用。问题是并非所有在会展现场的消费者都能获得这种效用，体验是一种心理层面的沟通，这种沟通取决于供求双方在文化和情感上的契合。从生产者的角度来说，一个会展的主题文化设计和演绎，本来就应该有消费群体的针对性，一次会议、一个展览、一项活动，如果大多数参加者都不能在主题文化的氛围中获得体验，那只能说明这个主题设计是失败的。从消费者角度来说，体验并不是一种单纯的获取。在任何一种文化氛围中获得体验，都要依赖于自身的文化价值取向和情感投入。如果你在消费一个会展产品时，你周围的人都从中获取了文化和情感的体验，而你却无动于衷，这只能说明你的文化价值取向无法呼应和会意这个产品的文化主题，从而没有投入自己的情感，因此这个产品对于你来说并不是一个合适的产品。

第四节　会展产品的供求关系

一、会议产品的供求关系

任何一个产业，都会有由供需双方，以及为供需提供服务的企业所组成的产业链条。会议产业的供给者有其"零部件"供应商，会议产业的需求方也有其客户，这就形成了会议产业的产业链条。会议产业链由以下四个节点构成：会议相关服务提供商、会议运营商、会议产品中间需求者和会议产品最终消费者，前面两个是供给方，后面两个是需求方，如图2-2所示：

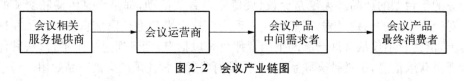

图2-2　会议产业链图

对以上产业链进一步分解，如图2-3所示：

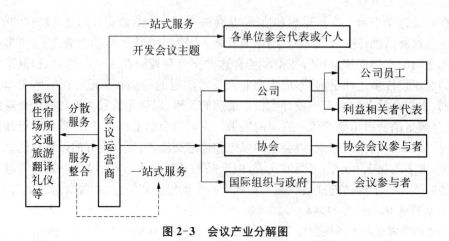

图2-3　会议产业分解图

（一）供给分析

在图 2-2 中，相关服务提供商是会议产业的辅助企业，会议运营商是会议产业的主生产商，是会议产业的核心企业，是会议产业最重要的市场主体，是会议产业形成的决定因素，两者共同构成了会展产品的供给方。

1. 会议运营商

会议的供给方是策划会议的组织，其职能是策划演绎会议主题并进行会议运营管理。对会议的主办方和承办地来说，从申办、竞标，到策划、筹办，再到运作、接待是一个系统工程，有的大型会议需要经历几年的时间。而会议市场是由一群专门的人或者公司来运作的，包括"会议计划者"（Meeting Planner）、"专业会议组织者"（Professional Conference Organizer，PCO）、"目的地管理公司"（Destination Management Company，DMC）。PCO 和 DMC 都是会展业发展不可缺少的重要元素。国际会展的举办通常都是由 PCO 进行组织，在选定会展目的地城市之后，将会展的服务以及主题活动交 DMC 公司负责。

PCO 是会议业的核心，在国际上主要是指为筹办会议、展览及有关活动提供专业服务的公司，或从事相关工作的个人。PCO 能依据合约提供专业的人力及技术、设备来协助处理从规划、筹备、注册、会展到结案的工作，具体工作内容包含：会议或展览活动的策划、政府协调、客户招徕、财务管理和质量控制等。PCO 主要办理行政工作及技术顾问等相关事宜，其角色可以是顾问、行政助理或创意提供者，在组委会和服务供应商之间起到纽带的作用。整个会展活动决策方面的事务还是要由组委会掌控和定夺。

DMC 是一种不同于传统意义上的会议公司、旅行社，它将会议展览所需的资源进行有机整合，为会议展览定制更专业、更全面的目的地所需的一切服务，弥补了传统的会议公司、旅行社服务等存在的功能缺陷。其职能具体包括：策划组织安排国内外会议、展览、奖励旅游及其延伸的观光旅游；策划组织安排国内外专业学术论坛、峰会、培训等活动；其他特殊服务，如餐饮、宴会、娱乐、旅馆预定、交通、导游等。

PCO 与 DMC 的业务是有明显划分的。PCO 负责招徕和统筹安排会展，是会展业的核心，DMC 负责实施接待。但是无论从收入还是资金回报率上看，PCO 都远高于 DMC，而且很多 DMC 还必须具有相当巨大的场馆设施作依托。从专业角度和操作难度来衡量，DMC 的难度要低于 PCO，目前有实力的旅行社可以成立会议、展览、奖励旅游部，从 DMC 做起，有了一定的基础和经验之后，再升级做 PCO。

资料链接 2-2

中国的 DMC

2005 年 6 月，顺应国内外会展旅游专业化、细致化发展的需求，国内第一家注册成立的目的地管理公司京闽东线目的地管理公司在厦门正式成立。目的地管理公司（DMC）不同于传统意义上的会议公司、旅行社，它可以为客户提供目的地所需的一

> 切服务：如策划组织安排国内外会议、展览、奖励旅游及其延伸的观光旅游；策划组织安排国内外专业学术论坛、峰会、培训等活动。
>
> 2005年，全球最大的旅游目的地管理公司Gray Line落地上海。Gray Line是为奖励旅游定义的第一个公司，而这个服务主要是针对各个大型公司的人事部。另外，他们还推出会议、展览、奖励机制和休假安排的全套旅游服务。
>
> 资料来源：www.people.com.cn

会议运营商整合辅助企业的服务，为会议产品需求者提供一站式的服务。会议运营商的运营方式有两种：(1) 运营商自己开发会议主题（如大型的论坛），培育自己的品牌会议，吸引各单位参会代表或个人来参加会议，这种会议产品的需求者直接就是最终消费者。(2) 会议运营商承办别的组织主办的会议，为公司、协会、国际组织与政府提供一站式的会议产品，包括演绎会议主题及提供一揽子会议服务。

2. 会议辅助企业

如图2-3所示，会议辅助企业有：餐饮、宾馆住宿、宾馆会议厅、会议中心、交通、旅游企业、翻译公司、礼仪公司等，这些企业为会议运营商提供分散的服务。

（二）需求分析

会议产品需求者有中间需求者和最终需求者。会议产品的中间消费者，是会议产业形成的重要影响因素；会议产品的最终消费者，是会议产业的末端，决定了这个产业的市场容量大小。

1. 会议产品中间需求者

中间需求者就是有开会需求的组织，会议产业所研究的会议中间需求者有：公司、协会、国际组织与政府等。他们会提出会议的宗旨和主题，并把具体主题策划、演绎等工作外包给专业化的会议运营商去完成。在会议完成产业化之前，会议产品中间需求者往往不把会议业务外包出去而是自己来运作。

之所以把这些有开会需求的组织叫中间需求者，是因为这些组织开会既是满足参会者的需求，也是满足自己的需求。政府举办一个会议，不管是为了满足谁的需求，同时也是出于政府自身的需求；企业召开采购商会议，是满足采购商的需求，同时也是满足自己的需求；一个协会召开协会年会，是满足会员的需要，同时也是协会发展自身的需要。可以说，差不多所有的会议都有自给自足的成分。这很像一次家庭宴请，不管参加者是谁，也无论参加者对这次宴请有多大需求，这个家庭自身肯定既是这次宴请的供给者，又是这次宴请的需求者。只是在市场化的背景下，这个家庭的宴请可以不必在家庭范围内完成，他们可以请餐饮公司上门来制作宴席，也可以把客人请到饭店去完成这次宴请。当然在这种情况下，餐饮公司或饭店也参与到宴请供给者的行列中来了。

会议的产业化，就意味着会议产品中间需求者让专业的会议公司来承担从会议主题的宣传到会议主题的演绎，从会议过程的组织到会议过程的实施，从会场内的服务到会场外的服务等，几乎所有的会议环节都可以委托给专业会议公司来承担。事实上专业会议公司自身也不可能承担所有的会议环节，但专业会议公司可以整合完成一次会议所需要的所有服务环节,形成一个会议服务"超市",为会议的主办者提供"一站式"的服务。

但是应该指出的是,并不是所有的会议都可以让专业会议公司来承办。政府会议能够让专业会议公司来介入的空间是非常有限的。从产品属性来说,政府会议属于公共产品,这类产品不可能单纯从市场角度来进行成本计算,它的生产和消费都有自己的特殊性。前面提及,会议产品由8个要素组成:会议组织者、会议参与者、会议主题或名称、会议形式或性质、会议时间和地点、会议进程、会议服务、会议成果。政府会议分为政治性会议和公益性会议,就政治性会议来说,上述8个要素,只有会议服务中的场外服务有可能让专业会议公司来承担,但高层次的政治性会议,如果涉及国家机密和安全,连这一块都不可能外包。而政府举办的公益性会议,专业会议公司介入的程度可能深一些。应当说,让专业会议公司来承办政府性会议是一件非常有意义的事,只要不涉及国家机密和安全,政府应该也可以把会议转包纳入政府采购清单。

2. 会议产品的最终需求者

在会议运营商提供的两种模式服务中,会产生两种类型的会议产品最终需求者。一种需求者直接参加会议专业运营商策划的主题会议,这种消费者往往不归属于某一个组织,只是大家都对这个主题感兴趣而汇集到一起。第二种需求者参加的是会议运营商为会议产品中间需求者(如公司、协会)策划的会议,这种消费者往往归属于一个协会、一个公司或者是这个中间需求者(组织)的利益相关者。

二、展览产品的供求关系

和会议产品相比,展览产品的供求关系似乎要清晰一些。因为"展"和"览"总是由两个不同的主体来承担的。但展览产品的供求关系并不简单是供给者提供"展",需求者前往"览"的关系。展览产品的供求关系涉及展览服务提供商、组展商、参展商和观众。其中后三者构成了展览供求关系的核心,他们的关系是:组展商是搭台的,参展商是唱戏的,观众是看戏的。当然,以上三者都对展览服务商的需求很大。他们之间的关系如图2-4所示。

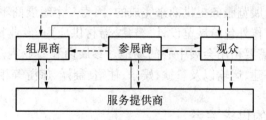

注:实线为供给线,虚线为需求线
图2-4 展览供求关系综合图

(一)组展商

展览产品的供给源头是组展商。组展商可以是专业的展览公司,也可以是企业,还可以是学会或协会等。在展览产品的供给过程中,组展商的供给是最核心和最本质的。因为组展商要提供对一个展会的总体策划和设计,包括市场定位和运作、主题创意和演绎、整体宣传和营销、危机分析和对策等等。对于组展商来说，他要做的不仅仅是搭台，而是要对搭什么样的台，唱什么样的戏，请谁来唱戏和看戏等，有一个整体的策划和设计。组展商不仅为参展商提供服务，还为观众提供服务，或者说，不仅参展商是组展商的客户，观众同样也是。

（二）参展商

在展览产品的供求关系中，参展商的身份是双重的。他既是展会的需求者，又是展会的供给者，既是展会的生产者，又是展会的消费者。参展商需要一个展示自己产品的平台，在这个平台上，他不仅需要一个展位或展台，而且需要这个展会的品牌和品位，需要这个展会的主题创意及其演绎为他的展品提供现场整体氛围。但当参展商把自己展位和展台融入展会的整体氛围，并展示自己的产品时，他又成了这个展会的生产者和供给者。他的展示成了整个展会不可或缺的一部分，整个展会因为有了参展商的展示，而变得完整、充实和丰富多彩。

（三）观众

观众（专业观众）是展会的需求者，很多专业性很强的展会，往往以专业观众为主要的需求者。专业观众又被称为"客商"，他们是展会上产品现实的或潜在的采购商。对于一个展会来说，客商的存在意义丝毫不亚于参展商，只有唱戏的没有看戏的，就不成其为一台戏。所谓展览，参展商是"展"的主体，客商是"览"的主体。从这个角度来说，客商也参与了展会的生产，就像一场音乐会的观众，在一定程度上也参与了音乐会的生产一样。但这种生产太过广义，因此，我们还是应该把客商定位在需求者的角色上。

（四）服务提供商

服务提供商是一个复杂的群体，我们这里把它分为两个子群体。一个是展览辅助服务提供商，他们和展览核心企业的相关性比较大，直接提供和展览高度相关的"零部件"，主要包括地毯、展架等展览器材供应商、展览设计商、展览搭建商、展览馆、展览物流等。另一个群体是展览相关服务提供商，他们和展览核心企业的相关性相对较小，主要提供和展览相关的"附带服务"，主要包括餐饮、娱乐、住宿、翻译、旅游等。

可以看出，不管是组展商、参展商还是观众，他们都离不开展览服务提供商。组展商的很多工作是需要展览服务提供商来完成的，因为一个组展商不可能是万能的，他必须把很多展览辅助工作外包给展览设计、搭建、器材供应商、专业招展招商公司等服务企业，另外组展商还需要租用会展中心的场地。参展商和专业观众也需要展览服务企业的服务，如设计、搭建、运输以及餐饮、娱乐、住宿、翻译、旅游等相关"附带服务"。

三、活动产品的供求关系

活动产品的供求关系似乎要表现得复杂一些。一次活动，尤其是大型活动往往有众多的社会力量参与，无论是供给者还是需求者，都不是单一的。

（一）供给分析

1. 主办者

主办者往往拥有活动的举办权和活动的法律解释权。有的主办者同时还承担活动的实际策划、组织、运作与管理的全过程,但也有的主办者并不参与活动的实际策划、组织、运作与管理过程,而是把这些职能交给承办者来负责。

2. 承办者

承办者有两种,一种是实际负责整个活动的策划、组织、管理与运作过程,并对活动承担主要的财务责任。在这种情况下,承办者也是实际的主办者,而主办者只是名义上的。另一种是受主办者或实际主办者的委托,负责活动项目的策划、组织、管理和运作过程,但并不承担项目的财务责任。这种情况下,承办者往往是活动的专业服务公司。

3. 协办者

协办者主要是根据自己的职能特长来协助主办者或承办者完成活动策划、组织、管理和运作过程中的某些环节。协办单位一般不承担活动的财务责任,但由于协办者所起的作用往往是主办者或承办者所缺乏的,因此它可以借此分享活动的收益。

4. 支持者

支持者是指在人力、财力、物力或宣传、推广、安全、法律、保险等环节为活动提供支持和帮助的个人和机构。支持者有的完全是出于义务,特别在一些公益性的活动中,会有各种支持者无偿地支持和帮助活动的开展。但在商业性的活动中,支持者的支持并不完全是无偿的,它不分享活动的收益,但可以借活动的平台为自己做一定程度的宣传。

5. 专业服务商

和会议、展览一样,专业服务商也应列在活动产品的供给者行列。专业服务商可以受委托成为整个活动的承办者,也可以受委托承办活动中的某个项目,也可以通过整合资源向活动提供一站式服务,等等。

6. 赞助商

赞助商在活动中是一个非常特殊的角色。在一些大型活动中,赞助商和活动的主办者或承办者常常是一种紧密合作的伙伴关系,他们不仅以财、物的赞助来支持活动的开展,而且还直接介入活动的主题创意和策划。从这一点来说,赞助商也是活动的供给者。但赞助商的赞助有着明确的商业目标,它往往把这个活动看作是一个有利于提高企业品牌知名度、有利于推动销售额增长的广告载体,它介入活动的主题创意和策划是基于对广告的要求。从这一点来说,赞助商又是活动的需求者。

(二) 需求分析

(1) 企业。对活动有需求的企业主要是赞助商、参展商、客商、广告商、服务商等。

(2) 游客和观众。游客是来到活动现场的观众,这些观众有的是来参加活动中的某个会议,有的是来参加活动中的某个展会,也有的就是冲着活动本身来的。由于活动的内容是极其丰富的,不同的内容会吸引不同的游客。大量的游客就是来体验活动现场的氛围的。观众可以是来到现场的观众,但大型的活动经常通过电视或网络媒体直播,这样,除了现场的观众外,一个大型活动还会有更多的媒体观众。这些观众可以通过媒体来消费活动现场的氛围,并通过电讯工具和活动现场进行互动。

思 考 题

1. 会展产业形成的标志是什么?
2. 你怎样理解会展的产业属性?
3. 会展产品的基本特征是什么?
4. 简述会展产品的生产和消费过程。
5. 试论述会议产品的供求关系。
6. 试论述展览产品的供求关系。

第三章　会议业

学习目标

熟悉会议的内涵和分类
了解国际会议的发展趋势
理解公司会议和协会会议的类型
理解公司会议和协会会议的特点
掌握会议的策划

第一节　概　述

▶ 一、会议的界定

(一) 会议的几种定义

会议最基本的含义,就是会集而议。会就是见面,集就是聚众,议就是交流、讨论。从原始社会到现代社会,有人群的地方,会议无时无处不在。

汉语《辞源》[①]关于"会议"的释义是:"会议:聚众议事。"《现代汉语词典(2002增补本)》中会议的释义是:有组织有领导地商议事情的集会。美国《韦伯斯特21世纪词典》关于会议(meeting)的释义是:"多人聚会,旨在讨论或决定事情。"这些词典关于会议的释义都集中说明"集众""议事"是会议的最基本特征。

澳大利亚联邦旅游部关于会议的定义是:"所有的聚会,包括集会、大会、协商会、研究会、讨论会和座谈会,都是人们为了一个共同的目标——共享信息聚到一起。"这个定义突出了会议的信息交流的本质。

北京市政府关于会议的界定:"会议是指三个人或三个人以上参与的、有组织的、有目的的一种短时间聚集的集体活动方式。"该定义反映了会议的集体性、组织性、目的性、时间性等一些重要特征。

国内外不少学者关于会议的定义都有基本的共识:会议是指有组织、有领导地交流信息、商议事情的集会。这反映了会议所具有的"有组织""信息交流""议事"的基本特征。

---

① 北京:商务印书馆,2001

(二)本教材的定义

综合以上国内外辞典、政府部门、学者关于会议的定义,我们认为可以这样定义会议:会议是指多人有组织、有目的地在一定时空内聚集,旨在交流信息、商讨事项的一种集体活动方式。

以上对会议的定义,体现了会议的四个内涵特征:

1. 集体性

限定与会者为"多人",体现会议的集体性。会议活动不是单个人的活动,群体的聚会议事活动才能称作会议。

2. 组织性

强调"有组织",因为会议必须有一定的组织和计划,使得会议各项议题程序化、各项活动有序化。即便所谓的"自发性集会",也需要有人进行协调。世界各国几乎都颁布法规规定:在享受集会自由这一公民基本权利的同时,必须接受相应的制约,必须按一定的组织原则聚集群众,并应遵守相关的法律。

3. 目的性

会议活动是有目的的聚集议事的活动。举办会议活动必须有明确的会议主题和目标。会议的目的应服从相关方面、层次工作的需要,并与有关工作整体的功能、目标相一致。这种目的性也表现为不是为开会而开会,而是为实现整体任务或某项具体任务,为交流思想、解决问题而开会,以保证和促进各项工作任务的顺利完成。

4. 交流信息

会议就是与会者对交流的各种信息资料所包含的思想意义进行提炼的过程,对信息资料的真伪、价值、性质进行鉴别的过程,把对某种事物的认识由感性认识上升到理性认识的过程。会议的过程就是与会者通过讨论、交流与议题相关的情况、知识、看法,逐步形成集中的会议意见的过程。

二、会议的分类

(一)按照英文含义分类

英语中可以把会议都称为 meeting,但实际上各种会议虽有其共同点,但又不完全一样。不同性质的会议则用不同的单词加以区分:

(1) 大会(convention)。在会议业中最常用的英语词汇是 convention,即"大会",又叫年会。年会是就某一特定主题展开讨论的聚会,议题涉及政治、经贸、科学、教育或者技术等领域。年会通常包括一次全体会议和几个小组会议,可以单独召开,也可以附带展示会。多数年会是周期性的,最常见的周期是一年一次。参加年会的人员通常比较多,一般要租用大型宴会厅或会议厅。小组会议上讨论的是具体问题,所租用的是小会议室。议题可以涉及政治、经济、科技等领域,其计划、组织及活动安排与 congress 类似。

(2) 专业性会议(conference)。是就某个领域的问题进行讨论和交流信息而召开的会议。科技界的会议常常使用该词。一般包括主会和讨论问题、解决问题的小组会议(workshop)。如医药会议、计算机会议。

（3）（代表）大会(congress)。指普通大会、政治性的代表大会或各种社会组织或社团召开的大会。congress 一般都按一定的频率举行，全国性的 congress 通常每年举行一次，而国际性或世界性的 congress 通常 2—4 年举行一次，会期一般为 3—5 天，开幕和闭幕有全体代表大会(General Session)，中间有分组会议(Session)。普通的 congress 或各种社团组织或社团召开的 congress，会议组织者需做宣传促销，与会者需交注册（报名）费，自愿参加，可带会伴（需交会伴注册费），可选择参加会议中及其前后的参观、游览等活动。

（4）论坛(forum)。非正式的、开放的会议，其特点是反复深入的讨论。两个或更多的发言人向听众而非对方发表自己的看法、见解、观点、言论并进行阐述、说明，听众可以提出问题，主持人引导发言和讨论并总结各方意见。

（5）专家学术研讨会(symposium)。这种座谈会或专题讨论会除了更加正式外，与 forum 那样的论坛会议是一样的。不管个人还是专门小组参加，方法就是进行一种陈述讲演，有一些预订好的听众参加，但是要少一些论坛会议(forum)所拥有的那种平等交换意见的气氛和特征。

（6）讲座(lecture)。通常由一位专家、学者单独做讲解、示范，最后常留出一定的时间回答听众的提问。

（7）研讨会、专家讨论会、讨论会(seminar)。这种研讨会通常提供许多活动以供参与，出席者有许多平等交换意见的机会，知识和经验被大家分享，研讨会通常是在讨论主持人的主持下进行的。这种研讨会通常是小范围的，当会议规模变大时，往往就变成了论坛 forum 或 symposium 这样的讨论会或专题讨论会了。

（8）小组讨论会(workshop)。专题讨论会仅指处理专门问题或特殊分配任务的一般性的小组会议，不管 workshop 这个词是否被采用，但 workshop 这种形式是经常被培训部负责人所采用来进行技术培训的，参加这种会议实际上是互相学习，同时分享新的知识、技能和对有关问题的看法。很明显它是以面对面商讨和参与度高为其特征的。

（9）专家讨论会(panel)。这种就某一问题公开进行的讨论会需要两位或更多的提供观点或某一领域专门知识的讲演者，并和专门小组成员或听众一起公开进行讨论。这种讨论会总是由主持人掌握，可以是大型会议的一部分。

（10）展览会(exhibition)与展示会(trade show)。展览会通常是指和大会(convention)相关联而举行的活动。展览会形式通常被经销商用来展示他们的商品和服务。它有着固定的观众，因为它常作为会议的一部分而举行。展示会一般指主办方为了自身需要而举行的展览。在欧洲，这样的展览举行时一般没有什么程序，通常会成为交易会(trade fair)。

（11）培训性会议(training session)。一般至少要用一天的时间，多则几周。这类培训会议需要特定的场所，培训内容高度集中，由某个领域的专业培训人员讲授。奖励会议(incentive meeting)一般是公司为了对员工、分销商或客户的出色工作表现进行表彰奖励而举办的。

（12）会议(meeting)。最广泛的用法，上述各种会议的总称。规模可大可小，层次可高可低,可以是很正式的,也可以是非正式的。

（二）按照会议举办机构分类

可以分为协会会议、公司会议、国际组织和政府会议、其他会议如工会、政治团体、宗教等组织或自筹的会议等类型。

1. 协会会议

会议市场最主要的客源是协会会议(association meeting),因为它具有周期稳定、规模大等特点。"一半以上的协会会议是与贸易展览会相结合举办的……主要目的在于扩大贸易和行业的发展"。①

协会是由具有共同兴趣和利益的专业人员或机构组成,通过它来交流、协商、研讨或解决本行业的最新发展、市场策略以及存在的问题。这些协会会议一般又可分为:年会(annual conference)、地区性会议(regional convention)、大会(convention)、专题研讨会(seminar & workshop)、理事会和委员会会议(board & committee meeting)。

2. 公司会议

为了企业自身的发展,应付日趋激烈的竞争,计划和协调企业的发展目标、策略及各项指标等,各类公司每年都要举行各种会议。公司会议(company or cooperative meeting)业务比任何其他市场都要增长得快,各类公司全年要在全国或世界各地举行成千上万次会议。出席会议的范围十分广泛,通常召开的公司会议有下列类型:国际、全国和地区性销售会议(international & national & regional sales meeting)、新产品介绍会和零售会议(new product introduction/dealer meeting)、专业技术会议(professional/technical meeting)、管理会议(management meeting)、培训会议(training session)、股东/公关会议(stockholder/public relation meeting)、奖励会议(incentive meeting)。

公司每年都要在公司内外举行上述的董事会、销售会、管理会议、人员培训会议、股东会议、公关会议及奖励会议等等。除此之外,我们还可按照会议召开的区域范围,将公司会议分为国际、地区和国内会议。

协会会议和公司会议是会议市场的主力军,是各会议目的地重点吸引和争夺的细分目标市场,该市场最有利可图,竞争也最为激烈。随着世界经济的复苏和发展,这一市场将继续会有较大的扩展。

3. 国际组织和政府会议

国际组织和政府会议(international organization & government meeting & conference),即出于政治、经济、文化等原因,联合国、各国际组织,如世界贸易组织(WTO)、世界卫生组织(WHO)、世界旅游组织(OMT)等,以及各国政府每年都要组织举办各种类型、规模和档次的国际性大会、论坛、研讨会等。一般来讲,此类会议都会受到主办国和地区的重视,影响比较大,多是新闻媒体追踪报道的焦点。

4. 其他会议

其他会议(other meetings),如宗教会议等。

---

① 金辉,《会展概论》,上海人民出版社,2004年。

（三）按照会议的地域范围和影响力分类

会议可以分为四个层次，即国际会议、全国会议、地区会议和本地会议。其中，国际会议是来自不同国家的人所参加的会议。国际会议的界定尚无统一的标准。根据国际大会和会议协会（ICCA）的规定，国际会议的标准是：至少有 20% 的外国与会者，与会人员总数不得少于 50 名。由于国际会议在提升举办地形象、促进当地市政建设和经济发展等方面所起的巨大作用，世界上各个国家都在积极争取承办国际会议，平均每一个国际会议的申办国家都在 10 个以上。相对于国际会议，国内会议的定义就容易多了。凡来自国外的与会者人数占出席会议总人数的比例达不到国际会议标准的会议均称作国内会议。

（四）按照会议活动特征分类

(1) 商务型会议。一些公司、企业因其业务和管理工作发展的需要在饭店召开的商务会议。出席这类会议的人员素质较高，一般是企业的管理人员和专业技术人员。他们对饭店设施、环境和服务都有较高的需求，且消费标准高。召开商务会议一般选择与公司形象大体一致或更高层次的饭店，如大型企业或跨国公司一般都选择当地最高星级的饭店。商务型会议常与宴会相结合，会议效率高、会期短。

(2) 度假型会议。公司等组织利用周末假期组织员工边度假休闲，边参加会议，这样既能增进员工之间的了解，以及企业自身的凝聚力，又能解决企业所面临的问题。度假型会议一般选择在风景名胜地的饭店举办。这类会议通常会安排足够的时间让员工观光、休闲和娱乐。

(3) 展销会议。参加商品交易会、展销会、展览会的各类与会者入住饭店，住店天数比展览会期长一两天，同时，还会在饭店举办诸如招待会、报告会、谈判会和签字仪式等活动，有时晚间还会有娱乐消费。另外，一些大型企业或公司还可能单独在饭店举办展销会，整个展销活动全在饭店举行。

(4) 文化交流会议。各种民间和政府组织安排的跨区域的文化学习交流活动，常采用考察、交流等形式。

(5) 专业学术会议。这类会议是某一领域具有一定专业技术的专家学者参加的会议，如专题研究会、学术报告会、专家评审会等。

(6) 政治性会议。国际政治组织、国家和地方政府为某一政治议题召开的各种会议。会议可根据其内容采用大会和分组讨论等形式。

(7) 培训会议。以会议形式对某类专业人员进行的有关业务知识方面的技能训练或新观念、新知识方面的理论培训，培训会可采用讲座、讨论、演示等形式。

（五）按规模分类

根据会议的规模即参加会议的人数的多少，可将会议分为小型会议、中型会议、大型会议及特大型会议。

小型会议：出席人数少则几人，多则几十人，但不超过 100 人；

中型会议：出席人数在 100—1 000 人；

大型会议：出席人数在 1 000—10 000 人；

特大型会议：出席人数在 10 000 人以上，例如节日聚会、庆祝大会等。

会展导论

资料链接 3-1

世界互联网大会改变乌镇经济发展版图

2019年10月20日,第六届世界互联网·乌镇峰会如期开幕,这标志着一年一度"乌镇时间"的开启。

"从前的日色变得慢,车,马,邮件都慢。"诗人笔下的乌镇,是古韵悠长、清静安详的慢节奏生活小镇。

桨声船影,烟雨画巷。1999年初,桐乡市委、市政府作出对乌镇进行古镇保护与旅游开发的重大决策。2001年元旦,乌镇东栅景区正式对外开放。2007年春节,乌镇西栅景区正式对外开放。2014年,世界互联网大会落户乌镇,古老的江南小镇邂逅求新求变的互联网,开启了一扇世界透视中国互联网崛起的新窗口。

慢,曾经是这座千年古镇的底色。然而,随着互联网织入水乡,小镇的慢节奏有了光速度,小镇的经济版图也正发生巨变。

"2014年,我们'翻箱倒柜'也只能找出12家跟互联网、数字经济有关的企业。截至目前,这个数字已增加到919家。"10月11日,市委常委、乌镇镇党委书记姜玮在第六届世界互联网大会·乌镇峰会集中预热采访中不无感慨地说道。这五年,乌镇地区生产总值从28.4亿元增长至64.6亿元;财政总收入从4.9亿元增长至11.6亿元;三次产业比从7.0∶44.9∶48.1优化至3.8∶48.2∶48.0……数字经济已然成为推动乌镇高质量发展的重要一环。

诚然,自从成为世界互联网大会永久举办地后,乌镇便不再只有"似水年华"的标签,而是与现代互联网气息融合共生,与世界互联网发展同频共振。乌镇也被冠以很多新称谓:互联网创新发展综合试验区、大数据高新技术产业园、互联网特色小镇……眼下,各类创新资源向小镇不断涌来。

驱车穿过隆源路上新建成的仿古牌楼,即将改造完成的"乌镇海鸥电器厂"映入眼帘。循声而入,工作人员们正在一个个展馆内忙碌着,这座乌镇海鸥电器厂的旧厂房即将完成黑科技大变身,成为中国电科乌镇基地。基地内,最让人期待的是北斗应用中心(长三角区域)展馆。神舟七号航天员"太空行走"穿的航天服,1∶1比例的飞船返回舱模型、VR虚拟太空实验室……在这里,市民能与一大波科技感十足的航天设备亲密接触。中心还展示北斗系统建设和发展情况,具备北斗卫星导航产品展示、航天发展成就、发展历程、应用案例演示、教育培训、交流合作、航天文创等功能。

向南驶出隆源路,在十字路口往东走,就到了子夜路上。作为通往乌镇的门户大道,子夜路的气质始终是古色古香的。让人惊喜的是,随着世界互联网大会的落户,子夜路上集聚起了许多大大小小的众创空间,这里俨然成了乌镇版的"中关村大街"。走着走着,你总能与扑面而来的"互联网+"气息撞个满怀。

子夜路上,升级后的凤岐茶社数字经济孵化器格外醒目。展厅内的电子屏上,显示着凤岐茶社以物联网、云计算、大数据、边缘计算、AI人工智能等先进技术为支撑,收集来的气候、种植、生产、农资、专家、销售、市场等各类农业数据,这便是凤岐茶社的"农业大脑"。落户乌镇4年来,借助乌镇峰会效应,他们已在全国布局了13家线下茶社和1家科技型孵化器,孵化了包括华腾牧业、车溪农业、竹芸工房在内的60多家农业企业,初步形成了大数据农业双创孵化生态圈。

再往西,位于子夜路91至101号的百度大脑创新体验中心也已于日前揭开神秘的面纱。据介绍,这是百度与合作伙伴以"AI展示体验"为核心,在乌镇开设的百度大脑AI技术线下交流展示空间。据相关负责人介绍,到访者可通过"智眼识人""云来之笔""笔画乾坤"等AI游戏,近距离接触百度AI智能产品,了解百度AI技术,体验AI应用场景,切身感受AI技术给生产生活带来的改变与创新。

更令人欣喜的是,嘉兴首个符合商用网标准的移动5G基站自2019年3月在乌镇镇民合路口顺利开通以来,乌镇对5G应用的探索也在不断加快。5G微公交、5G智慧农场、5G未来运营平台(云享乌镇)、5G立体化防控系统等5G新应用陆续在乌镇"探出脑袋",乌镇打造5G示范小镇的雏形正越来越清晰。

从之前约等于一个旅游的符号,到后来演变成约等于戏剧和文化的符号,再到如今成为互联网、数字经济的符号,搭上互联网"快车"后的乌镇,乌篷船虽依旧在碧水中慢慢摇曳,但这座千年古镇的数字经济版图却在加速扩张。

资料来源:http://zjnews.zjol.com.cn/zjnews/zjxw/201910/t20191017_11204472.shtml

三、国际会议的现状

(一)国际会议的界定

国际上把会展业与旅游业、房地产并称为世界三大无烟产业,会展经济被喻为"城市的面包""城市的名片""城市经济的助推器"。国际会议和展览的频次成为衡量一个城市是否为国际大都市的标准之一。

国际会议相关组织以及各国会议协会对国际会议有不同的定义和评定标准,以下是三个会议组织对国际会议所下的定义:

(1) 国际大会和会议协会(ICCA)对于国际会议的评定:固定性会议,至少3个国家轮流举行,与会人数至少在50人以上。

(2) 国际协会联盟(UIA)对于国际会议的评定:至少5个国家参加且轮流举行会议,与会人数300人以上,外国与会人士占全体与会人数40%以上,会期3天以上。

(3) 国际会议中心协会(AIPC)对于国际会议的定义为:固定性会议,至少5个国家参加且在各国轮流举行,会期1天以上,与会人数至少在50人以上,外国与会人数占25%以上。

(二)国际会议的申办方式

各类国际会议的承办方式及申办条件在相关国际组织的章程中皆有明文,申办之

前,首先要了解章程的规定及如何争取,才能事半功倍,取得成功。国际会议的申办方式一般有三种:

1. 会员国轮流主办

这种国际会议的申办基本上最单纯,只要加入相关国际组织成为其正式会员国,就有机会主办,其轮流方式有以入会先后次序或国名英文首字母顺序等,也有以会员国主动提出优惠条件,经会员国或各该组织的监理会同意即可。例如亚洲秘书协会组织就是以入会先后次序轮流主办。

2. 地区性轮流主办

有些重要国际组织会员分布在全球各国,每年或两年在全球各地区召开国际会议,为了让分布在全球各地区的会员国都有机会主办,因此指定轮流在某些地区召开,然而某一地区可能有好几个会员国。例如亚洲地区,可能由亚洲地区有意争取主办的会员国提出申请企划书或仅以书面方式表示有意承办,再由这个组织的监理事或特别成立的"评估小组"来表决,由获选的会员国主办。一般来说,组织的知名度、会议的效益及权威性越高,会员国之间的申办竞争也就越激烈。

3. 竞标方式

这种方式对有意争取主办权的会员国来说最具挑战性,然而这些会员国竞争激烈的国际会议必定是全球知名的国际组织,其国际会议也引起全球的瞩目,并具有其权威性,其竞标经常要花费相当长的时间去苦心经营。通常主办单位会先将举办会议的先决条件列在招标书中。

(三)国际会议的作用

国际会议市场是世界各主要城市所争取的重点,国际会议对举办城市来讲,具有重大的意义:

1. 带动举办地的消费,促进当地的就业

国际会议能够带动相关产业的发展,促进就业和消费。国外相关统计表明,会议旅客的消费是一般观光客的2—3倍。美国作为世界最大的国际会议主办国,其航空客运量的22.4%,饭店入住率的33.8%来自国际会议及奖励旅游;香港每年的会展人均消费额为度假消费的3倍;去新加坡的游客一般只逗留3.7天,消费710新元,而会议客人则逗留7.7天,消费达1 700新元。一位世界会展业巨头如此评说国际会议的重要性,"如果在一个城市开一次国际会议,就好比有一架飞机在城市上空撒钱。"举办国际会议还可增加就业机会,据统计,全球举行国际会议最多的欧洲,每增加20位出席会议代表就可创造一个全职的就业机会。

2. 传播城市价值,提高举办地的知名度

会议产业产生的非经济效益往往高于经济效益,且难以用金钱衡量。国际会议是影响面最大、最有特色、最有意义的城市广告,它能够向与会人员展示城市的风采和形象,提升城市形象,提高城市在国内外的知名度和美誉度。法国首都巴黎,由于平均每年承办400多个国际大型会议,因此享有"国际会议之都"的美誉。

3. 传递最新信息,提升举办地的知识竞争力

当今社会是知识社会,城市竞争力的重要表现是知识竞争力。国际会议能够提供

最新信息,促进学术、科技、文化以及产业的交流。会议演讲者在会中发表所在行业最前沿的知识,与会人员大开眼界,更重要的是获取信息、知识和财富,有助提升当地的知识竞争力。例如,1993 年,中国台湾举行的一场国际医学研讨会上,主办单位邀请了有"试管婴儿之父"之称的英国医学博士莅会演讲,对于试管婴儿技术刚刚起步的台湾产生了不小的冲击。近几年台湾人工生殖科技取得可观的进步,就与之密切相关。

(四)国际会议的现状

国际会议协会(ICCA)于 2019 年 6 月公布了 2018 年全球国际会议市场发展报告,报告显示,2018 年全球国际会议约有 12 937 场,比 2017 年增加 379 场,显示全球会展产业仍在蓬勃发展。2018 年国际会议发展状况如下:

1. 各大洲排名

欧洲会议所占市场份额最大,在 2018 年达到 52.00%,占据了半壁江山。即便如此,欧洲的会议市场份额仍然呈现逐年下降态势。具体而言,在 1963—1967 年,欧洲会议占比高达 71.80%,而在 2013—2017 年,这一比例下降至 53.60%。亚太地区的市场份额在过去的 50 多年间增长了约 150.00%,1963—1967 年的市场份额仅为 8.40%,不到 10.00%,而 2013—2017 年,市场份额已上升至 18.50%。2018 年,亚太地区占比更是跃升至 23.00%。亚太地区的增长恰恰源自欧洲减少的部分,其他各洲基本保持不变。北美和南美保持稳定,2018 年分别是 11.00% 和 9.00%。非洲占比 30.00%。中东占 10.00%。

根据 ICCA 的统计,1963—2018 年全球国际会议数量总体上维持稳定增长。相比 2017 年,2018 年全球各地(各洲之间)轮流举办的国际会议增加约 180 场,呈缓慢增长的态势,区域内(各洲之内)轮流举办的国际会议呈现增减不一的趋势,欧洲地区内轮流举办的国际会议数量较上一年下降约 20.00%,接近 100 场,而亚洲地区内轮流举办的国际会议增加的幅度最大,较上一年增加约 150 场。

2. 世界各国家和城市排名

美国是 2018 年举办国际会议最多的国家,共计 947 次;德国排名第二,共计 642 次;西班牙排名第三,共计 595 次。排名第四至第十二名的国家依次是:法国、英国、意大利、日本、中国、荷兰、加拿大、葡萄牙、韩国。其中,中国在 2018 年共举办国际会议 449 次。以上排名表明,国际会议的举办国主要集中在经济发达的欧美国家以及亚洲的中日韩三国。

2018 年排在前 20 名的城市中,法国巴黎独占鳌头,国际会议数量达 212 次;其次是奥地利维也纳,举行的国际会议有 172 次;第三名则是西班牙马德里,会议数量也达 165 次。西班牙巴塞罗那和德国柏林分别排名第四和第五,举办次数也达到了 163 次和 162 次。排名第六至第十位的城市依次是:葡萄牙里斯本(152 次)、英国伦敦(150 次)、新加坡(145 次)、捷克布拉格(136 次)、泰国曼谷(135 次)。排名最高的中国内地城市是北京,位于第二十二位,举办国际会议 93 次,其次是位于第二十八位的上海,共举办会议 82 次。此外,杭州(第九十七位,举办会议 28 次)、西安(第一百位,举办会议 27 次)、广州、南京(均为第一百四十三位,举办会议 20 次)、成都(第一百八十位,举办会议 16 次)、青岛、武汉(均为第二百一十四位,举办会议 13 次)、深圳(第二百二十五位,举办会议12次)、昆明(第二百四十一位,举办会议11次)、重庆(第三百零二位,举办会议8次)、天津、厦门(均为第三百三十五位,举办会议7次)、大连、沈阳(均为第三百六十五位,举办会议6次)、合肥(第四百零九位,举办会议5次)均榜上有名。

3. 亚太国家和城市的排名

2018年亚太国家和地区排名情况为：第一名是日本,2018年全球排名第七,共举办492次会议;其次是中国,全球排名第八,共举办449次会议;后面依次为韩国、澳大利亚、泰国、中国台湾、印度、新加坡、马来西亚、中国香港等。新加坡在亚太城市排名中名列第一,紧随其后的是曼谷和中国香港,北京和上海依次排名第七和第九,这是排名最高的两个中国内地城市。排在亚洲前列的还有：东京、首尔、中国台北、悉尼、吉隆坡、墨尔本、京都等。

4. 2018年国际会议参会人数分析

2018年,全球参会的总人数为490.0万人次,相比2017年的488.0万人次略有增加。2018年,美国不仅仅在会议数量上排名第一,在会议的总人数上也排第一,达到了38.4万人次。西班牙排名第二,达到29.7万人次。德国排名第三,数量上与西班牙相近,达到29.3万人次。排名第四至第十名的国家依次是：法国、加拿大、英国、意大利、日本、荷兰和中国。其中,我国的参会总人数在2018年达到14.7万人次,尽管位列前十,但总量上仅为西班牙或德国的二分之一。尽管在举办会议的数量上排名第四,但巴塞罗那却是2018年与会人数最多的城市,达到13.5万人次。巴黎作为举办会议最多的城市紧随其后,排名第二,达到12.6万人次。维也纳排名第三,参会人数达到10.5万人次。其余城市的参会人数均未超过10.0万人次。我国内地排名最靠前的城市是北京,列第二十一位,参会人数为4.3万人次。

5. 国际会议时间与周期分析

在过去55年中,国际会议的会期有逐渐缩短的趋势,在1963—1967年,平均会期约为5.78天,而在2013—2017年,这一数字已下降至3.65天。在1963—1967年,国际会议每年举办一次的比例仅为36.1%,而在2013—2017年,这一比例已大幅上升至59.8%。每两年举办一次的会议数量则呈现逐年下降趋势,从占比最高时的30.5%降至2013—2017年的21.5%。

6. 国际会议会场分析

在20世纪尤其是八九十年代,国际会议举办场所一直是会议或展览中心居于首位。然而,随着会议或展览中心的租金攀升,酒店开始成为最流行的会议举办场所。与此同时,大学会议场地也颇受青睐,在过去15年内大学会场承接会议的数量急剧增加。根据ICCA数据,在2013—2017年,酒店所占比例已经超过40.0%,其次是大学,占比为28.1%,再次才是会议或展览中心,所占份额仅有19.7%,不足20.0%。

7. 国际会议的会议主题分析

根据ICCA统计,国际会议主题排名前十五的分别是医学、技术、科学、教育、产业、社会科学、经济、管理、文化创意、交通通信、法律、商业、农业、生态环境及体育休闲,而在2013—2017年,前三大主题的国际会议即占了44.5%的市场份额。尽管同前50年相比,医学会议占比略有下降,但数量上仍然排名第一,2013—2017年平均占比约

16.6%。技术和科学分别排名第二和第三,依次占比约14.4%和13.5%,其余主题的占比均未超过10.0%。

8. 国际会议参会费用分析

根据ICCA数据统计,平均每个与会代表的注册费逐年递增:1993—1997年的平均注册费为388美元,参会总花费约为1 766美元;2003—2007年的注册费增长为414美元,总花费为1 883美元;2013—2017年,注册费再次增长至477美元,总花费为2 169美元。按每天计算的总花费亦存在类似的变化趋势,近25年的平均增长率约为130.0%,2013—2017年每个与会代表每天的总花费大约为625美元。

(五) 国际会议的发展态势

随着全球经济、政治的稳定和发展,世界会议市场也随之呈现出新的特点,大体来讲,国际会议呈现以下发展态势:

1. 规模变小,运作时间变短,向区域化发展

如今的国际会议里小型会议占很大比例,国际会议中95.0%的会议参加人员低于1 000人,而且运作时间也较以前缩短,过去的运作时间在18—60个月,但是现在已经减到了3个多月。由于全球化的发展和企业的整体市场战略,赞助单位和赞助商越来越少,如以前各种国际会议的大赞助商丰田等现在都已踪影难觅。同时,地区性国际会议越来越多,区域性发展趋势明显。

2. 以安全问题和危机管理为焦点

随着9·11事件的发生,各大旅游胜地频频遭受恐怖主义的袭击,以及各种随时可能发生的突发事件和危机,如战争、疾病、自然灾害、政治事件等。安全问题和危机管理已成为一个国际会议成功举办的必要条件,处于和平、安定状态的国家或城市才能够得到更多的会议举办权。

国际大会和会议协会亚太区主席安东尼·黄(Anthony Wong)表示,各种突发性危机分成两种,一种是长期的,比如战争,还有一种是短期的,比如SARS。各种危机有不同的应付办法,但有一个通用且有效的办法那就是易地而办,如原定2003年在中国举办的女足世界杯,就由于突然而至的SARS而被迫改由美国举办。

3. 科技与专业管理相结合

随着科技的迅猛发展和网络技术的普及,如今的国际会议在这方面的应用越来越广,对这方面的硬件要求也日益提高,三维技术、视频会议在如今的国际会议市场上层出不穷,比如一些协会所要求的会议组织单位要提供网上查账功能,只要输入密码就可以了解主办单位的财政实力以及各种来往账目,方便高效。如今越来越多的国际会议要求由专业会议组织公司来运作,以及目的地管理公司来管理。

4. 各个方面协调合作,实现资源共享

会议主办方不可能是各个方面的专家,因此,大型国际会议的举办必须要协调相关各方力量达成合作,如:旅游局、会议主管部门、市政府、运输公司、政府宾馆、专业会议组织公司、会议中心、购物中心等,这些单位进行整体协作、局部分工,一些特别重要的会议甚至需要政府和国家首脑出面协调会务组织工作。总之,举办大型国际会议已成为一项复杂的系统工程,而且如今的客户更趋向于一站式服务,而不喜欢与更多的机构

组织打交道。

对此,安东尼·黄认为,一个成功的国际会议除了必备的安全和人气因素外,来自当地政府和行业协会的支持同样重要,而且行业协会起到日益重要的作用。同时,还涉及一个全方位的满意度,诸如会议语言、文件的国际化,旅游观光事项的安排,宗教文化礼仪习惯,直飞航班和换币机构设置。

5. 举办地都是著名的旅游胜地,而且各有特点

如今会议的举办权竞争激烈,纵观那些在竞争中胜出的城市,无一不是风景优美、人民友好的旅游胜地,如北京争得2008年奥运会的主办权,上海申博成功等都是最好的证明。此外,举办地也要有自身特点,如南非著名的港口城市德班,南非"母亲城"开普敦和经济中心约翰内斯堡都已经成为国际会议的热门举办地。一些国际峰会青睐具有旅游价值的小镇也是同样道理,2001年6月6日亚太经合组织(APEC)贸易部长非正式会议在江苏昆山市周庄镇举行,会场就是反映千年古镇深厚文化底蕴,高度浓缩周庄人居建筑与自然和谐共处状态的"周庄舫"。"亚洲论坛"会址为海南省的一个小渔村博鳌,这里的地形、地貌酷似澳大利亚的黄金海岸、美国迈阿密、墨西哥的坎昆,自然生态保护得近乎完美,外国专家称她为"世界河流入海口自然环境保存得最完美的处女地,宛如人间仙境"。

6. 亚太将成为全球发展最快的会议目的地

据有关资料显示,截至2010年全球国际会议市场的直接价值超过4 000亿美元。欧洲一直是全球会展市场的领头羊,但近年来,亚太地区快捷优质的服务不断增加,新产品不断推出,可进入性不断提高,通信联系更加便利,已成为全球发展最快的会议目的地,亚太地区中国和印度会议效应已经凸显,尤其中国上海更是因"财富论坛年会""2001年APEC系列会议""上海六国元首会议""亚行年会""福布斯论坛"等高层国际会议的召开提升了会议功能。

第二节 会议的需求特点

一、公司会议的需求特点

(一)公司会议的类型

1. 新产品推介会

这是很重要的企业会议,直接关系到企业生意的好坏。当企业有新产品推出时,往往通过这种形式的会议来进行。这种会议往往在带有展览场地(最好还带有演出场地)的会展中心或会议宾馆举办,企业邀请分销商、零售商的代表和媒体记者等参加,首要的是对新产品进行介绍、宣传,配以新产品的现场展示,必要时还通过模特表演助阵(如服装新产品推介会、汽车新产品推介会),会议和展示之后要举行宴会、酒会甚至娱乐性演出招待客人。

2. 销售会议

销售会议是企业会议市场中最大的一部分。有只有销售经理参加的全球性销售会议，有所有销售人员都要参加的全国性销售会议，也有地区销售经理举行的地区性销售会议。销售会议的规模视企业规模的大小而各不相同，从数十人到数百人不等，全球或全国性销售会议一般持续3—4天，地区性销售会议一般持续2—3天。

企业召开销售会议的目的主要是总结销售工作的经验教训，鼓舞销售人员的士气，或者为即将举行的新产品发布会做准备。

3. 管理会议

管理会议有定期召开的会议，如董事会会议，中层以上管理人员年度总结会议，有为了解决出现的问题而临时召开的会议。这些会议的规模一般不是很大，但需要优良的服务，一般在宾馆召开。对接待管理会议的宾馆来说，每个与会者都是一个潜在的会议客户，因为他们都有可能带来自己部门或企业的其他会议业务。

4. 培训会议

各种层次和类型的培训是企业尤其是重视可持续发展的大企业经常性的人力资源开发工作。新员工的入职培训，生产工人的技术技能的培训，销售人员的销售艺术培训，管理人员的管理知识培训……有些培训会议不愿使用"培训"这个词，而使用诸如"研讨会""专题讨论会""管理开发会议"之类的名词，但其实质是培训会议，都是由企业的人力资源部安排的。其中有些培训是在企业自己的培训教室里进行的，但很多企业没有自己的培训教室，有些企业的培训教室较小或设施不全（如没有多媒体设备），无法进行人数较多或高规格的培训活动，这时就有可能租用宾馆的会议场地和设施。

培训会议的人数大多在35人左右，通常10—20人，一般不超过50人，持续时间1—3天。对会议地点和场地以及服务的要求不是很高，但要求会议室位置僻静、隔音效果好，配有多媒体设备或者易于安放音像设备。如果效果好，培训会议客户的回头率很高，因为不需要为了刺激与会者的兴趣而经常变换会址。

5. 专业/技术大会

在如今这信息爆炸的知识经济时代，专业技术人员知识技术更新的需要越来越迫切，技术进步日新月异，若不能及时更新，很快就会落伍甚至被淘汰。所以，企业的工程师们需要不断地学习以防止技术老化，更需要彼此交流来启迪创造性。这种学习和交流经常采用研讨会、专家讨论会、专题研讨会甚至专业性会议的形式，对会议设施的要求很高，如多媒体设备等，要求会议室远离热闹的大厅、餐饮、娱乐场所，隔音效果好。

6. 股东会议

股东会议是股份公司企业的非员工会议，主要是年度股东大会，持有公司一定数量股票、对公司发展比较关心的股东们参加由公司安排的大会，对公司的管理进行评论，对公司的利润分配、投资方向、人事变动等重大问题进行讨论和表决。这种会议的会期一般是一天，包括午餐和咖（茶）点，对会议设施、设备的要求不是很高，但对会议、餐饮服务的要求较高。

7. 学术研讨会

有些实力雄厚、产品技术含量高的企业有时会出资召开与自己产品有关的学术研讨会,以此来树立自己产品在行业的龙头地位,同时也作为一种公共活动,保持与政府有关部门、产品用户和新闻媒体的良好关系。这种会议的费用全部由企业支付,规格一般很高,当然对会议地点、会议场所、会议设施和会议、餐饮、住宿等方面服务的要求也很高,只有高星级的会议宾馆和附有高星级宾馆的会展中心才能承办。

(二) 公司会议的需求特点

1. 时间周期

公司全年都有可能举行会议,一般会议多在工作日举行。公司会议一般是公司业务导向的,没有固定的时间周期。公司会议不用像协会会议一样,选定特定的时间以保证出席率。

2. 前期准备时间

公司会议的前期准备时间一般较短,很少有长于一年的。公司会议决策比较简单,通常由某一个或几个中层领导提出建议,经过对饭店的调查和筛选,再把定下的会场汇报上级领导,由领导最后决定。

3. 地理位置

公司会议的选址是业务导向的,不需要通过变更地理位置来吸引会议的出席者,如苏州就比桂林更适合召开公司的华东六省市区域销售会议。但是,如果是同一个大区的城市如杭州和苏州、桂林和南宁、成都和重庆、广州和深圳、大连和沈阳、北京和天津等之间比较,公司的决策往往会受到各地旅游局、PCO、DMC、航空公司等因素的影响。这些机构可以联合起来,积极推介目的地城市,往往可以起到意想不到的好效果。

4. 选择的饭店类型

开会的目的是影响公司选择饭店的重要因素。市区饭店、郊区饭店、机场饭店、度假饭店各有特点,公司召开不同的会议,往往会选择不同的饭店。一般来讲,公司会议使用较多的饭店类型是市区饭店、度假饭店和郊区饭店。

5. 出席情况

公司会议的出席人数一般不多,超过500人的公司会议是很少的。饭店喜欢公司会议的原因之一,是因为公司会议具有强制性,出席者没有特殊原因是必须参加的。这样,饭店不管是在餐饮、客房还是别的会务安排上都会比较稳定。

6. 会议期限

绝大多数公司会议是1—2天的短会,一般来讲,参会者会在前一天晚上到达会场所在地,以便第二天一早出席会议。会议议题往往涉及公司的机密。即使是公司外部会议,其出席对象也是经过严格选择的。所以,会议公司的营销人员收集公司会议的背景资料一般比较困难。

7. 展览

原来协会会议经常会有展览,而现在公司举办的会议也经常会有展示活动。这些活动主要是展示新产品,进行大规模的现场演示活动等。

8. 会议厅的要求

由于公司会议规模大小不一,所以公司会议要求大小会议厅,而且最好会议厅可以随意分隔。既可以用于开幕式大会,又可以举行各种形式的中小型平行会议、圆桌会议等。

9. 会议策划与决策

公司会议有很多类型,不同类型的会议归属不同的部门管理,所以不同会议的决策人不一样。对于会议营销者来讲,在进行公司会议销售时,首先一定要分清公司会议的类型,再找准会议决策者。

10. 会议的多次预定

对于公司会议来讲,可能一个会议需要在不同的城市循环举办,这样公司就喜欢把会议的举办场地固定于那些全国连锁饭店或会议中心,以减少交易成本。这就是公司会议的多次预定热点。这一点和协会会议非常不同,协会会议总是希望更换会址以吸引参会者。具体如表3-1所示。

表 3-1 公司会议与协会会议比较表

比较项目 \ 会议类型	公 司 会 议	协 会 会 议
周期	按需	基本固定,1年
准备时间	很少长于一年	1年以上
选址	业务需求导向	吸引参会者
饭店类型	开会目的	会议性质、规模、期限
出席者	大部分少于500人	自愿、吸引
会期	3天	多于三天
展览	有时有	有时有
会议厅要求	可随意分隔会议厅	
会议策划与决策	不同会议,不同决策者	决策者容易找到
多次预定	独立饭店联盟	
背景资料	不易收集	容易收集
费用	公司出	自费多
当地会员		需要当地有会员

(三)公司会议选择的重要影响因素

公司会议策划者在选择会议中心或宾馆时所考虑的最重要的三大因素是食品服务质量,会议室的数量、大小、质量,可协商的餐饮与房间价格。

二、协会会议的需求特点

(一)协会会议的类型

协会一般有以下五种:

行业协会：会议市场中最有价值的细分市场,如餐饮协会、广告协会、房地产协会、纺织协会等等;专业和科学协会：如记者协会、医学协会、中国吸烟与健康协会;退伍军人和军事协会;教育协会与研究学会;技术协会。这些协会召开的会议有如下几种类型：

1. 年会

年会是几乎每个社团组织不可或缺的会议,它是社团组织存在的象征,也是会员聚集的仪式。典型的年会包括全体会员都必须参加的大会和一些小型会议,这些小型会议又称分组会议,会员们分成若干个小组,在同时召开的分组会议上进行讨论,然后再就讨论的结果在大会上发言。

据统计,三分之二的年会与相关的展览一起举行,对于行业社团组织和专业技术性社团组织来说尤其如此。展位费是年会收入的重要组成部分。展览有时与大会同时进行,更多的是与大会分开在不同的时段进行,以便与会的会员参观。

2. 地区年会

一个全国性的社团组织在各个地区的分会也会举行年会,只是规模较小,会期较短。有些会员既参加全国性的年会,也参加地区性的年会,出于经济考虑,有些会员可能只考虑参加地区性的年会。

3. 理事会和委员会会议

社团组织理事会成员往往定期召开会议,人数视社团组织大小从10—200人不等。这种会议不一定在社团组织总部所在城市召开,常常在有吸引力的地方(如风景旅游城市、度假胜地、历史文化名城)举行,以鼓励理事会成员参会。

4. 专业性会议和小组讨论会

社团组织还举办与社团组织性质相关的专业性会议作为对年会的补充。尤其是对一个具体项目的研究有了新发展的时候,社团组织就会适时主办有关的专业会议,使有关的专家、学者、研究者和其他感兴趣的人有机会聚集在一起进行学术交流、研讨,共同提高。在专业性会议中间,往往安排一些同时进行的小组讨论会(workshops),与会者分成若干个小组进行讨论,然后再集中交流小组讨论的成果。所以,这种会议往往需要一个大的会议室和若干个小会议室或套房。

5. 专家(学者)研讨会,研讨会

学术性社团、专业性社团经常举行本专业范围内的研讨会或学术研讨会。

6. 培训课程

社团组织有一个任务是为会员单位的员工举办培训课程,特别是有关新知识、新技能的培训课程,若由会员单位单独请学者、专家开课,费用较高,也往往不知道到哪里去请,而由社团组织出面举办培训课程,可以请到合适的专家、学者,会员单位派人参加,费用也较低。

(二) 协会会议的特点

1. 时间周期

大部分协会会议是按照固定的时间周期举行的,一般是一年一次或两次。全国性的协会会议一年一次,地区性的协会可能一年两次或三次。一般举行协会会议较多的月份是4、5、6、9、10月,这和气候等因素有关。

2. 前期时间

协会会议一般前期准备时间较长,会议规模越大,准备的时间越长。大型会议要准备 35 个月左右,其他协会会议也要 8—12 个月。

3. 会址选择

协会会议的会址选择是会员需要导向的,也就是开会的区域、城市必须是会员感兴趣的地方。协会会议的选址需要考虑到气候、环境、娱乐设施、城市形象和旅游景点等因素,因为协会会议出席者除了参加会议,往往还有观光旅游的目的。所以,会议策划者经常选择度假地,增加刺激性内容等来吸引更多人参加。

4. 饭店类型

协会会议选择的饭店类型,取决于会议的规模、性质和期限,基本上每种饭店都有与之对应的协会会议的市场。协会一般要求饭店有充足、搭配合理的大小会议场所,足够的客房数量、一定规模的展示场地,吸引人的地理位置和良好的服务。

5. 出席是自愿的

协会组织是自愿加入的,协会组织和成员之间没有行政隶属关系,因此,协会一般不能用强制手段来要求成员参加协会会议,而只能不断增加新的吸引点,吸引协会成员参加会议。

6. 会议期限

全国性的协会会议一般在 3—5 天,小型活动也有 2—3 天。协会会议的会期一般比公司会议的会期要长,因为协会会议除了开会,一般还安排了观光旅游的项目。

7. 展览

协会会议通常都会有展览,不过这些展览都是小型的。

8. 容易收集背景资料

协会为了吸引更多的成员参加会议,必须向协会成员公开会议背景资料并公开宣传,因此,收集有关协会会议的资料要容易得多。

9. 与会者费用

如果协会会员是企业、政府部门或机构,那么派出代表的与会费由单位负责,如协会会员是个人,则参会费用自理。

10. 需要当地分会的邀请

国际协会在选择一个国家或地区举办协会会议时,考虑的因素之一是这个国家或地区是否有会员单位。一般来讲,协会会议不可能在没有会员单位的国家或城市举办。即使有会员,若该地区没有向国际协会发出邀请,国际协会也是不会到该地举办会议的。

(三)协会会议场所选择的影响因素

对主要年会来说,协会会议策划者在选择会议中心或宾馆时最看重的是会议室的数量、大小、质量,可协商的餐饮与房间价格,食品服务质量,睡房的数量、大小、质量;对其他会议来说,协会会议策划者在选择会议中心或宾馆时最看重的因素是食品服务质量,可协商的餐饮与房间价格,会议室的数量、大小、质量。不难看出,无论何种协会会议,会议室的数量、大小、质量,食品服务质量,可协商的餐饮与房间价格都是会议策划者在选择会议中心或宾馆时所考虑的最重要的三大因素。

三、非营利组织会议

除了公司会议和协会会议外,非营利组织也是会议策划公司一个很大的市场。会议研究中所关注的非营利组织主要是指 SMERF 组织,即社交(Social)、军人(Military)、教育(Educational)、宗教(Religious)和联谊团体(Fraternal)等举办的会议。

（一）社交

从会员的构成及兴趣来看,社交团体有很多种,比如骑马俱乐部、高尔夫俱乐部、保龄球俱乐部等。其中,有些组织是地方性的,也有一些属于地区性甚至是国家级的。像园艺和手工艺之类的团体所举办的地方展示会或交易会,不仅为会议公司带来业务,还可能创造本地区外的业务机会。

（二）军人

由家庭、校友(同学)和退伍军人等组成的聚会市场是一个迅速发展起来的细分会议市场,美国有一个专门为聚会策划者提供培训和网络资源的组织——国家聚会策划者协会(NARP)。班级和家庭聚会十分重视休闲设施,一般不需要专业会议设施;大多数军人聚会项目包括晚宴、纪念活动和短期会议,但由于退伍军人只有固定的收入来源,并且费用自理,因而对价格较敏感。

（三）教育

教育会议市场有巨大的发展潜力,也是会议市场淡季(特别是长达两个月的暑假)的重要补充。大学、中小学及其他学术机构都是会议市场的主要业务来源,这些学校和机构每年要举办很多会议,涉及培训、研讨等诸多方面。此外,教师们往往利用暑假接受培训和教育,针对他们的阶段性的研讨会或研讨班数量也很多。

（四）宗教

宗教团体所组织的大型会议(区域和地区性会议和年会)和小型聚会(董事会会议、委员会会议、研讨会和专题讨论会)也是很好的会议业务来源。但很多大型宗教会议属于"家庭事务"——会议策划者总是寻找洁净、廉价的地点,因为宗教会议往往依靠资助或捐赠来筹集资金,且大多数与会代表需要自己负担费用,故而对价格较敏感。

（五）联谊团体

各种联谊组织经常组织会议和相关特别活动。尽管很多组织本身拥有会议设施,但筹款活动和年度庆祝等特殊场合也可以成为不错的业务来源。与宗教会议类似,联谊和服务团体的全国性或地区性会议也是"家庭事务",与会者自付费用,并怀有参加会议和休息等多种目的。因而,会议策划者不仅对价格敏感,而且对休闲设施也有较高要求。

这些团体的典型特点有:对价格非常敏感;喜欢淡季举行会议;经常使用非专业性的会议策划者,且经常更换。虽然 SMERF 群体对价格很敏感,会议出席者经常两个甚至三个人住一间客房,又大多数在饭店外用餐,在娱乐场所消费少,但因为他们人数众多,而且一般在淡季举行会议,所以 SMERF 组织就成为公司会议、协会会议的一个重要的补充。从这个意义上来讲,会议策划者也应该重视这个市场。

第三节 会议策划

一、会议目标策划

会议的目标是会议组织者的期望,而会议的任务则是在目标统帅下所要完成的具体工作。策划一个会议,无论其规模大小,类型如何,第一步需要做的就是设立会议目的,明确会议定位。原因有三:(1)会议的目标是会议的终极目的,是会议各项工作的指挥棒。(2)会议的目标和任务制约会议的议题和议程,决定会议的性质,影响会议的方式,引导会议的结果。(3)会议的目标是会议总结与评估的基本衡量指标。

因此,作为会议策划人员,首先要明确会议目标,了解会议的定位。确定会议目标和任务就是要解决为什么开会这一最基本的问题,开会只不过是实现组织者目标和期望的手段而已。只有目标清晰、任务明确,会议才能发挥应有的作用。会议目标和任务策划的要求如下:提出的目标和任务要明确;实现目标和完成任务的时机和条件要成熟;处理好目标层次之间的关系;处理好总目标与具体目标的关系;处理好主要目标和次要目标的关系。

二、会议主题策划

会议的主题就好比一般产品的核心利益一样。主题是否具有吸引力,是否符合受众的心理,是否切合当今的政治、经济形势等,都关乎会议的成败。那么,如何找准并确定一个好的会议主题呢?

(1)可以考虑一些社会热点问题和事件,以之为题。社会热点问题和事件是社会大众都关心和谈论的,人们都想对相关问题和事件了解得更多,如果主办方能召集问题或事件的相关人员进行深度访谈或讨论,并将内容、结果及时告知大众,将会引起较大的轰动。这样,会议也容易取得成功。

资料链接 3-2

2018 天津夏季达沃斯论坛议题

2018 天津夏季达沃斯论坛于 9 月 18 日拉开帷幕,来自全球 100 多个国家和地区的政商领袖参会,再一次将世界的目光聚焦到了天津。本次论坛的主题为"在第四次工业革命中打造创新型社会",论坛另设 12 项分议题:

> 1. 第四次工业革命与经济增长源动力。主要包括第四次工业革命的颠覆影响；全球经济转型与增长的新动能；第四次工业革命下的新经济增长源。
> 2. 全球价值链重构与多边合作方式选择。主要包括全球价值链格局重构的背景与趋势；新兴经济体在全球价值链中的地位；多边合作影响全球价值链格局重构；推动全球价值链中的多边合作。
> 3. 从自贸试验区到自贸港：中国全方位开放的深化与创新。主要包括中国自由贸易试验区改革开放成就的基本评价；世界自由贸易港区经验、启示与借鉴；中国特色自由贸易港政策体系设计；中国自由贸易港的建设战略构想。
> 4. 新工科——第四次工业革命的智慧引擎与源动力。主要包括第四次工业革命呼唤新工科人才；世界各国工科人才改革实践与中国探索；新工科：第四次工业革命的智力保障；集聚产业转型创新的源动力。
> 5. 第四次工业革命与创新型产业形成。主要包括第四次工业革命的诞生背景及其对新经济的影响；创新型产业的形成与发展；中国创新型产业发展的路径选择。
> 6. 大数据运用与城市公共安全。主要包括大数据运用与城市公共安全：背景与趋势；城市公共安全领域的数据运用：问题与障碍；大数据时代的城市公共安全管理的机遇；面向城市公共安全的大数据体系建设。
> 7. 金融风险防范：新技术手段及其应用。主要包括金融科技发展中的风险累积；金融风险防控的新技术手段；金融科技有效支撑金融安全发展；金融风险防控的目标：促进实体经济发展。
> 8. 智能制造与传统产业变革。主要包括新一代信息技术与制造业深度融合的发展趋势；智能制造技术发展的核心；借力新一代信息技术，实现传统产业转型升级改造。
> 9. 企业家精神与创新生态营造。主要包括企业家精神与第四次工业革命；创新生态：培育企业家精神的厚土；营造中国企业家精神成长的良好创新生态。
> 10. 新技术变革下的环境治理。主要包括新技术带来环境治理系统性变革；新技术引爆环境治理手段"嬗变"；环境治理的未来之路：迎接新技术挑战的智慧。
> 11. 迈向人工智能时代的社会变革。主要包括人工智能深刻改变城市社会生活；人工智能时代的社会治理变革；人工智能背景下社会治理的行动选择。
> 12. 新技术应用对传统社会伦理的挑战。主要包括新技术发展引发的伦理挑战问题；新伦理问题出现的成因；应对新技术伦理问题的原则与对策。
>
> 资料来源：http://www.tj-summerdavos.cn/2018davos/yiti/index.shtml

（2）行业内共同关心的问题。一个行业所共同关心的问题包括这个行业的动态、发展、问题、竞争、人员等诸多方面，特别是在经济领域，行业内一个简单的问题或事件往往能引起整个行业的反响或震动。就这些问题召集业内人士举行高峰论坛或研讨会，讨论行业发展的前景、发展中的动力或阻力、企业间平等竞争、价格战等问题，商定行业经营规范或发展对策等,往往能吸引众多的目光。

资料链接 3-3

中国电影产业高峰论坛:用精品夯实电影"强国梦"

第22届上海国际电影节的第二天,以"光影七十年,共筑强国梦"为主题的开幕论坛——中国电影产业高峰论坛举行,与会嘉宾在新中国成立七十周年华诞之际,深入探讨了中国电影"强国梦"的当下与未来。

面对电影强国的目标,多位与会嘉宾均提及中国电影较之以前已取得了较大的进步,中国电影的"强国梦"已具备一定基础。

光线传媒股份有限公司董事长王长田表示,以五年的区间来看,中国电影已取得了很大进步,电影品质得到了全面的提升,类型也已较为多样化。另外,中国电影人才也实现了飞速成长,好的剧本及导演队伍都较之前更为充实。

博纳影业集团股份有限公司创始人、董事长兼总裁于冬认为,2018年中国电影不仅实现了类型突破,还实现了美学突破,出现了诸如《红海行动》《唐人街探案2》《我不是药神》《无双》等一批优秀的国产影片。这些国产影片,不仅在票房上取得不俗成绩,而且在社会影响力上也获得了广泛的认同。

万达影视集团总裁兼万达电影总裁曾茂军说,在开放和出海的指引下,中国电影市场的海外影片来源越来越多元化,并实现了票房突破。中国电影走向海外的规模和类型也较之以往在量和质上有所提升。

在肯定成绩的同时,与会嘉宾也表示,当前中国电影正处于从数量时代向质量时代调整的阶段,继而进入稳定发展期。面对阶段性调整的现实,电影产业的参与者应该积极应对挑战,同时,应充分意识到中国电影市场后续发展的动能和潜力。

中国电影股份有限公司总经理江平强调,票房的追求已让位于质量的追求,质量将是中国电影人未来重要的责任。

"电影产业目前进入亟须沉淀的阶段。"阿里大文娱轮值总裁、优酷总裁、阿里影业董事长樊路远认为,中国拥有庞大的消费人口基础,具备持续超越的优势,但在内容品质层面,仍有很大的提升空间。

腾讯集团副总裁、腾讯影业首席执行官程武则认为,面对短期内调整的挑战,应该回到电影本身的价值去思考。电影拥有最广泛触达用户,一方面,能够给社会、国家和人民带来文化价值;另一方面,观众对美好生活的向往、对优质内容的追求还在不断提升,"这些都将是中国电影未来发展持续的动力"。

上海电影(集团)有限公司董事长、上海电影股份有限公司董事长任仲伦表示,稳定发展的阶段,也是思考中国电影自身发展正确路径、树立中国电影发展道路的时机,要将视野放到更大的追求上,追求精品、追求中国特色的风格。

资料来源:http://news.cctv.com/2019/06/17/ARTIbvocLO1GzkDcpvqcm8uq190617.shtml

(3) 特定人群所关心或者正在议论的话题。特定人群是指社会上某些共通性比较强、人群特征比较突出、相对数量比较小的群体组合。特定人群的消费特征、喜好、收入水平等大致相同,比如政界人士、企业高层、企业经理人阶层、广告营销界从业人员等,都可以算作社会中的特定人群。

资料链接 3-4

第三届中国营销高峰论坛

第三届中国营销高峰论坛(China Marketing Summit,CMS)于2018年4月13—15日在清华大学经济与管理学院成功召开。本次高峰论坛由中国管理现代化研究会营销管理专业委员会主办,清华大学经济管理学院市场营销系、清华大学经济管理学院中国企业研究中心承办,中国高校市场学研究会、《营销科学学报》编委会、国家自然科学基金委员会管理科学部协办。本届高峰论坛定位"高端、精品",以"新时代、新营销"为主题,特邀国内高校60余位知名专家学者与会,就营销学科新融合、营销战略新动向、青年学者新成长、基金项目新交流四大主题展开了热烈的讨论。

嘉宾致辞环节,清华大学经济管理学院副院长JMS主编陈煜波教授、中国高校市场学研究会会长符国群教授、中国管理现代化研究会营销专委会主任委员刘益教授以及江苏天明机械集团董事长卢明立先生进行了精彩发言,呼吁与会专家学者在本届高峰论坛中积极探讨以数字化为特征的新时代下营销研究面临的新挑战、新机遇和新课题,交流和分享各自在营销领域的真知灼见、前瞻性思考和最新研究成果。

在之后的主题讨论中,专家学者们围绕本届营销高峰论坛的主要议题进行了深入探讨。香港中文大学的贾建民教授、西安交通大学的庄贵军教授分别担任"营销学科新融合"主题讨论的主持人和评议人。在该模块的讨论中,专家学者共同探讨了营销学中消费者行为、营销战略和营销模型三大方向如何相互学习、相互融合,进而推动新营销知识体系的构建。在"营销战略性动向"的主题讨论中,中国大连高级经理学院的董大海教授和香港大学的周政教授担任主持人和评议人,组织学者们就营销战略的研究边界、发展趋势、面临的新挑战和新机遇以及营销战略的新知识体系的构建展开了热烈讨论。

此外,本届高峰论坛特设"青年学者新成长"和"基金项目新交流"两大主题,为营销领域的青年学者提供良好的经验交流平台。复旦大学的范秀成教授、武汉大学的黄敏学教授分别担任"青年学者新成长"主题讨论的主持人和评议人,组织学者们就青年学者如何平衡教学与研究的关系、学术研究如何既立足本土又放眼世界、如何构筑学术生态圈以及数字化时代营销、青年学者如何更好地成长等问题交流了看法。在"基金项目新交流"主题讨论中,中山大学的王海忠教授、对外经济贸易大学的王永贵教授分别担任主持人和评议人,组织学者们就日常学术研究与基金申请如何有机结合、基金项目研究如何推进高水平研究、中国营销领域重大学术研究议题有哪些、如何建议基金重大/重点课题的立项等话题与大家交流了看法。

资料来源:http://www.sem.tsinghua.edu.cn/mark/marketnewscn/10906.html

三、会议形式策划

会议目标策划是解决为什么开会的问题,会议主题策划是解决开什么会的问题,而会议形式策划解决的是开什么样的会的问题。会议形式策划一般要考虑以下因素:会议的目标任务因素、会议的职权和主办权因素、会议的功能因素。会议形式和会议类型是相互联系的。一般来说,会议形式服从于会议类型,即一旦确定了举行何种类型的会议,会议形式就应当与之相适应。会议形式策划除了要考虑会议类型策划的各项因素外,还要考虑座位格局因素、会场装饰因素、技术手段因素等。如何选择适当的会议形式如表3-2所示。

表 3-2 选择适当的会议形式

活动形式	选择原因	潜在听众	范围	合理筹备时间	组织工作负荷	对可持续性专业发展的作用
膳宿型会议(一周或一周以上)	组织尽量多的听众在相对集中的时间内进行集体工作或娱乐	国际的、国内的或临时组织的	广泛;复杂多元主题;有机会深入、广泛地进行	18个月	高	通常有
膳宿型会议(2—3天)	听众广泛,平时很难聚到一起,出差时间不能太长	国际的、国内的或地区间的		18个月	高	通常有
为期1天的活动	紧紧围绕一个主题或专业	国内的或地区间的	相对特殊的主题或关注焦点	6个月	中	常常有
半天的活动或培训主题讨论会	对工作繁忙的人而言成本相对比较低;有区域或话题限制	本地的、国内的或机构间的	特殊主题或关注焦点	6个月	中	常常有
专家研讨会	汇集专家进行经验、学识的交流	邀请的专家	相对特殊,也许仅就议题逐次进行讨论	6个月	中	常常有
公众演讲	关注某位特殊人物或特殊话题	所有来宾	各种话题	3个月	低	有时有
邀请演讲"捐赠讲话"或"纪念讲话"	向精选出的听众介绍特殊的讲话人	听众未知	各种话题,常为学术或专家性质的	3个月	低	有时有

(续表)

活动形式	选择原因	潜在听众	范围	合理筹备时间	组织工作负荷	对可持续性专业发展的作用
座谈会或辩论会	听取就某一话题或主题的不同见解	各种各样的,可以与其他会议或活动时间重合	专家级互动,侧重讨论	6至12个月	中或高	常常有
推介活动	介绍某个议题、某个组织或者某种产品	产品、组织或某种特殊成果的目标听众	各种听众都有	6至12个月	高	很少有
颁奖活动	庆祝成功	提名者、获奖者、领导、嘉宾	主要是获奖者	6至9个月	高	有时有
年度大会	履行慈善组织或自愿团体法定职责	会员和领导	管理、计划和发展	12个月	中	没有关系
晚宴与宴会后演讲	组织或工作组庆祝活动	组织成员与嘉宾	庆祝、娱乐、联谊	12个月	中	没有关系

四、会议规模策划

(一)会议对象

邀请哪些对象参加会议,既是会议领导者的职权,也涉及对象的法定权利,同时还关系到会议形象和会议目标能否顺利实现的问题,因此要特别慎重。

会议对象的策划要做到:(1)具有合法性,即会议对象的确定必须符合法律、规章以及组织章程、议事规则有关规定;(2)具有必要性,即强调(明确)哪些对象必须或者应当参加会议,可以根据会议的目的、议题、会议的类型和功能、会议的公关需要等确定对象;(3)具有明确性,即对象的职务或级别明确、对象资格明确;(4)具有代表性,代表大会、调查会等应当充分考虑参加对象的代表性。

资料链接 3-5

第十三届达沃斯论坛出席人员名单

2019年6月25日,夏季达沃斯新闻发布会在北京举行,会议公布了主要参会人员名单。据悉,来自政界、商界以及公民社会的1 800余名新领军者将齐聚大连,参加聚集创新和企业家精神的全球盛会。

其中,出席年会的中国政府高级官员包括:中华人民共和国国务院总理李克强、中华人民共和国科技部部长王志刚、国务院国资委主任郝鹏、国家市场监督管理总局局长肖亚庆、海关总署副署长邹志武、辽宁省省长唐军、河北省省长许勤。

此外,还有8位联席主席,以及1 000余位商业领袖参会,包括100位最振奋人心、最具创新力的初创企业的创始人和首席执行官,文化艺术、学术界和媒体界的代表等。而参会的论坛社区代表包括300多位社会企业家、全球杰出青年和全球青年领袖。

资料来源:http://finance.sina.com.cn/roll/2019-06-25/doc-ihytcerk9240728.shtml

(二)会议规模策划

会议规模的策划有两层含义:一是指会议组织存在的时间,存在的时间越长,规模就越大;二是指会议占有的空间,包括动用的人和物的总和,动用的人员和物资越多,规模就越大。一般来说,决定会议规模的主要因素是动用的人员,其中又以参加会议的总人数为主要依据。

五、会议发言策划

发言是会议交流消息的主要方式,也是会议活动区别于其他活动形式的特有方式。不仅仅是主要发言人重要,每一个发言人都非常重要。因为发言人中有一个演讲失败的话,那么与会者恐怕记住最多的就是这个失败的发言人。所以,会议策划人员在挑选发言人时必须格外谨慎。

(一)发言人的挑选

1. 确定发言人人数

挑选发言人的工作从最初制定会议的目的和目标的那一刻就开始了。不同的会议对发言人的数量和类型的要求是不同的,对于有全体大会和很多分会的论坛来讲,要求的发言人人数是比较多的。

2. 确定发言人类型

发言人一般有职业发言人和志愿发言人两种。大多数的协会和非营利性机构都没有足够的预算去邀请职业发言人作为会议的全部发言人。他们经常会邀请业内领袖或协会会员作为发言人。一些财力雄厚的大公司或大型协会则经常邀请职业演讲人。

3. 调查发言人资料

初步选定演讲人名单后,要对演讲人的资格进行一些调查。许多专业演讲者都备有一个资料袋,内有自己的简历、资格证书和推荐信,有的还附有演讲片断样带。

(二)发言人的确认

发言人一旦确定,就要立刻和他们沟通并保持联系。首先向他们发出邀请信,介绍你是谁,你代表什么机构,与会人员有哪些,告知他们会议日期和安排以及其他相关事项。从这时起,演讲人和你之间将会有一系列的联系,他们将就演讲费、交通安排、住宿、机场接送、餐饮开支以及损失赔偿等相关事项和你进行协商。

在所有事项协商完毕后,按惯例你要发一封确认信,表明双方已经达成协议。同时,在确认信里再一次介绍一下你所策划的会议和组织机构也是一种明智的做法。

(三)发言策划注意要点

会议发言策划需要注意:(1)发言应符合会议的目标和议题;(2)尊重与会者的发言权;(3)精选发言的内容;(4)注重发言人的能力素质;(5)照顾发言人的代表性;(6)控制发言人数;(7)限制发言时间;(8)合理安排发言顺序。

六、会议时间地点策划

(一)会议时间策划

会议的时间策划涉及两个方面的问题,一是时机,即什么时候召开会议最为合适;二是会期,即会议时间的长短。

1. 会议时间策划的原则

会议时间策划应该把握以下原则:(1)时机原则,举行会议的时机必须成熟;时机成熟的会议应该及时召开;选择合适的会议时间。(2)需要原则,会议的长短要依据会议的时机需要来确定。(3)成本和效率原则,会议时间的长短与会议的成本和效率密切相关,一般情况下,会议的时间越短,成本越低,效率越高。因此在满足需要原则的前提下,适当、合理地压缩会议时间,是降低会议成本、提高会议效率的有效手段。(4)协调原则,会议活动往往是领导人的主要活动形式,安排会议,特别需要注意协调领导人之间参加会议的时间,以免相互冲突。(5)合法合规原则,法律、法规以及组织章程或议事规则明确规定会期的会议,应当严格按照规定的会期召开,非特殊情况不得提前或推迟。

2. 会议时间策划的注意事项

(1)避开关键日期。

避免与一些重大会议日期冲突,这样既可以保证大多数人能够出席,又可以吸引更多的关注。另外,还需考虑其他因素。例如,会议期间或前后是否有其他安排?如果邀请客人带孩子一起来参加会议,那么会议最好不要放在第二天有课的晚上,因为客人们可能会分心,不会久留,所以将会议时间推迟到周末会更合适。

(2)避开节假日。

仔细考虑会议时间,避免与法定假日或重大节事冲突,比如春节、"五一"、"十一"黄金周、中秋节等,因为这都是休假、家庭团聚的日子。如果会议是在另外一个国家举办,那么不但要考虑国际假日,还得考虑当地节日对会议的影响。比如说,在马来西亚有一种节日叫作"哈里节",这个节日是用来庆祝禁食及禁酒月的结束,是穆斯林的一个特殊的节日。这个节日为期两天,是国家的法定假日,所以很多商家在这两天时间里都会暂停营业。

(3)避开重要运动会及特殊活动。

会议时间是否与某个重要的运动会时间冲突?还有其他什么事情与会议时间相冲

突？花点时间对城市里的情况做个全面调查。会议那天会有戏剧节的开幕式、电影的首映式、庆祝活动、特殊活动吗？这些活动、会议不仅会影响会议出席率，而且会由于供应紧张而导致额外支出发生。

(二) 会议地点策划

会议地点策划包括两方面问题：一是选择合适的举办地，二是选择合适的场所。

1. 选择举办地

会议地点的策划，要求注重政治影响和经济效果。事实上，随着世界政治经济的发展，现代会议的地点选择已经超越了会议本身的意义，而越来越具有浓厚的政治经济色彩，一些重大的国际会议往往会给主办者带来巨大的政治利益和经济利益，提高主办者的国际地位。正因为如此，许多国家积极申办一些重要的国际性会议。从某种意义上说，国际会议的申办已经成为国际政治较量和经济竞争的焦点之一。

从会议策划的角度讲，会议举办地的选择需要考虑以下因素。

(1) 地理位置的优越性。

首先要考虑是在国内还是国外，公司会议需要根据业务需要来确定城市，协会会议需要考虑选择最能吸引参会者的城市。

(2) 交通的便利性。

不管是公司会议还是协会会议，安排会议地点都要考虑到节省时间和财力。协会会议在不同的城市召开，除了要考虑吸引新的与会者外，还不能忽略方便与会者。最好选择与会者可以直达的会议地点，如不可避免要中途转机，则要安排专人进行交通工具的协调，尽量让每一位与会者都满意。另外有些与会者可能安排在会议前后进行自助游，主办单位应该充分考虑到自助游的交通问题。

(3) 季节和气候的宜人性。

地理位置不同，季节和气候也随之不同，这就需要考虑不同国家与城市的气候特点。有些主题会议对季节有特殊要求，如冲浪的会议安排在夏季更合适，滑雪的会议安排在冬季更合适，会议的主办方应该因会制宜。此外，还要考虑到恶劣的天气往往会影响与会者的出行，除了航班延误无法按时参加会议外，还会影响大型室外活动，在这种情况下，如果主办方考虑不周，没有安排足够的室内活动的话，难免影响会议的质量。

2. 选择具体场所

(1) 场所类型的选择。

会议地点可以分为四种：会议会展中心、饭店、大专院校的会议场所、特殊地点（如游艇、飞机、教堂、赌场等）。为了更好地实现会议的预定目标，不同的会议类型要有针对性地选择不同的会议场所。

① 培训活动。举办培训活动的最佳环境是能提供专门工作人员和专门设施的成人教育场所，如公司的专业培训中心、旅游胜地的培训点、学校等。

② 研究和开发会议。研究和开发会议需要有利于沉思默想、灵感涌现的环境，培训中心或其他宁静场所最为适合。

③ 学会年会。一般由会员表决决定，但大都选在当前最受欢迎的城市、能提供会议服务的酒店。

④ 表彰、奖励型会议。重大的奖励、表彰型会议一定要有档次,要引人注目,会议的目的是对杰出表现予以奖励。

⑤ 交易会和新产品展示会。交易会和新产品展示会需要选择有展厅的场所,同时要求交通便捷,易于到会。

(2) 场所选择的注意事项。

① 大小要适中。会场太大,人数太少,空座太多,松松散散,会给与会人员一种不景气的感觉;会场太小,人数过多,挤在一起,像庙会赶集,不仅显得小气,也根本无法把会开好。

② 地点要合理。临时召集的会议,一两个小时即散的,要考虑把会场定在与会人员较集中的地方;超过一天的会议,会场要尽可能离与会者的住所近一点,以免与会者劳碌奔波。

③ 附属设施要齐全。会场的照明、通风、卫生、服务、电话、扩音、录音等各种设备都要配备齐全。对所有附属设备,会务人员要逐一进行检查。不能够因为以往经验就失之草率。

④ 要有停车场。现代社会召集会议,"一双草鞋一把伞"赶来开会的人已经不多了。单车、摩托、汽车都要有停放处,避免给与会者造成麻烦。

七、会议程序策划

会议程序是会议实施计划的进度安排,对会议的进程进行总体的调控和安排。会议程序应当详尽、明确,具有操作性。应对每项发言、每项活动细节的名称、主持或发言人的身份以及发言限时都做出明确的规定。如对重要仪式中奏国歌、升旗、颁奖、献花等细节都要做出具体说明。具体细致的会议程序安排可以让与会者详细了解每项活动的具体内容及时间顺序,同时,便于会议主持人掌握会议的进程。

资料链接 3-6

2018 天津夏季达沃斯论坛会议日程安排

时　　间	主　　题
9月18日　星期二	
09:15—10:15	中国对外开放四十年
09:15—10:15	能源系统的风险抵御力增强
10:45—11:45	军民融合技术的治理
11:00—12:00	开启新移动时代
12:45—13:45	人工智能的全球对话

(续表)

时　　间	主　　题
12:45—13:45	中国的金融开放
14:15—15:15	中国的湾区经济
14:15—15:15	迎接多元化的世界
15:45—16:45	创新之国
17:15—18:15	中国流行文化
17:15—18:15	数据民主的兴起
9月19日　星期三	
08:45—10:00	欧洲前景战略展望
09:00—10:00	中国的绿色领导力
10:30—10:40	2018年新领军者年会欢迎会
10:40—11:30	全会开幕
13:00—14:00	全球创新前景展望
13:00—14:00	气候行动：自然与技术方法
14:30—15:30	区域网络韧性建设
14:30—15:30	建设"一带一路"创新之路
16:00—17:00	消费趋势与中国经济
16:00—17:00	数字权利时代的技术领导力
17:30—18:30	算法的隐形力量
17:30—18:30	情景假设：长期失业率高达50%?
9月20日　星期四	
09:00—10:00	情景假设：智能药物和咖啡一样普及？
09:00—10:00	全球经济展望：亚洲视角
10:30—11:30	数字互联社会之优劣
10:45—11:30	洞察力、新观念——与马云的对话
12:00—13:00	在第四次工业革命中打造中国的创新型社会
12:00—13:00	让数字全球化造福社会
13:00—13:10	闭幕致辞
13:10—13:30	闭幕式表演

资料来源：http://www.tj-summerdavos.cn/2018davos/index.shtml

八、会议宣传策划

会议的公关和宣传是会议组织工作的有机组成部分,也是会议取得成功的重要保证。做好会议的宣传工作能够及时传递会议信息,增加透明度,尊重人民群众的知情权,体现政治民主和管理民主;使会议的目的和意义深入人心,调动广大人民群众的积极性,为贯彻落实会议精神及各项决策创造良好的舆论环境;对于因举办大型会议活动可能对部分群众带来的某些不便,应通过正面宣传予以解释和说明,消除群众的顾虑,从而充分理解和支持会议的举行,同时树立领导机关或主办单位良好的社会形象,提高会议知名度,打造会议品牌;通过公关活动,争取社会在经费、物资、智力和人力等方面的支持和赞助。

会议的公关和宣传报道分为会前、会间和会后三个时段,不同的时段具有不同目的和效果。会前公关和宣传主要目的是让与会者、群众了解会议的目的、性质和意义以及会议的筹办情况等,以形成正面的、健康向上的舆论氛围,积极争取社会支持,为会议的成功举行鸣锣开道。同时,也可以争取本地群众的理解支持,宣传会议品牌,增加报名的人数,扩大会议成效,争取社会赞助。会间公关和宣传的主要目的是让群众了解会议的进展情况,特别是报告、审议、辩论、投票表决的过程,提高透明度,使群众了解决策的过程,接受群众的监督,促进与群众的联系。会后公关和宣传旨在肯定会议取得的成果,鼓舞士气,树立举办者形象。

会议公关和宣传的方法可以采取设立会议新闻中心或新闻发言人;邀请记者前来采访;运用组织内部的宣传渠道和宣传形式进行宣传(如会议简报);邀请群众旁听会议;刊登会议广告、渲染会议气氛等。

资料链接 3-7

如何吸引参会者眼球

举办会议的各方都希望能有更多的参会者,他们欢迎一切老客户和新的潜在客户来参加会议。在吸引参会者方面,这里有几点值得借鉴:

1. 会前准备充分

会前准备对于会议的成功举办有着非常重要的作用。会议前,首先必须对会议的目的有清楚的了解,与会各方达成共同明确的目标,或吸引更多参会者,或获取更多利润,或二者兼有。第二,确定会议成功的标准,即参会者和利润的增长率达到什么程度才能算是会议的成功?第三,对市场要有很好的定向,当然不可采用笼统的调查方式。第四,突出会议亮点,关注客户需要。第五,了解客户期望获得交流的方式,是通过邮件、电话还是传真?第六,与一些有声望的作家和设计者合作,使得媒体报道更为符合观众期望。第七,培训所有工作人员,提升他们各方面的素质与能力。第八,在举办方出版的刊物和相关网站上作广告。第九,相关的公关规划很有必要。

2. 会议内容新鲜

确保会议的内容新鲜,又是观众最需要了解的。在分组会议中,要提供行业同人之间面对面交流的机会;讨论针对行业问题的商业解决方案;为参会者提供与行业专家交流的机会。

3. 吸引参会战略到位

要全面并积极地介绍会议发展前景;提前并经常提醒有参会意向的观众;提供以往参会观众的书面感谢;个性化邮件和信件通知;要主题鲜明;相关满意保证制度也需确定。

4. 多种方式吸引以往参会者

提供参会折扣给以往参会者及其陪同者;为他们提供秘书专属服务和赠券等;网上轻松注册;允许以往参会者查看参会名单。

5. 邀请重量级嘉宾

邀请重量级嘉宾也是吸引更多参会者的一个手段。Pri-Med公司曾为其六大区域会议及展会如何吸引更多观众而伤透脑筋。在近期举办的一次会议上,公司推出了一项主题演讲嘉宾计划,来吸引更多的观众。首先,Pri-Med找到了一位通过对DNA研究而在现代医学领域获得诺贝尔奖的科学家,并邀请他做会议的主题演讲。接着,在科学家正式露面之前,公司先举办了两个全国性新闻发布会,对科学家所取得的重大成就进行了详细介绍。然后,50 000个有参会意向的人都收到了一张关于会议简介的卡片,这样他们就会更多地予以关注,并怀有极大的兴趣来听科学家的演讲。同时,5 000名已注册的参会者和15 000名未注册的目标参会者都收到了个性化邮件。此外,这位科学家的照片、个人和演讲介绍都在会议现场呈现。

结果显而易见,Pri-Med的努力取得了成功,这次会议的参会者达到了空前规模。尽管有一定数量的参会者是冲着这位科学家来的。

资料来源:http://www.ccegm.com/

九、会议预算策划

(一) 收入预算

包括会务费、赞助费、广告费、参展商交费、拨款、利息及其他销售收入(出版物、纪念品、旅行、餐饮、展览入场券、录音录像等)。

(二) 固定支出预算

包括承办者(报酬、开销)、组委会(旅费、开会费用)、市场宣传(宣传品、广告、邮寄名单、邮寄费用)、办公室补给和开销(固定开销、电话、传真、邮费、运费)、可偿还开销(押金、谢礼、保险)、工作人员(报酬、额外福利、开销)等。

(三) 变动支出预算

包括视听设备、计算机服务、娱乐服务、展览、旅行、地面交通、酬劳(小费)、翻译人员、与会者支持(手册、胸卡等)、发言人(报酬、旅费、材料等)、陪同人员接待计划、合同服务、设备、印刷和复印、奖品和纪念品、公共关系、保安、运输、会场租赁(包括会议室和住宿)、餐饮、会议评估、后续工作等。

会议预算总账编制如表3-3所示。

表3-3　会议预算总账

总　收　入	
减：固定开销(用负数表示)	
变动开销(负数)	
剩余收入	
减：杂费(负数)	
净收入	

资料链接 3-8

德国会议产业发展现状

1. 国际市场：德国的国际会展始终在世界占据领先地位

2017年，德国在国际大会及会议协会(ICCA)的排名中连续第14年位列欧洲第一位，全球排名仅次于美国。据ICCA的统计数据，2017年在德国举办的国际协会大会为682个。

ICCA创建于1963年，是全球国际会议最权威的专业机构组织之一，其会员包括遍布全球100个国家和地区的1 134家会员公司和组织。ICCA每年都会对全球品牌国际会议的举办情况进行统计，并据此发布全球会议目的地城市排行榜，此榜单已成为衡量国际会议产业发展的风向标。

对于德国国际会议的发达，德国会议促进局局长马蒂亚斯·舒尔茨(Matthias Schultze)表示："除了杰出的性价比，酒店和会议中心等基础设施方面的突出优势，德国城市和地区在科学和经济重要领域的专业品质成为国际会议策划者选定德国的一个重要原因。"

2. 国内市场：德国的会展产业仍然保持非常积极的发展态势

(1) 会议与活动整体概况：积极增长同时均衡发展。

据德国会议和活动晴雨表(Meeting-Event Barometer Germany)统计，2017年，约有4.05亿人次参加德国的各项会议和活动，较2016年增长2.8%。其中约有3 650万人次国际人员，较2016年增长了90%。德国所有会议和活动的数量在2017年达到了297万件，较2016年减少了1.7%。德国的会议与活动整体呈现出非常积极的发展形势。

德国会议和活动晴雨表是一项对德国会议和活动展开的研究，该研究由欧洲活动中心协会(The European Association of Event Centres, EVVC)、德国会议促进局(The German Convention Bureau, GCB)和德国国家旅游局(The German National Tourist Board, GNTB)主办。

由德国会议和活动晴雨表2017年出具的报告可以看出,德国会议活动数量排名前三的州为:巴伐利亚州、北莱茵-威斯特伐利亚州以及黑森州。德国会议活动数量排前十的城市:柏林、慕尼黑、法兰克福、汉堡、科隆、杜塞尔多夫、德累斯顿、斯图加特、莱比锡、汉诺威。

与我国建设五大中心会展经济带不同的是,德国并没有严格意义上的会展中心或会展产业经济带。从分布格局来看,无论是德国的"一线城市",如柏林、慕尼黑、法兰克福,抑或城市规模较小的"二线城市"如德累斯顿、莱比锡,都是德国重要的会展中心,德国的会展产业实现了全国的均衡发展。

(2) 会议与展览概况:德国重要的支柱产业。

2017年,在德国举办的各类会议和活动中,大会、会议和研讨会是占绝对主导的类型,数量占比达57.8%。

德国的会展产业是当之无愧的"经济支柱"之一。截至2016年,德国已有100余家会展公司,其中具备实力承办国际性会展的有40多家,年营业额约为26亿欧元,仅搭建展台的专业公司年营销收入就有17亿欧元之多。会展业整体年收入超过100亿欧元,不仅如此,会展业还对其他相关行业起到明显的拉动作用,特别是为公共交通、旅游餐饮等行业带来了不菲的经济效益。此外,根据德国政府资料统计显示,会展业还为25万人提供就业岗位,极大地缓解了就业难题,从而促进了社会稳定。

3. 深厚的产业基础是会议产业发达的核心关键

德国作为领先的会展国家,它的成功并非偶然。一方面,德国出色的交通、酒店、会展场馆等基础设施,例如世界上的五大展览中心有四个落户德国,是其会展产业得以稳定发展的保障。

更重要的是,德国先进的产业与完整的体系是其能够大力发展会议产业的核心关键。

(1) 德国产业版图。

德国的产业核心,不仅仅是在柏林、法兰克福、慕尼黑等一线城市。德国的许多城市及地区,在交通和物流、医药和保健、化学和制药、能源和环境、科技和创新以及金融服务六大产业发展的关键领域有着出色的产业成绩,能够为各类会议提供有价值的人员、信息及可行的计划方案。这些关键产业门类塑造了德国的商业与科技聚集区的格局,这些行业聚集区并非限于大都市圈,而是遍布全国,即便是很多小城镇,也是一些行业领先的专业公司及机构的所在地。这样的产业格局也同时塑造了德国的会议产业格局。不仅是大都市圈,包括一些德国"二线城市"甚至更小的城镇,因本身的产业地位,发展成为某类产业的会议中心。

(2) 会议是产业链条上的关键一环,与产业发展相辅相成。

各类会议、会展活动是交流经验、观点和技术的平台。它们推动着创新、知识转让,并为"初出茅庐"以及经验丰富的专业人士提供培训的机会。当城市成为产业高地,聚集了产业集群与先进的产业技术,将对国内甚至国际的从业者和专家形成强吸引力,加之有效的会议组织,行业大会和相关研讨会应运而生。行业会议所推动的创新、知识、技术交流等又将进一步运用于本地产业中,推动产业进一步发展。

以美因茨为例,尽管是莱茵兰—普法尔茨州的首府,但人口仅有 20 万,与我国的省会城市规模相去甚远。但美因茨化学与医药产业发达,吸引了各大制药行业的巨头的聚集,包括诺和诺德公司、勃林格殷格翰公司和佳美尼德制药公司等。位于美因茨周边的法兰克福赫克斯特工业园,园区占地面积超过 4 平方公里,为 90 余家化学药品和医药制品的创新型企业,约 22 000 名雇员提供合适的发展环境。

行业内公司的高度聚集,为美因茨吸引了众多大型国际活动。其中包括 2012 年在美因茨召开的德国医院药剂师协会(ADKA)第 37 届科学大会。德国化学协会也被这个城市吸引,选择这里举办 2012 年第 24 届国际液晶会议。著名的制药和化学企业纷纷将总部设在美因茨,也吸引了大量行业研讨会、大型会议和活动在此地举办。地区分公司因此也经常乐于作为合作伙伴、赞助商或参展商加入各类会议会展中,组织者也利用这样的产业条件积极开展工厂参观之旅、邀请美因茨公司总部的主讲人参加会议等。

4. 专业组织推动会议产业的成形与落地:德国会议促进局

德国会展业的持续发展离不开专业组织的大力支持。德国会议促进局(German Convention Bureau, GCB)是德国整个会议产业的统筹组织,是各类展会的核心组织单位。德国会议促进局牵头,从战略联盟、会员机构、合作伙伴、客户四大方面建立起了庞大完整的会议产业网络,通过其代表的 450 家顶级会议中心、活动代理商及城市推广机构,为其 200 个成员和合作伙伴们在国内外市场的推广活动中提供积极的支持,为来自世界各地的会议和大会组织者们提供量身定制的活动解决方案,保障德国会议产业的良性发展。

德国会议促进局是产业会议的直接支持者。为活动组织者提供了会议组织上的专业支持,如提供可持续的活动规划以及绿色会议建议,收集市场数据,为会议产业提供相关的行业趋势和创新信息。

德国会议促进局同时也提供各地区产业的核心信息。如举办产业研讨会、提供地区产业中心的各项信息、协助组织对核心产业进行实地考察等。将核心产业的地区优势与活动筹办相结合,对会议组织者和参加者来说正变得越来越重要。德国会议促进局把这些核心产业的专业优势作为市场营销的重点,旨在为各类会议会展组织者和参加者提供明确的产业信息。

在德国的各个城市,也有专属于该城市会展行业的城市会议促进局,功能与德国会议促进局相同,主要是主导当地各类会议活动的顺利开展。

资料来源:华高莱斯德国研究中心.会议产业"实干家"德国如何缔造"会议王国"《中国会展(中国会议)》2019 年 4 期

思 考 题

1. 什么是会议？它的内涵特征有哪些？
2. 会议按举办机构和活动特征分别如何分类？
3. 国际会议的申办方式有哪几种？
4. 国际会议的发展趋势有哪些？
5. 公司会议和协会会议的类型各有哪些？
6. 试比较公司会议和协会会议的特点。
7. 结合本章所学的知识，请策划一个会议并拟定策划方案。

第四章　展览业

学习目标

理解展览会的定义与分类
理解展览会主办单位的类型
掌握展览会策划的内容、流程
掌握展览会重要项目的策划

第一节　概　　述

一、展览的基本概念

（一）展览会的界定

1.《国际展览会公约》的定义

该公约的第一章"定义和宗旨"的第一条这样定义展览会和博览会："展览会是一种展示，无论名称如何，其宗旨均在于教育大众。它可以展示人类所掌握的满足文明需要的手段，展现人类在某一个或多个领域经过奋斗所取得的进步，或展望发展前景。当有一个以上的国家参加时，展览会即为博览会。"这个定义强调展览会展示信息、传播教育的功能，说明了经济、文化、政治等所有种类展览会的共性的、根本的特质。

2.德国的定义

德国一般把展览分为博览会和展览会两种，它的定义为："博览会带有市场特性，它展出一个或多个经济部门提供的范围广阔的产品，一般说来，博览会定期在同一地方举行；展览会更多带有展示的特性，比如，它作为专业展览为各种经济部门，为各机构，也为各生产者提供解释性的、广告性的展示服务。"这个定义将博览会限于经贸类展览会。

3.英国的定义

英国《大不列颠百科全书》关于展览会、博览会是这样解释的：展览会或博览会是为了吸引公众兴趣，促进生产，发展贸易，或是为了说明一种或多种生产活动的进展和成就，将艺术品、科学成果和工业制品进行有组织的展示。展览会举办的周期不等，从一周左右的经贸展览会，到6个月以上的世界博览会，观众既有贸易专业人士也有普通群众。观众参加世界博览会的目的基本不是购物,而旨在展览的教育和娱乐价值。展览会的主要商业价值在于将产品呈现给公众。一个商贸展览会是一个暂时的市场,供买方和卖方洽谈交易。

4. 美国的定义

美国《大百科全书》对展览会的定义是,展览会是一种具有一定规模,定期在固定场所举办的,来自不同地区的有组织的商人聚会。

5. 日本的定义

《日本百科大全》中展览的概念:用产品、模型、机械图等展示农业、工业、商业、水产等所有产业及技艺、学术等各个文化领域的活动和成果的现状,让社会有所了解。

6. 本教材的定义

展览会是一种具有一定规模和相对固定的举办日期,以展示产品、服务或组织形象为主要形式,以达到信息交流为最终目的的中介性社会活动。展览会可以说明生产活动的进展和成就,传递组织信息,具有增长公众知识、促进生产、发展贸易的作用。展览会的外延包括:博览会、展销会、交易会、展示会、贸易洽谈会、看样定货会、成就展览会等。其中博览会是国际化的展览会,展销会是商贸型展览会,交易会是以物品交易为目的的展览会,展示会是宣传性展览会。

展览会是在集市、庙会形式上发展起来的层次更高的展览形式。在内容上,展览会不再局限于集市的贸易或庙会的贸易,而扩大到科学技术、文化艺术等人类活动的各个领域。在形式上,展览会具有正规的展览场地、现代的管理组织等特点。

(二) 展览会相关概念

1. 集市

在固定的地点,定期或临时集中做买卖的市场。集市是由农民(包括渔民、牧民等)以及其他小生产者为交换产品而自然形成的市场。集市有多种称法,比如集、墟、场等。在中国古代,常被称作草市。在中国北方,一般称作集。在两广、福建等地称作墟。在川、黔等地称作场,在江西称作圩。还有其他一些地方称谓,一般统称作集市。集市可以认为是展览会的传统形式。在中国,集市在周朝就有记载。目前,在中国农村集市仍然普遍存在,集市是农村商品交换的主要方式之一,在农村经济生活中起着重要的作用。在集市上买卖的主要商品是农副产品、土特产品、日用品等。

2. 庙会

在寺庙或祭祀场所内或附近做买卖的场所,称作庙会。常常在祭祀日或规定的时间举办。庙会也是传统的展览形式。因为村落不大可能有较大规模的寺庙,所以庙会主要出现在城镇。在中国,庙会在唐代已很流行。庙会的内容比集市要丰富,除商品交流外,还有宗教、文化、娱乐活动。庙会也称作庙市、香会。广义的庙会还包括灯会、灯市、花会等。目前,庙会在中国仍然普遍存在,是城镇物资交流、文化娱乐的场所,也是促进地方旅游及经济发展的一种方式。

3. 博览会

所谓博览会,就是国际性的大型展览会,即由许多国家参加的规模宏大的产品、技术、文化、艺术展览及娱乐活动的国际性展览会。一般认为博览会是高档次的,对社会、文化以及经济的发展能产生影响并能起促进作用的展览会。但是在实际生活中，不时可以在街上看到由商店举办的"某某博览会"，当然这是对"博览会"的滥用。

4. 世界博览会

世界博览会是由一个国家的政府主办，有多个国家或国际组织参加，以展现人类在社会、经济、文化和科技领域取得的成就的国际性大型展示会。它不同于一般意义上的贸易博览会，它是全世界各国展示和交流各自发展经验、解决面临问题的国际盛会，有经济、科技和文化领域中的"奥林匹克盛会"之称。其特点是举办时间长、展出规模大、参展国家多、影响深远，已先后举办过40届。按照国际展览局的最新规定，世界博览会按性质、规模、展期分为两种：一种是注册类（以前称综合性）世博会，展期通常为6个月，每5年举办一次；另一类是认可类（以前称专业性）世界博览会，展期通常为3个月，在两届注册类世界博览会之间举办一次。

世界博览会是世界上最大的展览会，它对世界经济社会发展影响深远。首先是经济意义，举办世博会能在特定时期、特定地区集中各种生产要素，实现经济资源的优化配置，能加速推动一个地区的长远发展，这是迄今为止大多数世博会的举办动机；其次是科技文化意义，世博会推动了现代科技进入人类生活。许多新技术、新产品、新生活方式在世博会上被世人认识，得到推广应用；再次是政治意义，世博会对外彰显举办国的国家形象，对内凝聚民族精神；最后是社会意义，世博会有利于青少年教育，有利于提高市民素质，有利于增进文化交流。

5. Fair

在英文中 fair 是指传统形式的展览会，也就是集市与庙会。Fair 的特点是"泛"，有商人也有消费者，有农产品也有工业品。集市和庙会发展到近代，分化出了贸易性质的、专业的展览，被称作"exhibition"（展览会）。而继承了"泛"特点的，规模庞大的、内容繁杂的综合性质的展览仍被称为 fair。但是在传入中国时则被译成了"博览会"。因此，对待外文中的"博览会"，要认真予以区别：是现代化的大型综合展览会，还是传统的乡村集市。

6. Exhibition

在英文中 exhibition 是指在集市和庙会基础上发展起来的现代展览形式，也是被最广泛使用的展览名称，通常作为各种形式的展览会的总称。

7. Exposition

Exposition 起源于法语，是指展览会。在近代史上，法国政府第一个举办了展示、宣传国家工业实力的展览会，由于这种展览会不做贸易，主要是为了宣传，因此，exposition 便有了"宣传性质的展览会"的含义。由于其他国家也纷纷举办宣传性质的展览会，并由于法语对世界一些地区的影响，以及世界两大展览会组织：国际展览业协会和国际展览会局的总部均在法国，因此，不仅在法语国家，而且在北美等英语地区，exposition 被广泛地使用。

8. Show

在英文中 show 的原义是展示，但是在美国、加拿大等国家，show 已被 exhibition 取代。在这些国家，贸易展览会大多称作 show，而宣传展览会则被称作 exhibition。

（三）展览会相关术语

标摊：又名标准展位，是指国际上通称的 3×3 标准展位或 3×2 展位，即面积为 9 平方米或 6 平方米的展示空间。

异型展位：是指非标准的展位空间。例如：两个或两个以上的标准展位，在不破坏主体结构时，将中间的隔断打通使几个标准展位联在一起，成为一个不规则的展示空间。或者由于场地空间问题而形成的非正方形与长方形的展示空间。

光地售价：是指展览场地周边或内外未搭建标准展位而进行的土地短期使用权的一种租赁行为。

特装：在光地面积内通过不同的材料、展体、展品包装、展位结构包装而形成的一种具有特色的展示空间。

博览会：是指在某一领域非同类产品或某一行业的具有相同属性的物质进行的综合性展示。

指定：是指会展相关责任与义务的权限说明。指定具有排他性。

流程：分为会展管理流程、实施流程等。根据时间或内容设定的一种表示职权职位分工与合作的执行引导过程。

标牌：是指用特定的材料制作的一种可用于展示具体内容的标志。

门楣：门楣是展览会标准展位正面顶端的非展位内展示空间，由展会主办方为参加企业设计的一种企业标识或展示产品说明、名称、展示位置。

参展商：是指在展览期间利用固定的展出面积进行直接信息交流的特定群体。

AV 设备：是指展览或会议使用的音频与视频设备的统称。

招商：是指展览或会议非直接展位或参会者信息的销售行为。

招展：是指展会的展位销售行为。

效果图：通过高科技手段与人工设计表现具体的事物或产品的一种图形。

三二模式：是指通过三种展出方式与两种促销活动相结合的方法来体现一个展览或会议的品牌与形象。

一加一模式：是指通过一个展览与一个会议相结合的方式来体现一个展览的品牌与形象。

布展期：通称为展览或会议在举办之前现场施工布置的期限。

净地：是指某一展览场地的总展出面积，而非展览场地的建筑面积。另一种叫法为展出面积。

二、展览的分类

（一）按照展览性质划分

（1）贸易展览会。贸易性质的展览通常是为产业如制造业、商业等行业举办的展览。展览的主要目的是交流信息、洽谈贸易，展出者和参观者主体是商人的展览会。贸易展览会的展期多为 3—5 天，举办日期、地点相对稳定，有规律。贸易展览会限制展出者的行业，观众主要是对口的贸易公司人员，大都是经过挑选并通过特殊途径（直接发函、在专业期刊刊登广告等)邀请而来的工商界"目标观众",普通公众一般被排除在外。这类展览会重视观众质量,贸易展览会通常禁止直接销售。

(2) 消费性展览会。这是面对公众消费者开放的展览会。这类展览会多具地方性、综合性,比如服装、名优产品展等,这类展览会重视观众的数量。消费展览会的展期比贸易展览会长,一般为10—15天。消费展览会在中国常被称作展销会。

具有贸易和消费两种性质的展览被称作综合性展览。经济越不发达的国家,展览的综合性倾向越强;反之,经济越发达的国家,展览的贸易和消费性质分得越清楚。

(3) 宣传性展览会。以宣传展示为目的的展览会,如世界博览会就是以展示、宣传当代人类文明成果为目的的特大型展览会。

(二) 从内容上划分

1. 综合展

包括全行业或数个行业的展览会,也被称作横向型展览会,比如工业展、轻工业展。这类展览会既展出工业品,也展出消费品;既吸引工商界人士,也吸引消费者。它能比较全面地反映经济或工业的发展状况及实力,也有良好的展览经济效益和地方经济效益。

2. 专业展

展示某一行业甚至某一项产品的展览会,比如钟表展。专业展览会的突出特点之一是常常同时举办讨论会、报告会,用以介绍新产品、新技术等。

(三) 按照展览规模划分

1. 国际展

由两个以上国家参加的展览会都可以称作"国际"展览会,这是国际展览局在其公约中规定的。但是,在贸易展览业中,使用比较普遍的标准是:20%以上的展出者来自国外;20%以上的观众来自国外;20%以上的广告宣传费使用在国外。

2. 国家展

展览中的参展商、观众来自会展举办地所在国。

3. 地区展

展览中的参展商、观众来自会展举办地所在地区。

4. 地方展览会

地方展览会一般规模不大,特征是参展商、观众以当地为主。

5. 独家展览会

由单个公司为其产品或服务举办的展览会。独家展览会的好处是公司可自主选择并决定展览时间、地点和观众。公司还可以充分发挥设计能力,搞特殊展示效果,而不受常规的展览会的规定限制。独家展的费用只是常规展的10%。据统计,英国的独家展览在20世纪80年代增长了330%。

独家展览会大多在旅馆举办。这类展览会可以与研讨会、报告会、年订货会等结合起来组织。独家展览会的成功要点是选择和邀请观众。独家展览会的一种特殊并且常见的形式是常设展厅。

（四）按照国际展览业协会（UFI）的展览会标准来划分

A：综合性展览

A1：技术与消费品展览会

A2：技术展览会

A3：消费品博览会

B：专业性展会

B1：农业、林业、葡萄业及设备

B2：食品、餐馆和旅馆生意、烹调及设备

B3：纺织品、服装、鞋、皮制品、首饰及设备

B4：公共工程、建筑、装饰、扩建及设备

B5：装饰品、家庭用品、装修及设备

B6：健康、卫生、环境安全及设备

B7：交通、运输及设备

B8：信息、通信、办公管理及设备

B9：运动、娱乐、休闲及设备

B10：工业、贸易、服务、技术及设备

C：消费展览会

C1：艺术品及古董

C2：综合地方展览会

三、展览会的发展历程

（一）世界展览会发展历程

1. 原始社会

原始人群在血缘共同体内生产生活的过程中，需要各种形式的活动来表示对神灵的膜拜和祭祀，这构成了会展的最初社会起源。随着私有制和专业化社会分工的出现，手工业从农业中脱离出来，人们开始交换自己所需的产品，这构成了会展的最初经济起源。但原始社会的物物交换没有固定场所，缺乏专业组织。

2. 古代

随着社会分工的进一步细化，交换成为与生产、分配、消费一样重要的环节，货币的出现，使商品交换得到极大发展，一些城镇或地区由于特定原因（如风景、交通、食宿等）成为固定交易场所，现代展览会的萌芽——"集市"出现。

欧洲的集市最早出现在希腊，起源于9世纪，鼎盛于11—12世纪。希腊最初的集市是交换、买卖奴隶的集市。在古罗马，民众每隔8天就聚集一次，开始出现固定的集市。随着罗马帝国版图扩张，罗马集市扩展到欧洲其他地区。

中世纪，欧洲集市开始繁荣，此时的欧洲集市同时有货币兑换、仲裁等功能，吸引了全球各地商人。香槟集市是最有名的集市，香槟集市（fairs of Champagne）是12—13世纪法国香槟伯爵领地内四个城市轮流举行的集市贸易的统称。

14世纪,行商变为坐贾,集市作用渐小。批发商的兴起和工业的迅速发展改变了传统集市的经营方式。生产商为了扩大销售机会,纷纷采用提供样品和图样的方式进行贸易。这样,传统的集市逐渐发展为样品博览会和展览会。

资料链接 4-1

香 槟 集 市

11世纪末和12世纪上半叶,随着城市商人的兴起,西欧出现了大量的集市。在这些大大小小的集市中,香槟集市是最大的集市。香槟伯爵领地同德意志、佛兰德、罗退林几亚和法国相毗邻,正处于低地国家、佛兰德与意大利之间,以及德意志与西班牙之间的两条交通要道的交叉点上。因此,从意大利运来的东方货物,从英国运来的羊毛,从佛兰德运来的呢绒,以及从斯堪的纳维亚及低地国家运来的货物都在此交易。同时,香槟伯爵又竭力保障集市上商人的安全和通往香槟道路的安全。于是,香槟集市成为全欧性的商业中心,并在13世纪后半叶达到全盛期。香槟集市,包括香槟伯爵领地内四个城市轮流举行的六个各为期至少六周的集市。在每一次集市之间要间隔1—2周以便商人运转货物,这样香槟伯爵领地全年都有集市。香槟的每个集市都是经过严格组织的,并由市民一人和骑士一人组成的集市法庭来裁决纠纷。集市的第一周是各地商人来城内街道上设置货摊,接着是为期10天的布匹呢绒交易和为期11天的皮革交易,再接下去是为期19天其他各种杂货的交易,最后有几天用于结账。在香槟集市上,商人的结算及商业债务,已使用清偿余额划汇结算的办法;期票、汇票等信用凭证也已使用。香槟集市对推动西欧商品货币经济的发展起过重要作用。

资料来源:www.souku.com.cn

3. 近代

1640年开始的工业革命推动了欧洲的经济发展,同时也促进了展览业的极大发展。在大约2个世纪的时间里,展览会经历了急剧的发展过程,展览业发生了巨大的变化。近代,在德国莱比锡出现有人组织招展的展览会,参与者主要是王公大臣和贵族等,主要目的还是炫耀自己的财富。18世纪(1791),捷克布拉格大公举办了只展不卖的展会。1851年英国举办了万国工业博览会,是世界第一个近现代意义上的博览会,展会结束后留下了著名的海德公园。1889年,为纪念法国大革命100周年,巴黎举办了国际博览会,也留下了著名的标志性建筑埃菲尔铁塔。

4. 现代

现代展览表现为市场性和展示性相结合。贸易展和博览会应运而生,成为产品流通的重要渠道,这一阶段的标志是1894年的德国莱比锡样品博览会。1958年,在比利时布鲁塞尔举办了国际博览会,留下了著名的铁原子模型,该模型是按照真正的铁原子模型放大1.5亿倍制作的。现代展览的特征主要有:综合性贸易展览会和博览会开始趋向于专业化；展览受到各国重视，掀起兴建展馆热；展览会开始基于信息技术。

展览会的发展历程如表4-1所示。

表4-1 展览会发展历程表

阶 段	时 期	活动范围	典型形式	活动目的	组织方式
原始社会	原始社会	地方	物物交换	交换物品	自发
古代	奴隶社会—17世纪	地区	集市	交易	松散
近代	17—19世纪	国家	工业展览会	展示	有组织
现代	19世纪末至今	国际	贸易展览会和博览会	市场、展示	有专业组织

（二）中国展览会发展历程

1. 古代

人类的贸易起源于物物交换，这是一种原始的、偶然的交易。随着经济的发展，物物交换逐渐发展成为集市。中国集市的历史非常悠久，中国展览会可以追溯到2 000多年前的古代集市。中国古代集市起源于宗教性的集会，早在西周时期（前1100—前771年）即有陕西岐山凤雏山村的宗庙会，一年一次，会期三天。

2. 近代

元代（1271—1368年）大都（今北京）的集市多达30多个，今北京钟鼓楼一带是元大都繁荣的集市所在地。明代（1368—1644年），北京集市依然繁荣。城隍庙、隆福寺、护国寺、白云观等地是定期庙会场所。明代还与北方少数游牧民族进行国家控制的互市，即茶马市。清代（1644—1911年），北京的白塔寺、隆福寺和护国寺是著名的三大庙会举办地。清代在传统集市的基础上又逐步发展了具全国规模的一些专业集市如无锡、芜湖的米市，最典型的是河北安国的药市，春秋两次。作为专业的药材集市，安国药会已初步具备近代专业博览会的形式和内容。清代后期，随着资本主义商品经济的发展，中国早期的博览会出现。1905年，清工商部在北京前门设"京师劝工陈列所"，展示各地工业品，同时附设劝业商场销售商品，这是中国博览会的雏形。1909年，江苏教育总会在沪举办全省学堂成绩展览会，这是我国首次以展览会命名的展览。

3. 现代

1910年，清廷在南京举办南洋劝业会，掀开了中国近代展览史的第一页。南洋劝业会是中国历史上具现代展览概念的第一个商业博览会。大会分设各省纺织、茶叶、工艺、武备等馆，会期三个月，观众达二十多万。1912年，民国（1912—1949年）初期，北京政府改清廷在前门的劝工陈列所为商品陈列所，以后又改为劝业场，致使这一中国最早期的展馆逐步变成商场。1921年8月，上海总商会商品陈列馆建立，每年六七月征集展品，每年秋季举办一次展览会。1922年10月上海总商会在上海首次举办了中国蚕茧丝绸博览会。1925年举办了武汉展览会。1928年举办了四川国货展览会。1929

年举办了西湖博览会。西湖博览会是我国历史上第一次规模最大的展览盛会。2000年起,西湖博览会继续在杭州举办,每年一届。1935年举办了西南各省物品展览会。1936年举办了浙赣特产联合展览会。1944年伪满州国举办了哈尔滨博览会。中华人民共和国成立(1949)至20世纪80年代初期,中国的展览会主要是国内性质的。80年代后期,中国的展览业逐步发展,特别是经过近30年的迅猛发展,展览已成为国民经济的新兴产业。标志性事件是2010年上海成功举办了综合性世界博览会。

四、展览业的发展趋势

(一) 国际化程度越来越深

1. 海外展商、观众数量和展商面积扩大是衡量展览业国际化的重要指标

上海的国际展览会在以上三个指标方面都表现出很深的国际化。2018年上海举办的国际展览会共计292场,总展出面积1 347.18万平方米,数量和面积占比分别为40.22%和78.67%。2018年,首届中国进口博览会成为国家新一轮对外开放的重要平台。首届进博会共吸引172个国家、地区和国际组织参会,3 600多家企业参展,超过40万名境内外采购商到会洽谈采购,展览面积达30万平方米。它是2018年我国参加国别最广、规模最大的主场外交活动,无论从规模还是水平看都是国际博览史上的一大创举。2019年,第二届中国进口博览会如期举行,此届进博会共有181个国家、地区和国际组织参会,3 800多家企业参加企业展,超过50万名境内外专业采购商到会洽谈采购,展览面积达36万平方米。以上数字都远超首届,参展企业和采购商的国际化程度进一步提高。

2. 跨国会展公司向国际市场拓展是衡量展览业国际化的另一个指标

近年来,发达国家的展览公司纷纷将目标瞄准海外,特别是亚太地区。他们通过品牌移植、资本输出、合作办展等多种方式开发海外市场,大大地提高了展览业的国际化水平。如法兰克福展览有限公司就把每年春秋两季在德国举办的国际消费品展览会(Ambiente)移植到国外,分别在中国、日本和俄罗斯举办以Ambiente命名的展览会。又如上海的新国际博览中心就是德国的三家展览公司和中国合资成立的。

(二) 展览规模越来越大

1. 场馆大型化

现在各国的展馆越来越大型化,在德国现有的20多个大型展览中心中,就有近十个超过10万平方米。而我国的展览中心也呈现出大型化的特点,目前我国超过10万平方米的展馆有国家会展中心(上海)、中国进出口商品交易会琶洲展馆、昆明滇池国际会展中心、上海新国际博览中心、武汉国际博览中心、重庆国际博览中心、义乌国际博览中心、成都世纪城新国际会展中心等。很多地方新建的展馆都将超过10万平方米。

2. 展会规模化

全球2/3以上著名的贸易展都在德国举行,按照营业额排序的全球十大知名展览公司中,德国就有五家。德国的单个展会面积很多都超过10万平方米,参展商业观众也非常多。上海的展览会业呈现出规模化的趋势,如2018年7月于广州琶洲国际会展中心举办的"第二十届中国(广州)国际建筑装饰博览会",总展出面积达到近40万平方米;2019年4月末于国家会展中心(上海)举办的"第十八届上海国际汽车工业展览会",总展出面积约36万平方米;2018年11月末—12月初于国家会展中心(上海)举办的"上海国际汽车零配件、维修检测诊断设备及服务用品展览会",展出总面积为34万平方米。

3. 品牌集约化

越来越多地为了创品牌展会,提高展会的竞争力和规模效益,通过市场手段,把几个中小展会合并为一个,把同类或相关的展览会放在同一个屋檐下同时展出,即所谓的"Two in One""Four in One"。如上海国际广告印刷包装纸业展览会(APPPEXPO)为两大著名品牌展的合称,由中国上海国际广告展(ADEXPO)和中国上海国际印包展(PPPEXPO)组成。

4. 企业集团化

目前,世界著名大型会展公司大多采用战略联盟或合并收购,形成企业集团,从而提高竞争力,抢占市场份额。例如,世界著名的两家展览公司"瑞德"和"克劳斯"合作联姻,以共同开发通信计算机展览市场。又如2018年,全球两大知名展览公司英富曼(Informa)和博闻(UBM)宣布合并,组建全新的英富曼集团。

(三)专业化趋势越来越强

1. 展会题材专业化

在国际上,专业展已经成为展览发展的主流。与综合展相比,专业展具有针对性强、观众质量高和参展效果好等优点,因此,近年来许多综合展逐渐演变为专业展,有些综合展则细分为若干专业展,如汉诺威工博会就由机器人展、自动化立体仓库展、铸件展、低压电器展、灯具展、仪器仪表展和液压气动元件展等若干专业展组成。又如,"中国工博会"将主题定为"科技创新与装备制造业",重点突出现代装备。其设立的专业展有:"重大技术装备展""信息技术与装备展""数控机床与金属加工展""能源展""工业自动化展""环保技术与设备展"和"科技创新展"。

2. 管理专业化

展览会从策划、申办、筹备直到运作是一个系统工程,需要专业化的组织、协调和控制。全球就有不少国际组织如ICCA、BIE、UFI等专门协调国际会议与展览会。在展览会的运作中,专业的展览公司也越来越多。展览会国际组织以及公司的专业化运作都使得展览业的管理越来越专业化。

3. 运作人才专业化

展览会的管理专业化要求展览从业人员具备专业素质。目前,很多展览强国都设置了会展专业来培养会展高等人才,另外一些展览国际组织以及培训机构都很重视对展览从业人员的培训工作。

(四)科技化程度越来越高

科技化主要表现在以下几个方面:越来越多的参展商都采用声光电相结合的高科技手段来展示自己的产品与公司形象;展览中心的设计、设备科技含量越来越高;网络技术在展览会上得到广泛的应用,越来越多的会展公司开展网上宣传、网上招展、网上交流以及网上服务。

（五）会和展的融合程度越来越深

现代会展活动中,会和展的融合程度越来越深。为了配合产品展销,越来越多的参展商在展中举办各种相关的会议,如新闻发布会、新产品推介会、研讨会、客户座谈会、业务洽谈会等。而组展商为了提高展会效果,提高参展商和观众满意度,也举办一些会议配合参展商的展销活动。在许多商务会议上,也经常有参会者展示自己的产品,进行产品的宣传、介绍和促销,而在协会会议上,展览的运用就更多了。

第二节 展览会参与主体分析

从展会的流程上来讲,一般将会展行业内的企业做如下划分:主承办单位负责会展项目的整体规划和实施;会展场馆完善场地的设施设备为会展项目提供场地服务;展示工程单位主要负责展会现场参展商展位的设计与搭建及相关的展示;配套服务单位（主要包括广告、运输、票务、餐饮、保洁、住宿、旅游、培训以及展览器材的生产等企业）进一步完善展会的综合服务,其服务水平直接显示出会展项目的专业化、国际化程度。因此,会展主承办单位、场馆单位、配套服务单位在会展业发展中都是重要环节,只有携手并进,才能创造更好的产业环境,培育品牌项目,繁荣会展经济。

一、主办单位

展览会一般有以下五种主办单位:

（一）政府

举办展览会的政府机构一般有:人民政府、商委、科委、商务部、国际贸易促进委员会。目前全国由部委主办的展会有100多个,政府在展会中的作用可分为三种情况,一是政府主办并主导;二是政府主办但没有主导;三是不主办但主导。政府主导型展会改革将会是一种必然的趋势。我国政府主导型展会有:进博会、广交会、高交会、南博会、厦洽会、东北亚博览会、工博会、哈洽会、浙洽会、昆交会、宁博会等。

> **资料链接 4-2**
>
> **进博会和工博会的主承办单位**
>
> 中国国际进口博览会组织机构
>
> **主办单位**:中华人民共和国商务部、上海市人民政府;承办单位:中国国际进口博览局、国家会展中心(上海);合作单位:世界贸易组织;联合国开发计划署;联合国贸易和发展会议;联合国粮农组织;联合国工业发展组织;国际贸易中心。

> 2019年中国工博会组织机构
> 主办单位：工业和信息化部、国家发展和改革委员会、商务部、科学技术部、中国科学院、中国工程院、中国国际贸易促进委员会、联合国工业发展组织、上海市人民政府；协办单位：中国机械工业联合会；承办单位：东浩兰生（集团）有限公司。
> 资料来源：作者整理

（二）行业协会、专业学会与商会

在国内外的展览会中，国际与国内的行业协会、专业学会与商会都是重要的主办者。它们举办的展览会中，有一类是不定期的综合性展览会，如新加坡中华总商会为配合其周年纪念或其他重大活动，曾于1959年、1985年、1989年和1997年举办的"工商展览会"。还有一类是行业性展览会，例如全国规模最大、成交额最高、客流量最多、知名度最广的持久型传统专业商品交易盛会——全国五金商品交易会等。第三类是行业内部的展示会，一般在协会举办年会时举行，以便在展示协会会员企业形象、增强协会会议吸引力的同时，实现以会养会的目的。

（三）专业性展览公司

此类公司因为专业从事展览的开发、主办管理与服务工作，所以，虽然它们不如政府机构和行业协会那样具有号召性、权威性，但具有丰富的知识、经验与操作技能，举办的展览会多是定期的专业展，质量较高，效益较好，在许多国家都是展览业的主力军。

新加坡是亚洲主要的展览中心之一，1990年代在由国际展览会联盟认可的55个亚太项目中，有18个在这里举行。在新加坡的展览业中，专业的展览公司起到了不可或缺的重要作用。例如，新加坡30多家专业国际展览公司主办的展览会，占新加坡办展总数的60%左右，展出面积和营业额则占80%以上。新加坡展览业中的大哥大——励展展览公司（Reed Exhibition Company）是英国上市公司励展集团（Reed Levier Group）的成员，负责亚太地区（包括日本及韩国）展览业务，每年在亚太9个国家举办50个国家展览会，是新加坡最大的展览会主办商。在新加坡排名第二，但拥有展览会项目最多的新加坡展览服务公司（SES），是跨国展览公司——蒙哥马利集团的成员，每年在新加坡主办32个国际展览会，其中9个展览为国际展览业协会（UFI）所嘉许，另9个展览会获新加坡贸发局"特准国际展览会资格"。

随着改革开放的深入发展，在北京、上海、广州、福州、厦门、武汉、天津、大连等许多城市，先后成立了许多专业展览公司，如中国国际展览公司、长城国际展览有限责任公司、中旅国际会议展览有限公司、上海浦东国际展览公司、上海外经贸商务展览公司、上海博华国际展览有限公司、上海协作国际展览公司、上海现代国际展览有限公司、上海环球展览服务有限公司，福州会展业有限公司、大连国际展览公司、大连工商业展览有限公司、珠海国际航展公司、厦门今日展览公司等。这些专业展览公司在我国的展览活动中都十分活跃，是我国展览业飞速发展过程中一支不可缺少的有生力量。

会展导论

资料链接 4-3

上海现代国际展览有限公司的广印展

1. 主办机构介绍

上海现代国际展览有限公司是上海东浩兰生国际服务贸易(集团)有限公司下属专业展览企业。全国首家通过 ISO 9000 国际质量体系认证的展览主办企业，亚洲广告联合会会长单位，上海市会展行业协会副会长单位，并于 2004 年加入 UFI(国际展览业协会)成为正式会员。

公司的主营业务是展览主承办，自 1993 年成立以来已培育了多个行业品牌大展，是中国上海展览行业组展规模名列前茅的优质企业。主办的品牌展会——上海国际广告印刷包装纸业展、上海国际绿色建筑建材博览会、上海国际照明技术设备展，均获得国际展览业协会(UFI)认证。其中上海国际广告印刷包装纸业展、上海国际绿色建筑建材博览会还连续多年荣获"上海国际品牌展"称号。此外，公司承办的上海国际进出口技术交易会生物医药展、中国国际工业博览会航空航天技术展等一批市场潜力巨大的展会也在快速发展，规模和影响力不断提升。

2. 2019 年展会情况

2019 上海国际广印展(APPPEXPO)，即上海国际广告节(SHIAF)展览单元，已于 2019 年 3 月 5 日—8 日在上海虹桥国家会展中心成功举办。上海国际广告节是被上海市委、市政府列为具有国际影响力，能放大城市品牌效应的重大节庆活动；2019 年的主题是"创意连接世界"。作为上海国际广告节的展览单元，本届上海国际广印展汇集喷印、切割、雕刻、材料、标识和展示等领域的创新产品和技术成果，是将广告创意与技术革新完美融合的充分表达。

为期四天的展会硕果累累，盛况空前，展示面积、参展企业和专业观众数量均刷新纪录；展示面积突破 20 万平方米，使用国家会展中心底层所有展馆；会集 30 多个国家和地区的逾 2 000 家参展企业；云集 126 个国家和地区的 209 665 人次专业观众，均较往届有所增长。共设有 6 个主题展会，分别是：第二十七届上海国际广告技术设备展览会(上海广告展)、2019 上海国际纺织品数字喷墨印花展、2019 上海国际数字印刷产业博览会、2019 上海国际照明展、2019 上海国际数字标识系统及应用展览会、2019 上海国际数字展示技术及设备展览会。

资料来源：www.apppexpo.com

随着我国改革开放步伐不断扩大，我国会展项目审批主管部门对主承办企业的资质进一步放开，2007 年上海可直接向市有关部门申报承办国际展览会项目的企业从 2006 年的 24 家增加到 49 家(见表 4-2)。在《鼓励外商投资产业目录(2019 年版)》中，会展服务业被广西、海南、重庆等多个省市或自治区列为外商投资优势产业。

表4-2　有资质申报国际展览会项目的企业名单

序号	公 司 名 称	序号	公 司 名 称
1	上海市国际展览有限公司	26	☆上海世博(集团)有限公司
2	上海浦东国际展览有限公司	27	☆上海万耀企龙展览有限公司
3	上海国际展览中心有限公司	28	☆上海贸促展览有限公司
4	上海现代国际展览有限公司	29	☆上海纺织技术服务展览中心
5	上海外经贸商务展览有限公司	30	☆上海跨国采购中心有限公司
6	上海外服国际展览广告公司	31	☆慕尼黑展览(上海)有限公司
7	东方国际集团广告展览有限公司	32	☆法兰克福展览(上海)有限公司
8	上海国际服务贸易(集团)有限公司	33	☆上海华展国际展览有限公司
9	上海展览中心	34	☆上海协升展览有限公司
10	上海商展办展览有限公司	35	☆上海百文会展有限公司
11	上海协作国际展览公司	36	☆上海环球展览有限公司
12	上海工业商务展览公司	37	☆上海东博展览有限公司
13	上海国际会议展览有限公司	38	☆上海国际广告展览有限公司
14	上海新国际博览中心有限公司	39	☆上海光大会展中心有限公司
15	上海世界展览会议有限公司	40	☆中新会展(上海)有限公司
16	上海世贸商城有限公司	41	☆乐派展览(上海)有限公司
17	上海对外科学技术交流中心	42	☆上海博华国际展览有限公司
18	上海市科学技术协会	43	☆北京励德展览有限公司上海分公司
19	上海科技会展有限公司	44	☆上海国际汽车城东浩会展中心有限公司
20	上海造船工程学会	45	☆上海市国际贸易促进委员会
21	上海市硅酸盐学会	46	☆上海会展有限公司
22	上海科学技术开发交流中心	47	☆上海市对外文化交流协会
23	上海技术交易所	48	☆上海赛博展览广告有限公司
24	上海材料研究所	49	☆上海百应展览有限公司
25	☆上海华亿展览广告有限公司		

注：根据贸发网 www.maofa.sh.cn 2007年最新资料汇总，企业前加"☆"的为新增的有资质申报国际展览会项目的企业。

(四) 大型企业

第四类展览会的主办者是大型企业，它们为了技术交流、产品营销等目的，单独或者与有关的协会和专业展览公司联合举办展览会。例如，宝山钢铁(集团)公司就与上海市国际展览公司和华进有限公司共同主办了上海国际冶金工业展览会。一些实力强劲的企业如 IBM、惠普,则不再委托展览公司,干脆自行办展。

(五) 会展中心

会展中心在展览会产业链中的职能是"收租婆",会展中心通过把场馆出租给会展主办公司而收取租金。在我国展览业发展的过程中,已经并将继续建立规模不等的会展中心,如中国国际展览中心、福州国际展览中心、上海新国际博览中心等。由于我国展览中心的建设存在盲目性和重复建设,相当一部分场馆经营管理不善,全国场馆的整体利用率不高,不仅没有推动地方经济发展,反而拖了经济建设的后腿。例如有些地区每年仅有三五个展会要举办,这么少的展会所带来的租金根本没法满足展览馆的日常运转。

于是,有些展览中心开始自己策划展览会,希望以此缓解展馆的运营困境。以苏州国际博览中心为例,2005 年博览中心的自办展为 5 个,2006 年是 10 个,2007 年为 15 个,2012 年为 24 个。而上海的光大会展中心也在自办展方面形成了自己的特色。场馆自办展览,除了参与主办、招商、展馆服务外,还将展览的各个环节有机地衔接起来,改变了单一出租展馆的被动局面,拓展了业务空间,有利于自身的发展,前景非常广阔。

以上五类展览会主办者并不总是单独主办展览会,它们也常常联合在一起,共同主办展览会。这样,政府机构、行业协会(或学会)、专业展览公司、大公司企业和会展中心,都发挥各自优势,合力把展览会办得更好。

二、承办单位

除了展览会的主办者外,还有展览会的承办者。展览会的承办者在展览会的组织和经营工作中的责任,往往是负责和承担展览会的组织招展、服务、公关、广告宣传的具体工作。尤其是在由政府部门主办的各类展览会里,主办者往往只是挂名发挥其号召力和影响力,并给予办展工作具体支持和方便而已,实际具体工作都是由展览会的承办者来承担的。这些承办者一般都是同政府有关部门有着密切联系的会展中心和展览公司。

了解谁是展览会的主办者和承办者,同了解谁是会议的组织者一样,对于会展中心、会展服务企业、航空公司、旅行社和饭店来讲都是同等重要的,因为展览会的主办者和承办者是这些企业的重要会展客户。它们能为前者提供会展配套业务,如场地和设施的出租,场馆展台的装饰布置,展品的运输保管,参展商和专业观众的商务、住宿、餐饮与旅游等服务以及国际、国内和当地的交通服务等。所以,了解本地区哪些政府机构、哪些行业协会、哪些展览公司、哪些大企业与哪些会展中心在什么时间、举办什么展览会,或者了解本地区、本年度举办的各类展览会的主办者和承办者是谁,对于会展中心、会展服务企业、航空公司、旅行社及饭店的会展营销人员来讲都是至关重要的,因为把这些问题搞清楚了,就可以准确定位自己的营销目标。所以,各类会展相关企业的管理与从业人员对此应给予高度重视。

三、相关配套单位

相关配套单位是展览业的重要组成部分,主要包括地毯、展架等展览器材供应商、展示设计与搭建等展示工程公司、各展览中心、展览物流公司、展览临聘公司等。在一个展览会中,主承办单位不可能完成所有展览服务工作,这样相关配套单位对一个展会来讲就显得非常重要。一般来讲,展览会主办方需要租赁会展中心,需要把招展招商工作外包给专业的销售公司。而会展中心可能需要主场搭建商来设计搭建会展场馆,这就涉及展览设计、搭建、器材供应商、专业招展招商。当然,很多参展商也需要设计自己的展台,这样就对展示工程公司提出了很大的需求。最后,展览会的各方还会对会展礼仪、餐饮、翻译等辅助性配套单位产生很大的需求。总之,一个展览会要圆满高效完成,配套单位的优质服务绝对是非常重要的因素。

第三节 展览会策划

一、展览会策划的主要内容

（一）市场分析

市场分析是展览策划的前提,而市场分析的重要工具就是市场调研。"没有调研就没有发言权",展览的市场调查是选定展览项目的重要依据,根据调研结果,策划团队可以做出展会项目的可行性分析。

一般情况下市场调查要根据本地、本区域的经济结构、产业结构、地理位置、交通状况和展览设施条件等特点,围绕市场进行调查。市场调查的主要内容包括展览环境的调查、展览企业情况的调查、展览项目情况的调查、展览市场竞争情况的调查以及参观商、支持协助单位等情况的调查。在上述调研信息基础上,策划人员做出项目可行性分析。

（二）展览立项策划与策划书撰写

展览立项策划是在可行性分析的基础上,对项目的立项进行进一步的细化分析。在分析顾客需要、市场条件、营销方式、内部条件的基础上,展览策划者需要拟定《展览方案策划书》,进一步确定展览的基本目标、具体目标和管理目标,并决定展览的战略安排、市场安排、方式安排等。

（三）展会运营策划

展览运营策划是展览策划的核心内容,在这个阶段,展览策划人员根据《展览方案策划书》的计划与安排进行广告宣传、组织招展工作、展览设计工作以及展览相关活动策划等具体工作。

展览宣传的主要方式包括媒体广告和户外广告。媒体广告(包括专业媒体,如报纸、杂志、网站、电视、电台等),主办者可以围绕不同的展览特点和亮点来进行宣传;除此之外,还可以通过新闻发布会、行业研讨会等形式来传播展会信息。户外广告,则是选择人流量较大的公共场所,以海报、灯箱、广告牌、宣传布幅、彩旗等形式进行宣传。组织招展工作要求充分宣传、认真选择。在招展的准备阶段,需要建立潜在客户名单,设计并发放参展说明书,熟知参展中的知识产权问题等。

展览工作筹划的步骤一般为:(1)按实际需要将工作分为招展组团、设计施工、展品运输、宣传联络、行政后勤、展台工作、后续工作等几大类;(2)在各大类之下详细列明具体事项;(3)弄清工作之间的关系;(4)定期检查工作进度和质量,及时发现并解决问题,以保证整体工作协调有序。

二、展览策划基本流程

(一)展会调研

展会调研是以科学的方法,有系统、有计划、有组织地收集、调查、记录、整理、分析市场信息,客观地测定与评价,发现各种事实,用以作为各种决策的依据。调研员与文案员一般要重点调查分析以下信息:市场前景分析(如政策可行性、市场规模及类型等)、同类展览会的竞争能力、本次展览会的优势条件分析以及潜在客户需求调查。

资料链接 4-4

企业参加展览会的目的

展览会是一种联系买家和卖家的理想的纽带,人类社会在发展历史上从来没有哪种营销手段能像展览会这样——在短时间内集中一个行业内主要的生产厂家和买主。这里的"买家"是指专业观众或中间商,"卖家"则指参展商。参展商的目的普遍具有多重性,其参展动机主要有:展示新产品或企业形象;了解市场行情,收集市场信息;产品直接销售,寻求代理,招商引资等。

资料来源:作者整理

(二)展会计划书的制定

展会计划是在充分掌握现有相关资料,进行市场分析和市场定位的基础上,开发一套展览计划书。一份展览营销计划应包括展览营销现状分析、企业(或具体会议、展览会)SWOT分析、营销目标的确立、市场营销组合策略、具体的行动方案、营销预算费用以及营销计划的执行与控制等。

(三)展会设计

商业展览展示设计是以传达展览信息、吸引参观者为主要机能的有目的、有计划的环境、展台、展品设计。好的设计能提高展会的品位,吸引参展者、参观者,一般而言,较大的展览会,展览的有关设计问题在开展前9个月就开始了。

(四)整合营销传播

在创意阶段,展会组织者就应该站在战略高度对展会进行整合营销传播。在展会传播计划制定上,必须与时俱进,选择更加有效的立体传播策略。

（五）组建展会团队

一个展览会的成功和其团队密不可分,一般来讲,展会团队包括：项目策划主管、策划人员、调研员与文案员、设计师和公关人员。

（六）制定预算

展会预算需要考虑以下要素：历史数据、行政管理费、收入、固定费用、可变费用等。

（七）展会评估

展览的效果是长期的。展出者在重视并投入很大力量进行展台设计、产品展示、展览宣传、展台接待和推销等工作的同时,也应当投入相当的力量做展览后续工作。如果说展览相当于"播种",建立新的客户关系,那么,展览的后续工作就相当于"耕耘"与"收获",将新的关系发展为实际的客户关系。展览的后续工作有很多,实施效果评估是其中的重要一环。

资料链接 4-5

华交会对我国展览会品牌建设的启示

中国华东进出口商品交易会（简称"华交会"）作为我国每年举办的首场大型国际经贸活动,已成功举办了 29 届,成为我国特别是华东地区企业融入全球经济的助推器,成为面向世界、服务全国的一大平台,成为我国最具规模和成果的区域性交易会之一。2019 年,华交会展览面积 12.65 万平方米,展位数达到 5 868 个,参展企业数 4 000 家,其中境外参展企业数 452 家,成交额约 23 亿美元,海外客商到会数为 22 757 人。华交会对我国展览会品牌建设的启示有：

1. 专业化是品牌展会建设的永恒主题。只有实现专业化才能突出个性,才能扩大规模,才能形成品牌已成为国内会展业的共识。展会的专业化包括三个方面的内容：一是展会内容的专业化,应该考虑地方的产业优势和产业特色。一个城市或一个区域的某个产业占全国乃至世界的份额有多少,有多少话语权,对于能否产生这个领域的品牌展会有重要影响。华交会的成功也说明了这一点。纺织、服装、文具、家电、模具、石化、塑料、食品、包装纸板都是宁波的优势产业,也是宁波会展业的主题定位方向。二是场馆功能的专业化。除了展会需要有明确的定位外,场馆也应该有比较清晰的主导功能定位。在会展发达国家,一些国际性的品牌展会总是固定在某个或几个场馆举行,这样既便于会展公司和场馆拥有者之间开展长期合作,又有利于培育会展品牌,我市会展业应吸取其中的成功经验。三是活动组织的专业化。在展会策划、整体促销、场馆布置、配套服务等方面体现专业化、高水平,有助于品牌展会打造。

2. 联合办展是品牌展会建设的有效途径。近年来,随着会展业的迅速发展,重复办展、恶性竞争的情况也很严重。仅上海地区,2018 年共举办各类展会 1 032 个,相同题材的展会重复举办不在少数,如服装、家电、文具都存在着重复办展的问题。

其结果把有限的参展商和采购商资源瓜分掉了,难以提高展会知名度和规模效应,不利于品牌展会的培育和形成。有效的办法是推进联合办展,错位发展。联合办好同类主题的展会有助于发挥产业优势,整合资源优势,做大做强品牌展会。联展的方式有:一是市与县(市)区,县(市)区之间联展以及市有关单位的合作,此种联合比较适合政府主导型的展会;二是区域性联展,包括省内市与市之间,省市之间联合办展,而华交会是区域性联展比较成功的案例;三是国内外联展,走出去或者请进来。如主动对接参与上海世博会,对接广交会或携手国际知名展会等等。

3. 政府是品牌展会建设的助推器。对目前尚处于粗放型阶段的我市会展业来说,政府对会展业的秩序管理和政策支持不应削弱而应加强。市政府有关部门应制订我市会展业近远期发展规划、出台展览业管理办法、专业性展览会等级划分评定标准等相关措施以规范我市会展业的发展,增强对会展业发展的协调和管理能力。对尚处起步阶段,有发展前景的展会要加大政策上的扶持力度,集中打造一批核心展会,促进其规模和品牌的形成。对已有一定规模和影响的展会要鼓励做大做强,政府有关部门应不再重复审批同类主题的展会项目。建议成立全市会展业促进机构,主要从事会展规划、建立信息交流平台、进行招商招展推介服务、行业人才培训等方面工作,实行半市场化运作。市政府海外机构在信息渠道和客商资源方面有较强的优势,建议将其纳入政府主导型展会或核心展会在国外的招商招展代理机构。建议设立专项资金,用于合作和引进国内外大型知名展会。

4. 市场是品牌展会建设的根本。一是展会的市场效果,包括展会的参展效果和服务水平。稳定的参展商和不断增加的客商资源是展会成功与否的关键;展会服务水平的高低是衡量展会品质的标准。二是市场化运作和会展主体的培育。目前,成功的展会在发展初期都离不开政府的主导和财力的支撑。但当一个展会办到一定规模之后,应该考虑将其推向市场,这是市场化的大方向,也有利于发展展会品牌。在展会品牌的发展过程中,行业协会大有可为。同时,应抓紧培育一批规模较大的会展企业集团,在服务专业化、标准化、规范化方面与国际先进水平接轨,为打造世界级知名会展品牌创造条件。

5. 创新是品牌展会建设的灵魂。会展业在我市是一项新兴的经济产业,与会展发达地区相比竞争力明显不足,要建设自己的品牌展会只有像华交会那样不断创新,不断超越,要实现"四个突破"。一要实现经营观念突破。应树立"不求最大,但求最佳"的经营思想,即在最大限度地满足参展商和观众需求的前提下,实现综合效益的最大化。二要实现会展产品突破。主要包括深度开发特色展会和引进国内外知名展会品牌,从数量扩张向品牌竞争跨越。三要实现运作模式突破。不拘泥于展会传统的组织方式或操作手段,摸索和尝试品牌展会移植海外、在临时展的基础上的常年展、网络展相结合、注册和加入国际展览协会等方式提升展会品牌。四要实现服务水平突破。按照"以人为本"的原则,为参展商和观众提供更超前、更便捷的配套服务。

资料来源:http://www.nbfet.gov.cn,http://cn.ecf.org.cn/2019-03/08/c_45594.htm

三、展览项目策划

一般来讲,展览项目策划包括展会的名称和地点、办展机构、展品范围、办展时间、展览规模、展会定位、招展计划、招商计划、宣传计划、相关活动执行计划等等。下面我们就其中重要的策划项目加以说明。

(一) 展会主题策划

一个展会的主题,是展会的灵魂。主题的好坏直接决定展会的当期利润和长久生命力。展会主题的策划,要注意如下几点:

(1) 主题的先进性。一个有吸引力的主题应该具有时代先进性。纵观国内外大型展览会的成功举办,无不与其主题的先进性密切相关。如拉斯维加斯的 Comdex 展,世界各国的计算机厂商都前往参展,成为世界 IT 界的知名盛会。而 IT 技术是当今社会和经济发展的热点主题,世界各国非常重视 IT 技术的发展。由于其主题的先进性,Comdex 吸收了大量的参展商和参观者。主题除自身的先进性以外,还必须具有在应用领域的先进性和广泛性。这样,可以吸引大量相关领域及应用领域的厂商参加展示与参观学习。

(2) 主题的广泛性。在确定展览主题之前,一定要充分调研,主题必须具有研究、生产、销售、应用的广泛性。例如北京国际科技博览会就具有广泛性的展览主题。科技是第一生产力,科技在促进生产力的过程中起着决定作用。科研院所、企事业单位都需要通过科技成果的展示与交易,来了解国际国内的科技发展,同时促进科技成果的转化。因而,"科博会"成为名牌精品展会,规模一届比一届大,效果一届比一届好。

(3) 主题的可持续发展性。一个展览主题不能仅仅办一两届就无法办下去,只有办的次数多了,在国内的影响力大了,展览才有可能办成精品展、名牌展,为未来发展打下坚实的基础。

(4) 主题的区位集散性。展览的目的是搭建技术、产品与服务的交易、交流平台。具有技术与产品集散中心地位的城市,应该选择其具有流通区位优势的主题组织展览。如北京、深圳是我国科技力量很强、技术应用转化很快的区域,因而北京"科博会"、深圳"高交会"特别红火。而义乌是我国重要的小商品集散地,使得当地每年举办的小商品交易会客商云集,展览效果与效益都很好。目前,世界上有影响力的展览城市,如汉诺威、巴黎、新加坡等都具有很强的区位优势,我国的香港、北京、上海、广州等城市也具有较强的区位优势。

(5) 主题的综合服务性。选择展题能否成功,还要看其综合服务效应。展题太专一,不便于招展和组织观众。展题的综合服务性则是强调展题具有多种功能,可以满足有不同层次需求的展商与观众。如各种综合类型的博览会、交易会等,可以将各种类型的厂商都招进来,扩大规模和影响力。

(二) 项目可行性方案策划

展会立项可行性报告要对展会立项是否可行作出系统的评估和说明,并为最终完善该展会项目立项策划的各项具体执行方案提供改进依据和建议。主要包括以下几项内容：

(1) 市场环境分析。

从地区的经济结构、产业结构、地理位置、交通状况和展览设施条件等特点以及企业自身的条件来分析展会的举办价值。

(2) 展会项目生命力分析。

展会项目生命力分析则是从计划举办的展会项目的本身出发，分析该展会是否有发展前途。分析展会项目的生命力，不是仅限于分析展会举办一届或两届的生命力，而是要分析该展会的长期生命力，即要分析如果本展会举办超过五届以上，本展会是否还有发展前途的问题。展会生命力需要考虑项目发展空间、项目竞争力和办展机构优劣势。

(3) 展会执行方案分析。

展会执行方案分析是从计划举办的展会项目的本身出发，分析该展会项目立项计划准备实施的各种执行方案是否完备，是否能保证该展会计划目标的实现。展会执行方案包括对计划举办的展会的基本框架进行评估以及招展招商和宣传推广计划评估。

(4) 展会项目财务分析。

展会项目财务分析是从办展机构的财务角度出发，分析测算举办该展会的费用支出和收益。财务分析主要包括：举办展会的成本费用；举办展会的收入；盈亏平衡分析；现金流量分析；风险预测；存在的问题与改进方向等。

(三) 展会立项策划

展会立项策划书是为举办一个新展会而提出的一套办展规划、策略和方法，是对展会名称和地点、办展机构、展品范围、办展时间、展会规模、展会定位、招展计划、宣传推广和招商计划、展会进度计划、现场管理计划、相关活动计划等各项内容的归纳和总结。

展会策划书的制定过程中，需要解决以下问题：

1. 展会名称

展览会的名称一般包括三个方面的内容：基本部分、限定部分和行业标识。如"第101届中国进出口商品交易会"，如果按上述三个内容对号入座，则基本部分是"交易会"，限定部分是"中国"和"第101届"，行业标识是"进出口商品"。

2. 展会地点

策划选择展会的举办地点，包括两个方面的内容：(1) 展会在什么地方举办，(2) 展会在哪个展馆举办。

3. 办展机构

办展机构是指负责展会的组织、策划、招展和招商等事宜的有关单位。办展机构可以是企业、行业协会、政府部门和新闻媒体等。根据各单位在举办展览会中的不同作用，展览会的办展机构一般有以下几种：主办单位、承办单位、协办单位、支持单位等。

4. 办展时间

办展时间是指展会计划在什么时候举办。办展时间有三个方面的含义：(1) 指办展的具体开展日期。(2) 指展会的筹展和撤展日期。(3) 指展会对观众开放的日期。

5. 展品范围

根据展会的定位，展品范围可以包括一个或者几个产业，或者一个产业中的一个或几个产品大类,例如,"博览会"和"交易会"的展品范围就很广,如"广交会"的展品范围就超过 10 万种,几乎是无所不包;而德国"法兰克福国际汽车展览会"的展品范围涉及的产业就很少,只有汽车产业一个。

6. 办展频率

办展频率是指展会是一年举办几次还是几年举办一次,或者是不定期举行。从目前展览业的实际情况看,一年举办一次的展会最多,约占全部展会数量的 80%,一年举办两次和两年举办一次的展会也不少,不定期举办的展会已经是越来越少了。

7. 展会规模

展会规模包括三个方面的含义:(1)展会的展览面积是多少;(2)参展单位的数量是多少;(3)参观展会的观众有多少。在策划举办一个展会时,对这三个方面都要作出预测和规划。

8. 展会定位

通俗地讲,展会定位就是要清晰地告诉参展企业和观众本展会"是什么"和"有什么",具体地说,展会定位就是办展机构根据自身的资源条件和市场竞争状况,通过建立和发展展会的差异化竞争优势,使自己举办的展会在参展企业和观众的心目中形成一个鲜明而独特的印象的过程。

9. 展会价格和展会初步预算

展会价格就是为展会的展位出租制定一个合适的价格。展会的价格往往包括室内展场的价格和室外展场的价格,室内展场的价格又分为空地价格和标准摊位的价格。

在制定展会的价格时,一般遵循"优地优价"的原则,如那些便于展示和观众流量大的展位的价格往往要高一些。展会初步预算是对举办展会所需要的各种费用和举办展会预期获得的收入进行的初步预算。

在策划举办展会时,要根据市场情况给展会确定一个合适的价格,这样对吸引目标参展商参加展会十分重要。

10. 人员分工、招展招商和宣传推广计划

展会进度计划、现场管理计划和相关活动计划。

(四)展会计划书撰写

展会计划书是展会立项策划书的细化,是展会立项策划书的执行性操作方案。一般来讲,一份展会计划书应包括以下几个方面的内容:
(1)基本事项:名称、时间、地点等信息;
(2)总体安排:工作组、工作日程等;
(3)设计实施:设计、施工会场、展台、办公室休息室、道具运输和施工安排;
(4)展品运输;
(5)宣传广告:宣传对象、渠道、方式等;
(6)展台工作和贸易活动;
(7)各种仪式:开幕式、邀请安排等;
(8)交际:拜会、宴请等;
(9)行政工作。

（五）参展说明书策划

主办机构在确定了展会的有关日期安排，指定了展会承建商、展会运输代理和展会旅游代理以后，就可以着手编制展会的《参展说明书》。一般来说，参展说明书主要包括以下几方面的内容：

1. 前言

主要是对参展商参加本展会表示欢迎，说明本手册编制的原则和目的，提醒参展商在筹展、布展、展览和撤展等环节要自觉遵守本手册的相关规定等。

2. 展览场地基本情况

包括展馆及展区平面图、至展馆的交通图、展览场地的基本技术数据等。

3. 展会基本信息

包括展会的名称、举办地点、展览时间、办展机构、展会指定承建商、指定运输代理、指定旅游代理、指定接待酒店等。

4. 展会规则

展会要求参展商和观众等参加展会时所必须遵守的一些规章制度。

5. 展位搭装指南

是对展会展位搭装的一些基本要求和说明，主要包括标准展位说明和空地展位搭装说明等。

6. 展品运输指南

是对参展商将展品等物品运到展览现场所作的一些指引和说明，主要包括海外运输指南和国内运输指南等。

7. 会展旅游信息

8. 相关表格

包括展览表格和层位搭装表格两种。

参展说明书编制成功以后，即可印刷成册，在展会开幕前适当的时间寄给参展商，也可以将其内容发布在展会的专门网站上供参展商阅览和下载，如果展会有海外参展商，还要将参展商手册翻译成外语文本。

（六）展会招展策划

展会招展就是通过各种方式将那些产品（服务）与拟办展览会主题相符的制造商、供应商、成果拥有者、服务提供者吸引进展览会，让其在展览会上展示和推销自己的产品、服务和技术成果；所谓招商就是通过各种方式将那些对拟办展览会展示产品有需要和感兴趣的采购商和其他观众引进展览会。

展会招展策划一般包括以下内容：

1. 展会的简介

简介是用简洁的语言，对展会作一个轮廓性的描绘，它向参展商扼要地说明展会的宗旨、层次水平、功能和发展前景等。

2. 展会组织者

展会组织者即举办单位，因为我国对国际展实行主办单位资格认定制，即只有国家有关部门认定的机构，方有权主办国际展，因此在我国有主、承办单位之分。没有主办资质的机构只能做承办单位。除了主、承办单位外还有一些其他相关机构协助展会举办的组织。

3. 专业设置

所谓专业设置就是展览会的展览分类和范围。在招展书中说明专业设置是要告示拟议中的展览的内容,潜在的展商可以据此决定是否前来参展。

对专业设置介绍的详略有不同的看法,有的认为应该详细一些,以便于厂商作决策,有的则提出不必过于繁琐,因为业内企业对有关专业一般都比较熟悉。对此应该视具体情况而定。

4. 历史业绩

新加坡的一家著名展览公司负责人曾说过,第一次举办的展览是很难吸引厂商前去参展的。因为会展是一种远期要约,人们无法事前预计拟议中的展会质量如何,举办单位是否诚信。说服潜在参展商的最好方法就是向他们介绍以往历届展览成功举办的情况。历史业绩部分非常重要,因为它最有说服力。

5. 参展收费标准

参展收费即展览空间出租费,这是展览举办方的基本收入,当然也是参展商的基本支出,必然是潜在展商最关心的部分之一。

目前我国对国内企业、三资企业和外国企业是分别收费的。展位的出租单位分两种:一种是标准展位(3 m×3 m);另一种是光地,对光地出租一般是有最低起租面积限制的。有的招展书将收费项目编制成价目表,这样更为清晰。

6. 展会宣传和专业观众组织

如前所述,潜在的参展商是十分在意展会的专业观众的,因为他们是企业产品潜在的买方,所以,招展书中应该说明展会组织机构关于招商工作的打算和实施方案,包括通过什么渠道,以什么方式组织专业观众等。

7. 服务项目

展会期间展览组织者将向参展商提供各种服务。这些服务非常重要,离开这些服务展商工作无法展开。同时服务也是一种竞争手段,组织者提供的服务越周到,对参展商吸引力就越大。在招展书中,应向参展商明确说明哪些项目是免费服务,哪些项目是收费服务。一方面使参展商有所计划和准备,另一方面避免出现不必要的纠纷。

8. 其他有关事项

招展书还必须将参展的其他有关具体事项告知潜在参展商,如展览的日程安排、与展览组织机构联系的方式,以及参展费用的汇款方式和途径等等。日程安排一般分:布展日期、撤展日期、展出日期及每日对外开放的时间。汇款事宜包括汇款对象公司名称、开户银行、银行账号。

9. 参展申请表

招展书应附参展申请表供参展商填写,以便展会组织机构掌握展商的信息和具体要求。参展商将参展申请表填报给组办方,即表明该参展商已有意向参展,但确定参展一般要以支付摊位费为准。

(七) 展会招商策划

招商方案是展会整体策划诸多方案中的核心方案之一。展会招商方案是为展会邀请观众而制定的具体执行方案,它是在充分了解展会展品需求市场的基础上,合理地安排招商人员在适当的时间里通过合适的渠道进行展会招商活动,是对展会招商活动进行的总体安排和把握,目的是保证展会开幕时能有足够的观众到会。一般规模不大的展览会招展书与招商书基本合一,但层次较高和规模较大的展览会则可以设计专门的招商书。

1. 招商书的内容

介绍展览会的概况主要是阐明办展的宗旨和目的;介绍本展览会历届或本届预计到会的重要展商情况;介绍本展览会展出期的活动(论坛)等情况;有些招商书(邀请函)中还附带调查性内容,如:参观的目的是采购、收集信息还是寻找合作方?参展商对展览会展出的哪些专业(或产品)感兴趣等。

2. 招商方案策划

展会招展方案一般有展会招商分工、展会通信及观众邀请函的编印发送计划、招商渠道和措施、招商宣传推广计划、招商预算以及招商进度安排等内容。每一项内容都有具体的要求,所以,在制定方案时必须统筹考虑、合理安排。下面就典型的招商策划加以分析。

(1) 在相关媒体做广告。

组办方为了扩大宣传面,经常在有关媒体和专业杂志上投放广告。如中国华东进出口商品交易会,每届在境外18个国家和地区、20多份报纸杂志上做广告,在香港机场设立广告牌。

(2) 召开新闻发布会或项目推介会。

根据展览会客商的分布情况,召开不同类型的新闻发布会或项目推介会,以取得较好的宣传效果。

(3) 利用我国驻外使馆、商务机构发放招商书(邀请函)。

一般大的展览项目都利用驻外使馆、商务机构发放招商书,如中国华东进出口商品交易会委托境外100多个驻外机构和使馆发放招商书。

(4) 直接邀请。

对一些大的跨国公司,一般都采用组办方直接邀请的办法。常见的直接邀请方式有邮寄、电话招商等。下面我们来看看如何有效地进行电话招商。

没经验的电话招商人员总是向客户阐述自己的展会如何好,其实客户真正关心的问题并不是展会如何好,而是展会如何能让他赚钱、受益,这也正是招商所要重点强调的内容。招商电话要想打动经销商,关键是要了解企业,了解企业现在需要什么、有何顾虑以及企业所面临的难题是什么,在此基础上,针对性地进行沟通,才能打动经销商的心。

招商成功的关键就是对企业要真诚,沟通中对展会的推广要有切实可行的策略与计划,不能不切实际地胡吹乱侃,让企业在听了详细的分析计划后,感受到这是一个非常好的赚钱机会。那么,招商的成功也就是顺理成章的事了。假如企业认可展会,但由于企业没有研发出新产品或对这个展会抱有举棋不定的态度,作为招商人员应该耐心告知企业参展不仅仅是为了新产品推广,更重要的是拓展市场等。

(5) 委托代理邀请。

组办方通过委托代理方邀请客户参观展览会。

思 考 题

1. 根据不同的分类标准,展览会如何分类?
2. 简述世界展览会的发展历史。
3. 展览会的主办单位有哪几种?
4. 展览会策划的主要内容有哪些?
5. 简述展览会策划的流程。

第五章　节事活动

学习目标

理解节事活动的内涵、类型、特点、作用
理解节事活动的现状和存在的问题
掌握节事活动策划

第一节　概　　述

一、节事活动的内涵

(一) 节事活动的定义

(1) "节事"一词来自英文的 event,有"事件、活动、节庆"等多方面的含义。美国乔治·华盛顿大学节事活动管理专业创始人及首任主任戈德布莱特博士(Dr.Goldblatt)在其专著《现代节事活动管理的最佳实践》(The Best Practice of Modern Event Management)中这样定义:为满足特殊需求,用仪式和典礼进行欢庆的特殊时刻。

(2) 本教材对节事活动的界定:能对人们产生吸引力,并有可能被用来规划开发形成消费对象的各种活动的总和。

节事活动的外延包括:节日、庆典、地方特色产品展览会、交易会、博览会、会议,以及各种文化、体育等具有特色的活动或非日常发生的特殊事件。

狭义的节事活动专指节庆,即各种节日(festivals)庆典。广义的节事活动是指以节日(festivals)和盛事(special events,mega-events)的庆祝和举办为核心吸引力的各种活动。而更广义的节事活动是指 event,美国节事专家盖茨(Getz)即持此观点,他将经过策划的 event 分为 8 类,后文将作详细介绍。

(二) 节事活动的内涵理解

为了更好地理解节事活动的内涵,我们需要把握以下几点:

1. 节事活动的目的

节事活动的举办或者是为了庆祝某一特殊的时间、人物、事件;或者为了教育人民大众,让人们了解某些信息或知识;或者是为了销售某地的产品或销售城市本身。

2. 节事活动的内容

节事活动的内容应该以当地特色(包括各种资源、产业特色等)和文化传统为基础,根据顾客的需求设计制作。因此,节事活动的地方性和文化性表现得很突出。

3. 节事活动的形式

节事活动的参与者目的是通过参加节事活动获得特殊的娱乐体验,因此活动的表现形式必然要求活泼、亲和力强。因为品牌节事是一个整体产品,因此,其内容组合要求形式严谨,环环相扣,围绕主题展开。

4. 节事活动的功能

节事活动兼具文化价值和经济价值,是地区文化和经济内容的载体。节事活动可以提高举办地知名度,树立良好的城市形象,提升城市品牌,提高城市竞争力,对招商引资、本地产业发展具有巨大作用。大量的人流使举办期间购物、餐饮、娱乐、住宿、旅游等服务性行业收入大大增加,又促进交通、贸易、金融、通信等行业的发展。另外,节事活动还具有很高的文化和社会价值。节事活动可以传播知识、传递文化,提高人民大众的精神生活水平。

二、节事的类型

(一) 广义节事的分类

广义的节事包括非常广泛的内容,在西方把这些不同类型的节事统一称之为event(事件)。盖茨把事先经过策划的事件(planned event)分为8个大类:文化庆典(包括节日、狂欢节、宗教事件、大型展演、历史纪念活动)、文艺娱乐事件(音乐会、其他表演、文艺展览、授奖仪式)、商贸及会展(展览会/展销会、博览会、会议、广告促销、募捐/筹资活动)、体育赛事(职业比赛、业余竞赛)、教育科学事件(研讨班、专题学术会议、学术讨论会,学术大会,教科发布会)、休闲事件(游戏和趣味体育、娱乐事件)、政治/政府事件(就职典礼、授职/授勋仪式、贵宾VIP观礼、群众集会)、私人事件(个人庆典——周年纪念、家庭假日、宗教礼拜,社交事件——舞会、节庆,同学/亲友联欢会)。

(二) 按规模分类

著名的研究专家罗迟(Roche)从研究事件的现代性角度出发,综合事件的规模、目标观众及市场、媒体类型覆盖面等标准,把事件划分为重大事件、特殊事件、标志性事件和社区事件(community event)4类。罗迟认为,重大事件是指具有戏剧特点(dramatic character)、可以反映大众流行诉求(mass popular appeal)和有着国际重大意义的大规模(large-scale)的文化、商业和体育事件。

(三) 按属性分类

1. 传统节日活动

传统节日包括古代传统型节日和近代纪念型节日。古代传统型节日是指追溯历史文化、反映和弘扬民族传统文化的节事活动。如:中秋月饼、重阳登高、端午龙舟、新春元宵的花灯、庙会。近代纪念型节日如国庆节、劳动节、儿童节、妇女节等。

2. 现代庆典活动

与生产劳动联系：如广州花会、深圳荔枝节、菲律宾捕鱼节、水牛节、阿尔及利亚的番茄节、摩洛哥的献羊节、意大利丰迪市的黄瓜节。与生活紧密联系：如潍坊风筝节、上海旅游节、大连和上海的服装节、青岛啤酒节、浦东牛排节、各种影视文化节、奥斯卡金像奖、格莱美音乐奖、慕尼黑啤酒节、蒙古的那达慕大会等等，都是向往美好生活的自然流露。

资料链接 5-1

上海旅游节介绍

上海旅游节从1990年起举办，至今已近二十载。活动从每年九月的一个周六开始，历时二十余天，涵盖了观光、休闲、娱乐、文体、会展、美食、购物等几个大类近四十个项目。

2019年上海旅游节已于9月14日—10月6日成功举办，"开幕大巡游""花车评比大奖赛""浦江彩船巡游""上海国际音乐烟花节"等传统品牌活动为市民游客带来了精彩纷呈的节庆盛宴。据统计，2019年上海旅游节共接待市民游客2 570万人次，同比增长48.0%。全市旅游景区接待1 563万人次，文化场馆接待280万人次，参加旅游节活动679万人次，参加阅读建筑活动179万人次，观看花车巡游138万人次。其中，开幕大巡游电视直播收视率2.4%，市场份额9.6%，排名同时段节目第一位，约有500万观众观看（含东方卫视的重播）。如表5-1所示。

表5-1　2019年上海旅游节主要活动项目表

活动项目	牵头单位	时间地点
一、开、闭幕式		
开幕式与开幕大巡游	市文旅局	9月14日，淮海中路（西藏南路—陕西南路）
上海生活魔术节暨上海旅游节闭幕式	市文旅局	10月1日—10月7日（6日旅游节闭幕式），世博庆典广场
二、打造世界级旅游精品		
"阅读上海"微旅游活动	市文旅局	9月，全市范围
2019上海城市空间艺术季	杨浦区	9月28日—11月28日，杨浦滨江
上海邮轮文化旅游节	宝山区	9月22日—10月11日，宝山区
2019上海邮轮游艇旅游节	虹口区	9月19日—10月6日，北外滩上港邮轮城
寻找滨江最美笑脸	东方网	9月，全市范围

(续表)

活动项目	牵头单位	时间地点
走进上海制造——上海工业旅游经典线路发布活动	市文旅局	9月
三、百万市民看大戏游上海		
城市深度游"发现之旅·博物季"	市文旅局	8月下旬—十一黄金周,全市范围
"老凤祥"杯上海旅游商品设计大赛	旅游时报	5—9月,全市范围
最美街镇大舞台巡演活动	旅游时报	9月14日—10月6日,全市范围
2019第15届爵士上海音乐节	浦东新区	9月,国际旅游度假区
2019天地世界音乐节	黄浦区	9月12日—9月15日,新天地
第二十六届上海国际茶文化旅游节	静安区	9月5日—9月8日,上海展览中心
复兴艺术节	徐汇区	9月14日—10月6日,衡复地区
唐韵中秋	徐汇区	9月12日—9月13日,桂林公园
徐步行歌·万汇祖国暨"70周年70站"徐汇海派红色之旅	徐汇区	9月28日,徐汇区
2019上海咖啡生活周	徐汇区	9月21日—10月6日,徐汇区
小主人欢乐游研学系列:我心中的诗与远方——读万卷书,行万里路	长宁区	5—10月,长宁区
上海动物园第七届蝴蝶展	长宁区	9月28日—11月11日,上海动物园
幻影忍者主题活动——吴大师的任务&小小乐玩世界活动	普陀区	9月1日—9月30日,上海乐高探索中心
海底探险家——Underwater Mission活动	普陀区	7月1日—9月30日,上海长风海洋世界
上海大学生旅游节	杨浦区	9月,黄兴公园
第十九届都市森林狂欢节	杨浦区	9月27日—10月7日,上海共青森林公园
"工业文明 时尚生活"半岛1919体验季	宝山区	9月14日—10月6日,半岛1919文创园
2019上海木文化节	宝山区	9月14日—10月19日,上海木文化博览园
上海飞镖音乐节	宝山区	9月20日—9月22日,中成智谷
顾村公园金秋游园会	宝山区	9月20日—10月25日,顾村公园
上海南翔小笼文化展	嘉定区	9月28日—10月28日,南翔老街
嘉北郊野公园2019国际稻草文化节	嘉定区	9—10月,嘉北郊野公园

(续表)

活动项目	牵头单位	时间 地点
第十五届"吴跟越角"枫泾水乡婚典	金山区	9月21日,枫泾古镇旅游区
第二十二届旅游风筝会	奉贤区	10月1日—10月7日,海湾旅游区
2019"纸尚奉贤"上海国际纸艺术双年展	奉贤区	9月10日—11月10日,奉贤区博物馆
海湾森林慢生活集会	奉贤区	9月下旬—10月上旬,海湾国家森林公园
2019世界摩托车越野锦标赛中国上海站	奉贤区	9月13日—9月15日,奉贤国际越野赛车场
2019上海欢乐谷国际魔术节暨十周年庆典	松江区	10月1日—10月7日,上海欢乐谷
上海旗袍文化艺术节	松江区	10月1日—10月7日,上海影视乐园
新浜乡村休闲旅游节	松江区	6月10日—10月10日,新浜镇
上海(佘山)航空嘉年华	松江区	9月21日—9月24日,月湖雕塑公园
经典947·辰山自然生活节	松江区	10月1日—10月7日,辰山植物园
蚂蚁亲子2019长三角首届帐篷露营节	松江区	10月2日—10月3日,广富林郊野公园
朱家角水乡音乐节	青浦区	10月5日—10月6日,朱家角古镇
第五届崇明孔子文化节	崇明区	9月28日—10月28日,崇明学宫
东滩湿地公园露营节	崇明区	6月29日—9月22日,东滩湿地公园
崇明岛第九届骑游节	崇明区	9月16日—10月31日,崇明岛、横沙岛
长兴岛郊野公园旅游文化艺术节暨上海柑橘节	崇明区	10月1日—11月10日,长兴岛郊野公园
四、商旅文联动系列活动		
上海购物节	市商务委	9月20日—10月20日,全市范围
上海美食节	市文旅局	9—10月,全市范围
2019海派农家菜大擂台	市农业农村委	9月17日,青浦联怡枇杷园
上海特色旅游食品评选活动	食品协会	9月20日—9月22日,上海旅游纪念品展示中心
"上海味道"美食评选活动	商情信息中心	9月,全市范围
东湖美食节	东湖集团	8月30日—9月30日,东湖集团所属宾馆

(续表)

活动项目	牵头单位	时间 地点
大口吃世界 马来西亚美食节		9月14日—10月6日,锦江乐园
"乐游上海"第四届上海市民旅游知识大赛	东方网	9月29日,全市范围
第二届中国(上海)国际健康旅游展	东方网	9月26日—27日,卓美亚喜马拉雅酒店
地标欢乐季	浦东新区	9月1日—9月30日,东方明珠广播电视塔
南京路欢乐游	黄浦区	9月15日—9月18日,南京路步行街
玫瑰婚典	黄浦区	9月19日,外滩
魔都记忆——非标演艺体验季	黄浦区	9月9日—10月10日,上海大世界
ART愚园系列活动	长宁区	9—10月,愚园路历史风貌区
2019上海环球港旅游文化购物节	普陀区	8月29日—10月7日,上海环球港
M50艺术季	普陀区	9月下旬,莫干山路50号
四川北路欢乐节	虹口区	9月17日—10月6日,虹口足球场—四川北路沿线
共享艺术季——中外玻璃艺术交流展	宝山区	9月14日—10月15日,上海玻璃博物馆
上海智慧湾科艺欢乐节	宝山区	9月14日—10月6日,智慧湾科创园(上海科普公园)
相约大师赛 骑行游闵行	闵行区	9月21日,闵行区
虹桥天地音乐美食文化季	闵行区	9月13日—10月7日,虹桥天地
锦江夜市——品美食 看灯光秀	闵行区	9月16日—9月30日,锦江乐园
2019上海南滨江街头艺术节	闵行区	9月13日—9月15日,闵行区金平路步行街
2019阿尔达米拉上海吉他艺术节	闵行区	10月6日—10月8日,浦江郊野公园
安亭赛车季	嘉定区	9—11月,安亭镇
2019金山、嵊泗海鲜文化节	金山区	9月12日—10月31日,金山嘴渔村
2019上海淀山湖文化艺术节暨旅游购物节	青浦区	9—10月,青浦区
2019上海练塘古镇旅游文化购物节	青浦区	9月20日—9月23日,练塘古镇
"秋食记"青浦美食文化体验活动	青浦区	10月,朱家角安麓酒店
崇明生态文化旅游节巡游活动	崇明区	9月19日,崇明新城公园景观湖北广场

(续表)

活 动 项 目	牵头单位	时 间 地 点
五、乐游金秋上海、畅享多重优惠		
"乐游金秋上海 畅享多重优惠"活动	市文旅局	9月14日—10月6日，全市范围
银联商旅文惠民月	中国银联上海分公司	9月15日—10月20日，全市范围
e游上海旅游节	市文旅局	9月14日—9月30日，新华网
"市民休闲好去处"体验周	市文旅局	9月，全市范围
上海旅游节表演队伍和花车评比大奖赛	市文旅局	9月15日—10月6日，全市范围
六、长三角一体化文旅活动		
长三角文化旅游集市	申迪集团、旅游协会	9月21日—9月22日，奕欧来购物村
"凤凰"杯上海骑游节	申迪集团	9月21日，上海、苏州
2019长三角文化旅游摄影互动展	申迪集团、旅游时报	9—10月，奕欧来购物村
ATPW2019年度峰会	申迪集团	9月26日—9月27日，证大美爵酒店
长三角生态旅游联盟论坛	新华网、青旅	9月15日，国际会议中心
世界老式汽车长三角公开赛暨国际汽车时尚中国盛典	新华网	9月19日—9月29日，上海、江苏、浙江、安徽
长三角生态示范区商旅文走亲活动	青浦区	9—10月，青浦、吴江、昆山、嘉善
看上海，爱旅游——黄浦江青少年摄影大赛闭幕式暨长三角青少年摄影大赛启动仪式	市文旅局	10月1日，中华艺术宫
七、国际游客特色活动		
"上海国际家庭日"嘉年华	闵行区	9月15日，华漕国际社区文化活动中心
微游双城	旅游时报	9月，上海、台北
第二十一届上海浦东假日酒店慕尼黑啤酒节	浦东新区	9月25日—9月30日，上海浦东假日酒店东广场
豫园集团"大富贵"杯九子大赛暨上海市第五届社区游戏节	黄浦区	9月15日，九子公园
弄堂风情游	静安区	9月15日—9月20日，静安区
第七届静安国际起泡酒节	静安区	9月13日—9月15日，静安公园南京西路入口广场

(续表)

活动项目	牵头单位	时间 地点
第八届市北啤酒节	静安区	9月中上旬，市北高新商务中心
扬子江德国啤酒节	长宁区	9月18日—9月28日，扬子江万丽大酒店

资料来源：《澎湃新闻》www.tourfest.org

3. 其他重大活动

大型会议、大型展览和体育盛事。大型会议与展览前两章已有阐述。世界级的大型体育赛事主要有奥运会、冬奥会、足球世界杯、F1（一级方程式赛车）等，具有区域影响的有欧洲杯、亚运会等。举办大型体育赛事会吸引大量的观战旅游者，更有甚者，会对举办地的旅游产品、市场结构乃至旅游目的地形象产生深远的影响。例如韩国借助1988年汉城奥运会获得了良好的国际声誉。2000年悉尼借助奥运会有力地推动了澳大利亚旅游业的发展，成为奥运旅游战略的典范。围绕2006年足球世界杯，德国也推出了一系列的文化活动。但是，借助大型体育赛事开展节事旅游存在一定的不确定性，高价格、球赛票、赛季以及参赛队的表现都会影响到观战旅游者的决策。此外，在比赛期间，还通常对一般休闲客源有一定量的"挤出"，如2002韩日世界杯比赛期间，赴韩国际旅客不升反降。这一点值得举办地特别注意。

资料链接 5-2

F1赛车介绍

F1赛车是世界上最昂贵、速度最快、科技含量最高的运动。包含了以空气动力学为主，加上无线电通信、电气工程等世界上最先进的技术。很多新的科技都是最初在F1上得以实践的。F是Formula的缩写，即方程式；1的含义有很多，可以理解为顶尖车手，顶级赛事，奖金等。这项比赛英文全称是FIA Formula One Grand Prix Championship，中文全称世界一级方程式锦标赛。

F1与世界杯足球赛，奥林匹克运动会因为影响范围广，知名度高，并称为"世界三大运动"。F1曾是我国可望而不可即的"烧钱"运动。但随着改革开发，我国经济与综合国力的快速发展，我国对承办这项代表一个国家经济实力的大赛的条件已日趋成熟。2003年，上海从北京、珠海、重庆等城市中脱颖而出，历史性地成为继澳大利亚墨尔本、英国银石、加拿大蒙特利尔、德国霍芬海姆、日本铃鹿、马来西亚雪邦的第17个举办地。2004—2019年F1中国大奖赛已成功举办了16年，2019年的中国站更是F1大奖赛诞生以来的第1000场比赛，具有里程碑意义。F1大奖赛为中国人民圆了自己的赛车梦，同时也为举办地上海及市民的生活增添了一片异彩，大力推动了上海的汽车产业、服务业的发展。

资料来源：www.pcgames.com.cn，有改动

（四）按影响范围分类

1. 国际性

国际性的节事活动分为全世界性的和有限国际性的。如戛纳国际电影节、慕尼黑啤酒节等是全世界性的。有限的国际性节事活动如：深圳欢乐谷国际魔术节、三亚国际婚庆节、曲阜国际孔子节、长江三峡国际旅游节、上海国际电影节等。

2. 全国性

如国庆节、春节、厦门中国广告节、青岛啤酒节等。

3. 地区性

如茶文化节、火把节、桃花节、泼水节、民俗文化节等等，都是当地有广泛影响的节事活动。当今世界各国举办的大型纪念或庆祝活动，都带有浓厚的商业色彩，一般同时举办展览会、交易会、文娱活动，许多国家想通过举办节事活动，推动社会经济的发展。

（五）按组织者分类

1. 政府性

政府出面组织的节事活动。如春节或中秋节的联谊活动、上海的旅游节。

2. 民间性

指民间组织的节事活动，如黎族的火把节、傣族的泼水节、法国的狂跳节、意大利的狂欢节。

3. 企业性

企业组织的商业性节事活动，如大连服装节、F1方程式、北京国际汽车展、上海旅游风筝节。

（六）按节事活动涉及的内容分类

1. 单一性

单一性的节事活动是指活动内容和形式单一，如瑞士伯尔尼的洋葱节、法国香槟节、新加坡食品节等。

2. 综合性

综合性节事活动是指活动内容和形式多种多样的综合性活动，节事活动现在以综合性居多，如杭州的西湖博览会、上海旅游节、中国开渔节。

（七）按主题分类

1. 以"商品产品和物产特产"为主题的节事活动

这类节事活动是以城市的工业产品、地方特色商品和著名物产特产为主题，辅以其他相关的参观活动、表演活动等开展的节事活动。商品节事活动除了可以起到商品交流、经贸洽谈等经济功效以外，还可以为举办城市带来可观的社会效益。如中国豆腐文化节，自1992年起每年在安徽省淮南市依托特色商品豆腐举办节事活动，一方面宣传了城市的商品信息，另一方面渲染了城市的文化气息。

类似的节事活动还有：大连国际服装节、中国青岛啤酒节、北京西单购物节、中国银川国际摩托旅游节、中国山西面食节、中国银川赏石节、重庆国际茶文化节、中国宁夏枸杞节、浙江省桐乡菊花节、菏泽国际牡丹花会、景德镇国际陶瓷节等。

2. 以"文化艺术"为主题的节事活动

文化节事活动就是依托该区域在历史上或现存的典型的、特质性的地域文化类型而开展的节事活动。这类节事活动文化底蕴深厚,对游客有很强的吸引力。它常常与当地特色文化的物质载体相结合,开展丰富多彩的观光、文化活动。如中国淄博国际聊斋文化节事活动,以人人耳熟能详流传很广的聊斋文化为主题,举办各种与聊斋主题相关的活动,来活化人们心中的聊斋故事,深受游客喜爱。类似的节事活动还有杭州运河文化节、滁州醉翁亭文化节、天水伏羲文化节、湖南舜文化节、南湖船文化节、安阳殷商文化节、福建湄洲妈祖文化旅游节等。

欧洲、亚洲的一些国家具有悠久的历史和深厚的文化积淀,各类文化艺术节日众多。如英国爱丁堡艺术节、法国巴黎秋季艺术节、法国阿维尼翁艺术节、意大利维罗纳歌剧节、奥地利萨尔斯堡音乐节、德国的拜罗伊特艺术节、马来西亚国际伊斯兰文化节、瑞典斯德哥尔摩水节、美国"孟菲斯五月"国际节、法国戛纳电影节等。享有国际声誉的爱丁堡艺术节(Edinburgh Arts Festival)已经举办了60年。它是世界大型综合性艺术节之一,旨在促进欧洲国家间的文化交流,现在已经演变成一个雅俗共赏的艺术盛会,有民办和官办之分。2006年爱丁堡国际艺术节开幕式就吸引了十几万观众,来自世界各地两万多名表演者参与了1 600多场演出;2005年的萨尔茨堡音乐节吸引了近60万游客,旅游效应巨大。

资料链接 5-3

天水伏羲文化节介绍

中国历史对先祖伏羲礼敬有加,陇、豫、鄂许多地方都建有祠庙、陵地,以纪念这位圣者。天水是中华文明的发祥地之一,今天,在羲皇故里天水,伏羲更是一位受人们顶礼膜拜的圣者。人们对这位人文始祖十分崇敬,国际性的伏羲文化研究会就设在这里。每年农历五月十三,天水人都会在城西的伏羲庙举行一次祭祖活动。日本、新加坡、中国台港澳及内地各地区的人们蜂拥而至,来天水寻根祭祖。

资料来源:http://www.cnr.cn

在以"文化艺术"为主题的节事活动中,特别需要强调的是以"名人"为主题的节事活动,它是依托地方名人出生地或是名人生前主要业绩地这些人文事象而开展的节事活动。如曲阜国际孔子文化节、浙江省国际黄大仙旅游节、四川江油李白文化节、浙江宁海徐霞客开游节、中国运城关公文化节等。此外,还有以现代娱乐文化为主题的各种形式的狂欢节,如上海狂欢节、广东欢乐节等。

资料链接 5-4

世界各地狂欢节介绍

1. 世界上最大的桑巴舞狂欢节——巴西狂欢节:每年二月份举行。一般持续三天四夜,在巴西的狂欢节上,每个人都愿意扮演别人,平时内向的女人大跳狂热的舞蹈,男人们更愿意装扮成女人。

巴西久负盛名的是里约热内卢狂欢节,开始于19世纪中叶。狂欢节开幕当天,市长亲手将城门的金钥匙交给"狂欢国王",象征着一年一度的狂欢节正式开始。随后的一项重大活动是桑巴舞大赛,每年会举行5场桑巴舞活动。

2. 欧洲规模最大的街头文化艺术节——诺丁山狂欢节:每年8月底开始,一般持续三天,在伦敦西区诺丁山地区揭幕,一向以具有浓郁的加勒比海情调著称。钢鼓乐队、卡里普索歌曲、索加音乐是诺丁山狂欢节的灵魂。儿童是第一天的主角,而第二天的成人狂欢节则使活动达到高潮。

3. 最危险的狂欢节——西班牙奔牛节:正式名称叫"圣·费尔明节",圣·费尔明是西班牙东北部富裕的纳瓦拉省省会潘普洛纳市的保护神。每年7月7—14日举行,节日期间关于斗牛的内容包括狂欢活动、上午的赛牛、下午的斗牛等。

4. 历史最悠久的狂欢节——意大利威尼斯狂欢节:从2月初到3月初之间到来的四旬斋的前一天开始,延续大约两周时间,其最大的特点就是它的面具。

5. 科隆狂欢节:每年11月11日晚上11时11分开始,德国人把这项活动叫"玫瑰星期一游行",选举当地狂欢节的"王子"和"公主",游行的彩车会向观众抛洒巧克力、鲜花、糖果。

6. 加拿大渥太华冬季狂欢节:从每年2月的第一个周末开始,持续两周,其所有的活动都围绕冰雪题材展开,横贯全城的里多运河在冬天被开辟成一条天然滑冰道,供人们尽情游玩。

7. 西班牙布尼奥尔西红柿大战:每年8月的最后一个星期三,上百吨西红柿带着汤汤水水在空中嘎嘎而过,顿时天红地赤,小城变成红色的海洋。

8. 希腊加拉西迪狂欢节:希腊东正教狂欢节正式结束后的第一个星期一,也就是3月中旬,参加狂欢节的人们集中在港湾北岸的街道上,大家用彩色面粉互相挥洒,这是一种相互表达祝福的方式,类似于泰国的泼水节。

资料来源:作者整理

3. 以"自然景观"为主题的节事活动

自然景观节事活动是以当地地脉和具有突出性的地理特征(极端地理风貌、典型地理标志地、地理位置)的自然景观为依托,综合展示地区旅游资源、风土人情、社会风貌等的节事活动。这类节事活动与自然景观的观光旅游活动有相似之处,也有不同之处。自然景观仅仅是该类节事活动的主打产品而已,不是全部。因此,在节事活动中,除了突出自然景观的主体地位之外,还有很多其他的相关活动为陪衬。如黄河壶口国际旅游节以壶口瀑布为主体,配以山西"威风锣鼓""陕北花鼓""扭秧歌"等活动,综合展示壶口景区的风貌。

类似的节事活动还有:中国哈尔滨国际冰雪节(我国历史上第一个以冰雪活动为内容的区域性节事)、张家界国际森林节、中国吉林雾凇冰雪节、云南罗平油菜花旅游节、北京香山红叶节、中国重庆三峡国际文化节、中国黑龙江森林生态文化节、桂林山水旅游节、浙江"西湖之春"旅游节、中国青岛海洋节等。

4. 以"民俗风情"为主题的节事活动

民俗风情节事活动就是以本民族独特的民俗风情为主题，涉及书法、民歌、风筝、杂技等内容的节事活动。我国是多民族的国家，各民族的习俗各不相同，可以作为节事活动的题材非常广泛，因此，这类节事活动也就非常之多。具有代表性的如南宁国际民歌艺术节、宁波中国梁祝婚俗节、中国三亚天涯海角国际婚庆节、浙江省绍兴国际书法节、浙江省东浦酒文化节、浙江省中国开渔节、浙江省青田石雕文化旅游节、中国潍坊风筝节、中国吴桥杂技节、中国临沧佤族文化节、傣族泼水节等。

5. 以"宗教"为主题的节事活动

宗教文化是中国传统文化的重要组成部分，宗教文化内容丰富、风格多样。宗教节事活动就是基于宗教对于游客的吸引力而创办的。宗教节事活动吸引的游客大多是宗教信仰者，这类参加者出于信仰，对宗教节的参与热情很高，并且重游率很高，只要是跟宗教相关的各种活动他们都会热情地参加。各类庙会、开光节、寺庙奠基节等都属于这一类。如：九华山庙会、藏传佛教晒佛节等。又如印度宗教节日"昆梅拉节"、受难节、圣诞节、拉萨雪顿节、新年、复活节。

6. 综合性的节事活动

综合性节事活动是综合多种不同主题在大城市举办的节事活动。这种节事活动一般持续时间比较长，内容综合、规模较大，投入较多，相应地，效益也会比较好。在我国的许多大城市都有此类节事活动，如从1998年开始，由广州市人民政府主办，市商业委员会、市旅游局共同承办的广州国际美食节、中国旅游艺术节、广东欢乐节，"三节"同时同地举行，为期11天，跨越6个公众节假日。三大节事活动相互辉映，在规模、档次、水平等方面都上了一个新台阶，并形成以"食"为主，集饮食、娱乐、商贸、旅游于一体，既具有鲜明地方特色，也具有国际性、广泛性、专业性、科学性和群众性的著名节事活动。现已成为广州市民节假日新的消费热点和好去处。

从节庆主题选择来看，在6种基本类型中，以物产商品型、历史文化型、民俗风情型和自然景观型所占比例较大，这反映了我国节庆活动的举办往往依托城市最具比较优势的资源和物产，对应了我国自然资源多样、历史文化悠久、民俗风情浓厚、物产特产富饶、饮食文化源远流长等特点。如表5-2所示。

表5-2 节事活动的类型及举例

类型	比例	例子
以自然景观为依托	12%	哈尔滨的国际冰雪节、张家界的国际森林节
以历史文化为依托	27%	杭州运河文化节、天水伏羲文化节、兰州中国水车节
以物产、商品为依托	34%	大连国际服装节、青岛国际啤酒节、四川峨眉山美食节、洛阳牡丹花会
以民俗风情为依托	17%	南宁国际民歌艺术节、中国潍坊国际风筝节

(续表)

类　　型	比　　例	例　　子
以宗教为依托	2%	五台山国际旅游月、九华山庙会、藏传佛教晒佛节
综合性	8%	北京国际旅游节、上海旅游节

三、节事活动的特点

（一）节事活动具有文化性

一般的节事活动安排都要突出展示地方博大精深的文化，都是将当地的文化与旅游促销一体化。以文化特别是民族文化、地域文化、节日文化等为主导的旅游节事活动，具有文化气息、文化色彩和文化氛围。随着旅游业的发展，文化旅游节开始逐步演化为以文化节事活动为载体，以旅游和经贸洽谈为内容的全方位的经济活动。如河南洛阳的牡丹花会就是文化搭台，经济唱戏。在国内外取得较大影响的上海国际服装文化节，对促进上海的经济发展、丰富市民的文化生活、提升市民的文化素养起到了积极的作用。

（二）节事活动具有地方性

节事活动带有明显的地方气息，随着旅游的发展，有些已成为反映旅游目的地形象的指代物。一些节事活动的举办地，为广大公众所熟悉，如巴西奥吉里奥狂欢节、澳大利亚乡村音乐节、苏格兰爱丁堡艺术节和伦敦泰晤士河艺术节。这些节事活动以"节事活动品牌代言城市"的形象来定义这些举办地。一些节事活动历史悠久，长久以来满足了游客和地方居民的需要。慕尼黑啤酒节最早开始于1810年，最初是为了让所有的市民庆祝皇族的婚礼，以后逐渐演变成融多种活动为一体的节事活动：赛马、游艺娱乐活动以至现在的企业促销活动。该啤酒节每年9月都吸引700万人次的游客。

民族节日更是有其独特的地方性，节事活动的地方色彩更为浓郁。例如：泼水节总是与傣族的形象联系在一起的，而那达慕大会也总是代表着内蒙古的形象。此外，宗教的固定传统节日与庙会活动融合，又成为该宗教圣地或该寺庙的代表。例如，福建、台湾等地的"妈祖诞辰"，几乎成为当地最隆重的旅游节事活动。

（三）节事活动具有短期性

特殊节事活动的一个本质特征就是短期性。每一项节事活动都有季节和时间的限制，都是在某一事先计划好的时段内进行的。当然，节事活动的时间不是随意决定的，往往要根据当地的气候、旅游淡旺季、交通情况、接待能力、主题确定、经费落实、策划组织需要的时间等条件，从实际情况出发来确定的。如果频繁地举办某种节事活动，可能就很难引起和保持第一次举办时的氛围。在短暂的时间内要具有充足的饭店客房等旅游接待设施和便利的交通等基础设施，来接纳从四面八方潮涌而来的旅游者，会给举办节事活动的地区和城市带来机遇，同时也带来挑战。

（四）节事活动具有参与性

随着旅游业和休闲业的发展，旅游者和休闲者越来越注重活动的参与性，节事活动就是这样一种参与性很强的旅游和休闲活动。众多节事活动想方设法拉近与参与者的距离。

节事活动的参与者往往对节事活动的举办地怀有较强的好奇心。通常他们希望融入当地居民的生活,希望节事活动能够让他们了解一个地区的生活方式。植根于特殊地区的节事活动能够为来宾提供欣赏当地风景和探究当地民俗风情的机会。参加者喜欢收集当地物品作为纪念,可以通过获得新知识、技术来提高自己。

(五)节事活动具有多样性

从节事活动的定义可知,节事活动是一个内涵非常广泛的集合概念,任何能够对旅游者产生吸引力的因素,经过开发都可成为节事活动。此外、节事活动在表现形式上也具有多样性的特点。它可以是展(博)览会及体育赛事,又可以是会议庆典、花车游行及各种形式的文化娱乐活动;它的主题可以是纪念某个名人;可以是某个历史事件,也可以是当代的庆典。活动的内容可以有宴会、戏剧、音乐舞蹈、服装展示、画展、土特产品展销、体育竞技、杂技表演、狂欢游行等各种形式,涉及政治、经济、文化、体育、商业等多方面。

(六)节事活动具有交融性

正是节事活动的多样性,决定了节事活动必然有强烈的交融性,许多大型的节事活动,如奥运会、世博会、旅游节、服装节、食品节等都包含了许多会议、展示活动、宴会、晚会等。而许多会议、展览、奖励旅游也包含了许多节事活动。节事活动和会展业的其他细分市场都有一个共同的特点,那就是你中有我、我中有你,这些活动互相交融,相得益彰,使节事活动更具吸引力。

四、节事活动的作用

盖茨(Getz,1997)是这样描述节事活动的作用的:节事活动是吸引游客的源泉,是城市形象的塑造者,是城市进一步发展的催化剂。世界各国和各个旅游目的地对节庆及节庆旅游的浓厚兴趣和高度重视来源于节庆广泛而深入的影响。正如盖茨指出的那样:"节庆的强大号召力可以在短时期内使得节庆发生地的口碑获得'爆发性'的提升。"

(一)节事活动的举办可以弥补城市旅游业"淡季"供给与需求的不足

通过对本地旅游资源、民俗风情、特殊事件等因素的优化融合,举办别出心裁的、丰富多彩的节事活动,一方面可以吸引游客,为游客提供新的旅游选择;另一方面,可以调整旅游资源结构,为城市旅游业的发展提供新的机会,并能较好地解决旅游淡季市场需求不足的问题。如哈尔滨国际冰雪节,既充分利用了当地的旅游资源,又缓解了旅游市场淡旺季的矛盾。

(二)节事活动可以促进城市基础设施的完善,优化城市环境

举办节事活动,可以极大地促进城市的交通、通信、城建、绿化等基础设施建设的步伐,优化城市环境,尤其是对交通条件的改善具有很大的推动作用。在实际工作中,各城市在举办节事活动之前,都十分重视交通等城市基础设施的完善工作。如作为历年冰雪节的一项重要内容,哈尔滨灯饰亮化工程,使松花江南岸沿江一带环境得到了极大的改善,形成了两岸霓虹遥相辉映的壮观美景。

（三）节事活动促进了城市相关产业的发展

任何一次城市节事活动都具有一定的主题，配合这一主题的生产厂家或者整个产业都可以在节事活动中获得经济收益。

如每一届的大连国际服装节，都吸引了大量的海内外服装厂家、商家、设计师和模特，举办的各类表演活动、发布会、展览会、洽谈会，为本地服装业及其相关产业、生产厂商提供了巨大的商机。由于服装节的举办，大连的服装交易和投资与日俱增，带来了巨大的直接和间接的经济效益。

再如自1984年以来，潍坊已经成功地举办了30多届国际风筝节，形成了庞大的潍坊风筝产业，并促进了与风筝相关的产业发展，国际风筝节成为拉动经济的新的增长点，世界风筝联合会总部也在潍坊落脚。

（四）节事活动对主办城市具有很强的形象塑造作用，并提升城市的知名度

盖茨认为，节事活动在地方品牌化过程中具有四个方面的作用：

（1）节事活动作为促进旅游业和地方发展的动力，强化旅游和地方意识；
（2）节事活动作为旅游形象和地方形象的塑造者，提升城市和地方声誉；
（3）节事活动作为旅游吸引物，构成旅游产品体系的有机组成部分；
（4）节事活动作为提升旅游吸引物和旅游目的地地位的催化剂，拉动地方基础设施建设。

城市形象塑造是一个综合的系统工程，需要花费大量精力和时间进行宣传，才能成功。而城市节事活动的开展，往往能够对城市主题形象起到很重要的宣传功效。参加者可以通过节事活动的各项内容，全面了解城市的自然景观、历史背景、人文景观、建设成就等，从而对城市形象形成感性认识。

另外，节事活动本身就是目的地形象的塑造者，举办节事活动就是目的地形象的塑造过程。成功的节事活动能够成为城市形象的代名词，如一提到风筝节，就会想到山东潍坊，一提到啤酒节，就会想到青岛。这些成功案例都说明，节事活动与举办城市之间已经形成了很强的对应关系，能够迅速提升城市的知名度。

（五）城市节事活动能够极大地弘扬传统文化，推进精神文明建设

城市节事活动对于弘扬中华传统文化，彰显传统文化的丰富内涵和个性，对于进一步密切国内外文化交流与合作，促进文化的传承、发展和经济社会全面进步，具有积极而深远的影响。

山东曲阜利用几千年的文化积淀，创办了国际孔子文化节，将当地已沉睡了几千年的历史遗迹活生生地再现出来，使传统文化焕发了活力。

南宁国际民歌节不仅把潜藏在民间的艺术活力借助现代传媒展现在人们面前，而且从民歌的优美旋律中，使人们感受到团结、祥和、繁荣、发展的时代脉搏和健康向上的美好气息。同时，通过充分挖掘民歌文化中的审美精神，从中升华出有益于现代社会和现代人的文化理想和生活理念，营造现代生活的艺术氛围，进而推动城市精神文明建设。

（六）节事活动具有很强的后续效应

节事活动给城市带来的效应，不仅仅局限于一时。对于主办城市的人们来说，通过节事活动掌握大量的信息，挖掘了大量的商机，可以说参加了一次免费的交流会；对于

主办城市来说,通过举办节事活动,改善当地的基础设施,优化了社会环境,创造了良好的投资环境,给参加节事活动的人们留下好印象,创造了一批潜在的投资家。

这些效果不一定在当时就能够看出来,也许会经过很长时间才能显现。因此,举办节事活动的效应具有持续性、后续性。

第二节 节事活动的发展

一、国际节事活动的发展状况

(一)国际节事活动的发展现状

1. 欧洲

英国节事发展历史悠久,文化艺术类节事是英国节事的主要构成部分。到1981年,英国就拥有了200多个艺术类节事活动,1989年的英国官方年鉴记录了400多个艺术类节事。2005年,全年有650个专业艺术节在英国举行。近年来,英国举办的各类艺术节、美食、音乐节等节事活动已经超过1 000个。其中爱丁堡国际艺术节是世界上最为盛大的艺术节。此外,英国还举办各种体育赛事如温布尔登的网球"四大满贯"锦标赛、谢菲尔德的世界职业台球锦标赛等。德国是世界著名的展会强国。2006年世界杯足球赛是德国的一大盛事。德国政府启动了一系列以世界杯为主题的音乐节、演出等艺术和文化项目,把体育和休闲、旅游结合了起来。2005年,芬兰推出80个国际艺术节,其中包括"西贝柳斯音乐节"和"拉赫提管风琴艺术节",两者均以宏大的规模和高超的演出质量闻名于世。此外,在充满田园风光的东部湖区举办"萨翁林纳歌剧节"、芬兰西部的波里市科克迈基河河岸举办"波里爵士音乐节",芬兰南部举办"纳坦利音乐节"等。

2. 美洲

在1984年举办洛杉矶奥运会之前,美国只有一些零星的节事活动。此次奥运会首开了大型节事商业化运作的先河,对以后美国乃至全球的节事运作影响深远。美国很多节事活动和城市营销、旅游发展等总体规划密切相关。例如1987年在美国旅游协会(TIA)推出的"发现美国:国内旅游营销计划"中就包括了一些知名的节事活动。又如1989年举办了"我爱纽约盛夏节"。此外,在纽约"城市文化公园制度"的要求下,节事活动被作为这一计划的组成部分,以这些遗址公园作为节事举办场地,旨在"让人们的生活重返社区"。目前,美国最著名的节庆活动有传统和体育运动相结合的"玫瑰碗游行"、商业运作最成功的"肯塔基州赛马节(KDF)",以及大众参与广泛的"纽约梅西感恩节"等。

3. 澳洲

澳大利亚现存的一些节事多产生于20世纪四五十年代。1954年伊丽莎白二世到访活动、1956年墨尔本举办奥运会、1960年举办阿德莱德艺术节。进入20世纪70年代,澳大利亚出现"社区艺术运动",出现了多文化的节日,如第一届Tamworth乡村音乐会、悉尼歌剧院开幕式等。自从1984年美国洛杉矶奥运会开创重大节事商业化运作的模式以后,对澳洲节事发展也产生了深远影响。进入20世纪80年代,澳大利亚节事尝试市场化运作并更注重经济效益。到1988年,澳大利亚节事活动得到公共部门的支持,在此之前的大多数体育和文化节事活动均是由志愿者组织和管理的。1982年,澳大利亚布里斯班承办了英联邦运动会、阿德莱德举办了世界一级方程式汽车大奖赛、珀斯举办了美洲杯对抗赛等。在1986—1996年,澳大利亚各州围绕节事活动举办权展开了激烈的争夺,作为这种争夺的结果,各州纷纷建立了大型赛事专门机构,如1985年,西澳大利亚州成立了(西澳大利亚)节事公司(Eventscorp),1988年昆士兰政府成立了昆士兰节事公司,1991年维多利亚州成立了墨尔本大节事公司,1993年,新南威尔士州成立了新南威尔士特殊活动有限公司,1995年,南澳大利亚成立了澳大利亚大节事公司。这些公司负责把国际、国内的大型节事吸引到本地区来办,进行节事的招标,也参与节事活动的组织和管理。2000年悉尼奥运会的举办,带动了澳大利亚节事活动的发展。

4. 亚洲

韩国实施文化、体育、旅游协同发展战略,文化、体育、观光均归属于韩国文化观光部统一管理,在体制上保障了文化、体育、旅游节事协同发展。2002年韩国和日本联合举办了"世界杯足球赛",带动了节事活动的开发和举办。目前韩国节事繁多,韩国官方网站收录了主要节庆活动近200项。主要可分为庆典、祭礼、传统节日和现代大型活动等类型,如水原排骨节、全州拌饭节等推介韩国饮食特色的,又如时装节、摇滚舞节、演唱会、艺术节、电影节、跆拳道节等彰显现代流行文化的,还有端午节等弘扬传统文化的。其中,釜山国际艺术节、釜山国际电影节、光州泡菜节等享有很高的国际声誉。日本的节庆活动大致可以分为两类,一是侧重传统文化、艺术、宗教的节日(Festivals),二是现代交流、体育、产业的特殊事件(Special Events),如体育比赛、工业博览会等。根据日本《Event白皮书2000》的统计,1998年日本节庆和会议的直接收入为428亿美元,占GDP的1‰。2002年,日本举办节庆活动达18 440次之多,多由社区、村落举办。其中,著名的传统节庆活动就有77个,大部分拥有上百年甚至上千年的历史。而且,这些节庆活动常常能吸引百万级的客流,如青森七夕灯节的客流超过300万人次。新加坡是亚洲的会展中心,也是世界著名的旅游目的地。近年,新加坡非常注重旅游目的地的品牌塑造和推广,竭力塑造丰富、多元、精彩的目的地形象,主要的现代节庆活动有新加坡时装节、新加坡美食节、新加坡电影节等。

(二) 国际节事活动的发展特点

今天,世界各国政府都非常重视节事活动的发展,很多国家的大城市都纷纷争夺大型活动,如奥运会、世界博览会等的举办权。就目前来看,国际节事活动的发展呈现出一些特点:(1)政府重视,推动节庆,发展旅游;(2)节事活动管理走专业化道路;(3)赞助商、志愿者在节事活动中的作用越来越突出。

(三) 国际节事活动的发展趋势

1. 国际节事活动日益受到重视

就全球范围而言,各国对节事活动和节庆旅游的重视程度在迅速提高。许多瑞士大旅游批发商认为,传统的团体多地观光游览已经失宠,日益被散客旅游、家庭小团体旅游和专项旅游所取代。目前的消费倾向正在明显地向专项旅游发展。一些重大的专项节事活动产品如音乐、文化等活动,受到大小旅游批发商们的普遍重视。有些大旅游批发商为节事活动开设了专职部门,如 ITV 旅行社设立了文化旅游部。

2. 国际节事活动将更具综合性、更为多样化

发展节事活动很重要的一点就是挖掘当地的民族文化,因为体验异国他乡的民情风俗是促使旅游者出游的主要动机。民俗风情作为一个民族或一个地区的生活方式,在节日喜庆中能充分体现原汁原味的真实感和人情味,而使旅游者得到直接和充分的体验。在节事活动中把服饰表演、饮食品尝、游艺竞技、民间工艺等活动有机地结合起来,一方面可以丰富节事活动的内容,另一方面还可以促进当地旅游资源的综合开发,既激活某些公共设施、商店、市场等静态吸引物,又刺激投资、经济开发及基础设施改造,做到充分利用现有一切资源,取得最大经济效益、社会效益和环境效益。

3. 国际节事活动将更为品牌化和专业化

节事活动品牌在会展业和旅游业中扮演了十分重要的角色,它本身就是一种会展和旅游的吸引物,能提高会展和旅游目的地的知名度,丰富会展和旅游产品,延长旅游季节,扩大客源地理分布。如今,节事活动的主办者越来越重视节事活动品牌的塑造和经营。

美国的玫瑰花节、意大利的狂欢节的品牌都对本国会展业和旅游业的发展起到了不可替代的作用。随着节事活动的发展,专业化管理将日益显示其重要性,节事活动的专职管理部门已成为旅游业和会展业发展最快的一个机构。它们在客源地设立办事处进行全年的运营,为当地提供了很多新的就业机会。节事活动管理不仅已形成了一个专业领域,而且其专业化程度亦日益增强。

4. 国际节事活动宣传力度将更为加强

节事活动的国际竞争加剧,将引起各国宣传促销力度的不断加强。世界著名的西班牙奔牛节在举办之前,政府会印制大量的日程表和节目单,便于国内和国际游客挑选自己喜爱的活动项目;日本交通公社等大型旅行会社提前 5 年将国内的节庆计划公布于众。做超前的宣传促销是著名节事活动获得成功的基础。从节事活动宣传的发展趋势来看,更多国家将会像发达国家一样采取全方位出击的策略,花大力气建立覆盖面比较广的驻外旅游机构,为宣传提供组织保证,如美国有遍及 80 多个国家和地区的 180 多个驻外旅游机构,德国有 39 家驻外旅游机构。许多国家除了印制精美的各类宣传品外,还派促销团到各客源国进行宣传。

二、我国节事活动的发展状况

(一)发展历程

1. 形成时期

节事活动在我国的历史可谓源远流长,从远古时期的祭天地、祭神灵、祭祖宗的仪式活动到 20 世纪 70 年代末的各民族节事活动,经历了一个从萌芽到成型的漫长历史过程。

2. 起步时期

改革开放后,我国在各方面进入了一个全新的历史发展时期。从1979—1990年,旅游事业的发展充满了生机活力,但是这一时期我们对节事活动的重要作用还没有深刻认识,对节事活动这一重要旅游资源和专项旅游产品重视不够。

3. 发展时期

1991年以后,我国节事活动快速发展,逐渐形成了一批在国际上有一定影响的节事活动。云南西双版纳的泼水节、路南石林的火把节、大理的三月街、贵州的蜡染艺术节、哈尔滨的冰雪节、潍坊的国际风筝节、青岛的啤酒节、内蒙古的那达慕大会、大连的国际服装节、洛阳的牡丹花会、广州的春节花市及各种少数民族的服饰、礼仪、民俗和民间竞技活动等。

这些节事活动的作用有目共睹,我国开始进入从民间自发组织节事活动到政府有意识地推广、有组织地开发节事活动的新阶段。我国已经成功地举办了昆明世界园艺博览会、2008北京奥运会、2010上海世博会以及许多世界大型体育、文化、经济、科技、旅游等节事活动。我国节事活动无论在数量、规模、内容和质量上,都取得了令世人瞩目的发展。

(二)发展趋势

1. 国际化趋势

国际化是节事活动的必然趋势。节事活动的大众性、广泛性、开放性,使它蕴含了走出家门、走向国际的内在要求。节事活动正在向着国际化的趋势发展。在节事活动的运作方式上,我国日益注重研究国际先进的办节理念,努力运用市场手段,使节事活动进一步开放化、国际化、娱乐化、效益化和规范化。

例如,青岛啤酒节在办节实践中,很注意学习借鉴国内外的经验,除派人到国外学习观摩外,还邀请外国人士和国外的企业参与节事活动。并提出了"青岛与世界干杯"的主题口号,大大加快了啤酒节走向世界的步伐,使青岛啤酒节的知名度越来越高,经济效益和社会效益越来越显著。

2. 市场化趋势

传统的办节方式——大量的财政投入和硬性摊派,使财政、企业和社会不堪重负。为适应市场经济的要求,节事活动也呈现出市场化趋势,开始尝试市场化运作模式。节事活动进入市场化运作必须遵循市场规律,引入"成本与利润""投入与产出"的理念。源源不断的资金来源是节事活动长盛不衰的阳光和土壤,也是节庆营销得以传承的基础,但资金来源不能依赖政府财政投入,应建立"投资—回报"机制,同时吸引大企业、大财团以及媒体参与,形成"以节养节"的良性循环发展模式。

1998年,山东潍坊风筝节决定改变传统办节方式,大胆尝试市场化运作。第二年组委会便与有关公司联合策划招商。第三年风筝节与鲁台会、寿光蔬菜会同时举办,成功尝试了市场化运作,财政不再拨专款,是历届风筝节中市场化运作力度最大、成效最为显著的一届。通过企业冠名、赞助、承办,实现了以节养节,以节强节的目的。现在,山东潍坊风筝节成了盈利能力很强的品牌节事活动。

3. 个性化趋势

当今城市举办节事活动已成为时尚。但有的城市的节事活动缺乏个性,主题雷同。

城市节事活动靠的就是独特的主题,个性化是节事活动保持长久生命力的制胜法宝。

在各大中城市都推出了禁燃烟花爆竹的措施后,大连经过精心策划,推出了一年一度的烟花爆竹迎春会,一时间大连成了春节期间外出旅游者的首选城市。

节事活动要保持个性化必须坚持常办常新:(1)策划有"亮点"的主题活动,提高大众关注度。大众关注度是节事活动的生命线。(2)策划有"热点"的主题活动,形成社会热点。节事活动有热点,自然会形成商业的焦点。(3)策划有"卖点"的主题活动,增强商务运作能力。

4. 产业化趋势

随着节事活动经济性功能的加强,节事活动将呈现出产业化趋势。节事活动的产业化趋势要求围绕节事活动,从项目策划、筹资、广告、会务、展览到场地布置、彩车制作、观礼台搭建、纪念品制作,都以招标投标、合同契约的有序竞争方式进行,并逐步形成新兴的"节庆产业",节庆产业化更能促进营销的深入和发展。节事活动的产业化需分两步走——近期任务和远期目标。近期实行市场化运作形式,可继续保持政府调控、市场运作的节事活动形式,但应减少行政干预,努力扩大社会参与的规模和程度,逐渐过渡到节事活动不再是政府的工作目标。远期应将产业化列入全市经济和社会发展规划,可根据政策法规体系,组建节庆文化产业集团或产业公司,确认法人地位,明晰产权关系,由产业主体通过市场化运作举办节事活动。

5. 多元化趋势

节事活动的多元化主要表现在以下三个方面:(1)节事活动举办目的的多元化,通过节事活动达到繁荣经济、弘扬文化、活跃生活、促进发展等多重目的。(2)节事活动举办模式的多元化,出现了上下联动办节、小型分散办节、各方结合办节、走出去办节、结合科技办节等多种办节模式。(3)节庆主题活动的多元化,主要表现在文艺晚会、经贸洽谈会和论坛等方面。

四川自贡灯会采用"走出去"的办节方式,不仅在当地办得很好,还先后到北京、上海、广州、武汉、香港、澳门、台湾等许多大中城市和地区展出达68次,到新加坡、泰国、马来西亚、日本等10多个国家展出,将灯文化的奇光异彩传播到全国,传播到世界各地,不仅大大提高了自贡市的知名度,也取得了良好的经济效益。

上海旅游节的办节宗旨就是"人民大众的节日",在旅游节的筹备及举办过程中,组委会广泛听取市民和旅游者的建议和意见,极大地丰富了旅游节的活动内容,进一步充实了旅游节的活动策划。

6. 集约化趋势

节事活动在举办过程中逐步呈现出集约化趋势。许多城市的节事活动,较为分散,规模还不够大,可以通过"捆绑"方式来扩大规模,实行集约化经营。如哈尔滨冰灯节在国内颇有影响,其主要成功经验是延伸产业链,将冰灯展、文体活动、经贸活动等捆绑在一起,产生了较强的集聚效应和宣传效应。

7. 规范化趋势

节事活动必须在动态中寻求规范性,并以此招徕四方游客,这是著名节事活动获得巨大效益的成功秘诀。西班牙斗牛节共有156项活动,每年7月8—14日,这些活动分布在潘普罗那市固定的场所，从早8时至深夜24时，年复一年，百年不变。市政府为此印制大量的日程表和节目单，将节庆的活动安排公诸各类媒体，周知于众，即所谓的"有组织的无政府状态"。

三、我国节事活动存在的问题

（一）节事活动数量众多，呈现遍地开花的趋势，但品牌知名度高、走向国际化的节事活动比较少

目前在我国，大到北京、上海这样的直辖市，小到较小的行政区县，几乎都有节事活动，而且举办的数量和次数还有继续增加的趋势。这说明各城市都已认识到举办节事活动能够带来的诸多积极效益。但是纵观我国目前举办的名目繁多的节事活动，与国外比较成功的节事活动相比，不难看到我们的节事活动品牌知名度低，举办届数少，能持续举办并发展成为国际节事活动的则更是凤毛麟角。目前我国高规格、大规模、高品位、高档次，并已经成为城市的形象工程和著名品牌的节事活动，仅有为数不多的几个，如菏泽国际牡丹花会，自1992—2019年已经成功举办28届；大连服装节，自1988年开始，截至2019年已经成功举办了30届；上海国际电影节自1993—2019年已举办22届。

（二）地域分布不均衡，东部多，西部少

节事活动的举办与城市社会经济的发展有着密不可分的关系。我国社会经济的发展在地域上存在着较大的差异，使得城市的节事活动在空间上也出现了分布不均衡，东部多，西部少的格局。

（三）主题选择上撞车现象比较多，特色节事活动较少

千人一面，是导致很多节事活动寿命短或效益不好的首要原因。对于节事活动的参加者来说，活动的主题是否具有特色是产生吸引力的根本所在。节事活动要做响，市场要做大，靠的就是独特的主题。而现在我国的节事活动在主题选择上大多雷同。比如光是以茶文化为主题的节事活动，就有日照茶博会暨茶文化节、中国重庆国际茶文化节、中国安溪茶文化节、蒙顶山茶文化节、思茅地区茶文化旅游节、湖北国际茶文化节等几十个。

地理相邻的地域由于自然条件、地理环境、历史文脉等方面的共通性，从而导致了在资源方面的相似。在各地市选择节事活动的主题上本身就存在一定的困难。但这也不能成为主题选择过于雷同的借口。如一个桃花节，上海在举办，常德在举办，湖南桃源也在举办。

（四）一些节事活动政府干预过多，市场作用尚未发挥，节事绩效不显著

从根本上来说，节事活动是一种经济现象，在实行市场化运作上，应当遵循"资金筹措多元化、业务操作社会化、经营管理专业化、活动承办契约化、成本平衡效益化、管节办节规范化"等市场经济的基本规律和原则，否则，真正的市场化运行机制，以及以此为基础而取得的节事活动绩效就无从谈起。

目前我国城市节事活动的运作与市场经济的要求有许多不相符合的地方。政府在其中所起的作用过于重要，管辖的范围过于宽泛。节事活动往往由政府部门牵头主办，

上指下派,按行政方式运作,较少考虑由企业承办。这样就造成节事活动成本过高,政府财政负担过重。而且一牵扯到政府指派,节事活动就容易变味,商家企业对于遵命办事,难免会有抵触情绪,从而极大地限制了企业主动性和积极性的有效发挥。

在目前的城市节事活动举办中,企业能够参加的筹资方面大都集中在广告宣传、捐赠和赞助上,由于投资回报机制尚未建立,企业的投资回报率往往较低。此外,由于政府办节往往更注重政治影响,经济意识不足,同时在活动的开幕式与闭幕式上耗资过大,也导致政府财政压力过大,节事绩效不显著。

(五) 节事活动经济文化结合力度不够,文化内涵尚有待于挖掘

城市节事活动与社会经济发展相结合是其生命力所在。现在的节事活动几乎无一例外地以"文化搭台,经济唱戏"为宗旨。但是,在追求经济效益的同时往往忽略了文化内涵的挖掘。如传统的节事活动中加入了过多的商业炒作成分,中秋仅是月饼大战,重阳节忘记登高和赏菊。不管什么主题的节事活动,大多有一些模特大赛、演唱会、健美赛等与主题相关性不大的活动。这样的活动虽然热闹,能够吸引人,但是缺乏深厚的文化内涵。城市节事活动过多地包含相关性不大的活动,短期之内可能会增加亮点,但长远来看会有损节事活动的主题。

第三节 节事活动策划

一个成功的节事活动的策划,要经过决策、细节规划、执行和评估4个阶段,而这4个阶段的重要性因节事活动不同而有异,下面分别阐述。[①]

一、决策

(一) 确定节事活动的组织者

提出举办节事活动的组织者可能是政府部门、当地权威机构、私人企业、个人。我们需要确定谁是主办方、谁是承办方、谁是支持方、谁是执行方、谁是赞助者等。

(二) 确定节事活动的目标

节事活动的组织者必须确定节事活动的各种具体目标,将目标进一步分解,为以后的策划、执行以及评估奠定基础。节事活动的目标可以分成3类,即经济的、社会文化的和政治的。

许多节事活动,甚至是非营利性的活动,都有其经济目标。经济目标可以是直接的也可以是间接的,如营销一种特殊的产品、地区,甚至是整个国家;目标可以是短期的,如吸引新的赞助商;也可以是长期的,如鼓励长期投资、创造新的就业机会等。

节事活动的社会与文化目标可以是提高地区、某件节事活动传统或社会文化价值的知名度;提高"市民"的荣誉感;提高地区的整体形象;满足特殊利益群体的需要,以及

---

① 杨春兰,《会展概论》,上海财经大学出版社,2006年。

保护地区文物遗产等。

节事活动的政治目标表现在宏观和微观两个方面：宏观上如提高一个国家、一个地区的国际形象；微观上，可以利用节事活动提升个人形象以及政治地位。而艺术和音乐等节事活动还可以作为一种"政策工具"，促进文化发展、种族交流，缓解社会压力和种族冲突、增进种族之间的相互理解。

（三）成立管理委员会

管理委员会的职能在于规划、实施、评估节事活动。当举办大型复杂的节事活动时，管委会成员要分组专门负责具体的任务。管委会成员应该由具有不同技能和特长的人组成，这些人负责节事活动的所有工作。

（四）进行可行性分析

可行性分析用来检测节事活动能否举行。对于小型节事活动而言，可行性分析可以是非正式的，但是对于失败可能性较大的大型节事活动而言，可行性分析需要包括复杂的细节研究。

（五）最后决策

最后决策是整个决策阶段的最后一个程序，在这个程序中，管理委员会已收集了足够的资料来决定节事活动是否举办，同时还可能对最初的想法，如节事活动的规模、举办地点、门票价格等进行修改。

二、细节规划

做出举办节事活动的决策之后，节事活动管理就进入了细节规划阶段，这个阶段是节事活动管理的关键，细节规划包括：节事活动的营销策划、财务分析、人力资源策划、具体活动策划等。

（一）节事活动的营销策划

1. 节事营销战略策划

节事活动的营销必须在进行消费者需求调研的基础上，进行节事活动的定位分析，并制定节事活动的营销战略。一个战略营销方案涉及节事活动的环境分析、目标市场分析、战略目标分析以及竞争分析等。

2. 节事活动产品策划

节事活动产品是节事活动独特的产物，它有助于实现节事活动的目标以及满足消费者需求。节事活动的规划要以消费者为中心，能够满足最大数量的潜在消费者的需要。节事活动的主题是产品的核心。

主题是节事活动的核心思想，节事活动的开展必须围绕主题来进行。只有这样，节事活动的组织工作才能有条不紊地展开，节事活动才会有鲜明的形象、生动的内容、高度的凝聚力和巨大的号召力。策划任何节事活动都必须首先确定活动主题，没有主题，就没有核心，没有核心，就必然无纲无目，一片混乱。鲜明确切的主题是申办和举办任何节事活动的关键。没有主题或主题不鲜明的节事活动都是不可能成功申办和举办的。

3. 节事活动的地点策划

这是决定节事活动在什么地方举行的问题。有些节事活动的举办地点是永久的，而有些则是经常变化的。选择一个合适的地点对于节事活动的成败非常重要。选择合适的地点能够突出节事活动的主题。例如 2000 年阿伊达音乐会售出高额门票——前排位置的票价高达 1 500 美元，而在埃及戏剧院举办的阿伊达音乐会前排位置票价仅为 120 美元。

4. 节事活动的时间策划

节事活动的举办时间，对于节事活动的成败非常重要，需要慎重考虑。影响节事活动时间安排的因素有目标观众、节事活动的具体内容、地点等因素。例如，如果节事活动的目标市场是有孩子的家庭，那么就应该避开上学时间。同时要注意的是，节事活动的时间安排应该避免与竞争性的节事活动或其他大型活动相冲突。

5. 节事活动的定价策划

节事活动的票价可以只包括入场费用，也可以同时包括场内服务费等。定价要考虑的要素有：节事活动的目标，该活动是营利性的还是非营利性的；竞争对手；消费者特征和购买倾向，目标市场对价格的态度。

(二) 财务分析

财务分析包括三个方面：预期的收入和花费、预算、现金流。不同的节事活动有不同的收入来源，包括拨款、补助、捐款、基金、赞助等。节事活动的收入可以在举办前、举办中和举办后获得。预算是关于各种计划安排的财务控制工具，节事活动的高层领导应该广泛地参与预算的制定以了解各部门的工作情况和意义。做财务分析时，笼统的利润表述是不够的，需要精确地计划各种收入和花费，以确保现金流。

(三) 人力资源管理策略

人力资源管理是节事活动的重要因素，直接影响到消费者的满意度。节事活动的工作人员主要包括以下几种：全职或兼职的、临时的或永久的职业表演者、咨询专家、钟点工、志愿者，他们在节事活动的举办过程中都发挥重要作用。

(四) 节事活动的具体活动策划

1. 举办地计划与操作管理策略

确定了举办地及场所后，需要认真考虑客源，以及停车、客流方向、拥挤控制、疏散路线、排队设计和路标设置等问题。

2. 活动安排策略

活动安排需要确定节事活动中各项程序的具体时间，应经常核对有关日期、时刻、行动、地点、责任人等，并进行详细说明。对于复杂的节事活动，需要总监与各项工作负责人就活动安排进行协调。

三、执行

(一) 监督控制

在节事活动开幕之前，需要召开一次简短会议，再次确认所有可能出现的障碍都已经清除,同时要确保有可替代的措施以防万一。节事活动的组织者需要进行各种现场控制工作,确保节事活动按计划进行,在必要的时候采取修正措施。需要注意的是,当管理者决定改变计划时,需要和所有相关人员沟通好。

（二）事故处理

节事活动中可能发生诸如火灾、突然停电等导致节事活动取消、延期、现场混乱等不可预测的事故,这些事故是组织者不可控制的,但组织者应该为所有突发事件准备防御和应急方案,同时要培训所有的员工,使他们能够妥善、及时处理各种可以预见的和不可预见的突发事故。

（三）关闭工作

关闭工作即节事活动的收尾工作,主要包括拆除和转移设备、清除场地等。

四、评估

评估工作的目的在于通过分析举办节事活动的经验,使得下一次活动举办得更加成功。评估分为结果评估和过程评估。评估的内容有节事活动的组织者、志愿者、其他员工、节事活动赞助者、游客来宾、举办地社团以及环境因素等。通过听取员工报告、来宾留言、调查表等方式收集有关信息和反馈。进行数据整理和分析后,可以召开正式的评估会议。评估有助于节事活动的组织者总结经验,提高管理水平。

思 考 题

1. 什么是节事活动,你如何理解它的内含?
2. 按照主题分类,节事活动可以分为哪几种? 分别举例说明。
3. 试述节事活动的特点。
4. 请问节事活动有什么作用?
5. 试述国际节事活动的发展趋势。
6. 请问我国节事活动存在什么问题?
7. 试论述节事活动的策划流程。

第六章 会展城市分析

学习目标

理解会展业对城市发展的推动作用
掌握会展城市的发展策略
理解我国会展城市的发展格局
了解京、穗、沪会展业发展状况

第一节 会展产业与城市发展

一、会展产业与城市发展的关系

(一) 城市的发展是会展产业发展的基础

只有当城市发展到一定程度,会展的产生和发展才具备前提条件。事实上,一般大型的展览与会议的举办,往往都需要城市的城市基础建设、交通、通信、旅游、物流等这些硬件、软件条件,这些条件往往只有大中城市才具备。所以,这些会议、展览都是在经济比较发达的大城市举行的,如我国第一展之称的广交会的主办地广州和 2001 年亚太经合组织(APEC)会议的举办地上海,以及举办过多次国际性会展的北京,恰是我国城市化水平最高的三大都市。从世界范围看,著名的"会展之都"如德国法兰克福、美国纽约、法国巴黎、英国伦敦、新加坡、中国香港等无一不是政治、经济、金融或贸易的中心城市。

(二) 会展业的发展,也会明显地带动城市的发展

另外,会展活动的举办,将为一个城市带来直接经济收入、带动其他行业的发展以及提高城市知名度、促进整个城市的精神文明建设。事实上,有相当数量的城市正是因为发展了会展经济才使得城市化进程不断提高,乃至成为著名的都市。如德国的汉诺威,意大利的米兰,我国海南的博鳌等。这说明:会展业的发展,也会明显地带动城市的发展。这一点在后面会展业对城市的推动作用中有详细阐述。

(三) 会展业的发展和城市的发展是一种良性互动的关系

会展业的发展要求有相应水准的基础设施、服务设施、专业人才等城市资源与之配套。这就促使政府加快城市基础设施建设,改善城市环境,培养和引进人才,而这些措

施使该城市成为人流、物流、资金流、信息流的聚集地,城市的物质文明和精神文明因而得到大大的提高。

二、会展业对城市发展的推动作用

会展业的发展有效促进了国际间经贸往来、技术的交流与合作,带动了相关产业的发展,增加了社会就业和国家财政收入,提高了城市的知名度和区域辐射效应,推动了地区产业结构的调整,带动了基础设施建设的升级,在城市建设、环境保护、经济和社会发展、提升城市品位和市民综合素质等各个方面起着越来越重要的作用。具体来讲,发展会展业对城市(地区)的作用大概有以下几个方面:

(一)传播信息、知识、观念、促进经济贸易、增进沟通交流

会展业属于服务业,具有服务业的共性,它是企业之间以及企业与消费者、公众之间的一个有效的商务平台和交流中介,但同时它又不同于其他服务性行业,具有自身的个性,企业通过参加会展进行新技术、产品推广,可起到传播信息、知识、观念、促进经济贸易、增进沟通交流的作用,同时可为企业带来可观的经济效益,有助于企业树立品牌,具有其他服务媒介不可比拟的优越性。

一个品牌会展举办必然集中来自各方的知识、技术、信息,为买卖双方架起了一道交流的桥梁,同时也为卖、买方打造了一个技术竞争合作交流的平台,通过专业展会,他们知道哪一种产品是最先进的,哪一种产品是最落后的,也知道哪一种产品是市场中最缺乏的等。会展的举办可以推动科技成果的转化,促进产品升级换代与科学技术合作,这也有利于经济协调发展。

(二)提高主办城市知名度、提高城市的国际地位

国际会议或展览会不仅可以带来可观的经济效益,还能带来无法估价的社会效益,这些社会效益有的是立竿见影的,而更多的是潜移默化、逐步发挥作用的。会展活动的开展可以提高主办城市知名度,从而吸引更多投资,带动地方经济发展。1999年昆明世界园艺博览会的举办,使昆明一夜之间声名鹊起,国际知名度、影响力上升;义乌的小商品城,以其独特的专业市场加会展方式,成为全球买家和卖家采购和销售的地区,义乌因此也从名不见经传到声名远扬。还有大连、宁波的服装节,为全世界了解这两个港口城市提供了窗口。财富论坛和APEC会议在上海的成功举办,有力地提升了上海作为中国中心城市的国际知名度,提升了上海作为国际金融及商贸中心的地位,带动了以上海为中心的长江三角洲地区的经济发展,而2010年已在上海举办的世博会,使上海在新一轮的世界城市发展中,进一步提升了品牌竞争力和知名度。上海申办和举办2010年世博会的过程,就是一个自我形象有力的展示、宣传和推介的过程。

正因为会展对提高城市地位具有强有力的作用,会展兴市成为世界各国提高城市国际地位的重要举措。自英国伦敦在1851年举办首届世博会以来,国际大都市一直都热衷于举办各种博览会乃至世博会,美国纽约举办过6次世博会,法国巴黎举办过6次,日本举办过4次。德国汉诺威就是一个因会展而闻名的城市,它每年都举办大约60个博览会。

(三) 带来直接经济效益

会展经济可以产生直接的经济效益，从国际上看，瑞士日内瓦、德国汉诺威、慕尼黑、美国纽约、法国巴黎、英国伦敦、新加坡等这些世界著名的"展览城"，会展业为其带来了直接的收益和经济的繁荣。

从2018年的全球总体情况来看，会展业的经济总产出约为3 250亿美元，对国内生产总值的贡献超过1 975亿美元，提供超过320万个就业岗位。单就展览行业的情况看，展览业的经济总产出约为1 369亿美元，对国内生产总值的贡献超过811亿美元，提供超过130万个就业岗位。从2018年全球各地区的情况看，北美地区会展经济总量居首，经济总产出约为1 404亿美元，占全球份额的43.2%，创造了923亿美元的国内生产总值，提供130万个就业岗位。位列第二的是欧洲，会展经济总产出约为1 090亿美元，占全球份额为33.5%，创造了573亿美元的国内生产总值，提供82.4万个就业岗位。排名第三的是亚太地区，会展经济总量为668亿美元，占全球份额为20.6%，创造了426亿美元的国内生产总值，提供了98万个就业岗位。

从国内来看，广交会、华交会、工博会、厦门投洽会这些国内顶级的展会为城市以及全国的招商引资，为企业的贸易奠定了坚实的基础。2018年广交会春秋两季成交总额为599.4亿美元，吸引超过200多个国家和地区近40万境外采购商。2018年厦门投洽会共签订1 982个合同项目，合同利用外资金额达到365.2亿美元。

(四) 带动相关产业发展

会议或展览的举办将吸引大量的商务客和游客，必然会带动交通、旅游、餐饮等第三产业的发展。而且会展业的继续发展，将使展览、会议场馆的数量增加，从而加快对基础设施的直接投入，带动第一、二产业的发展。会展经济是建立在所依托的产业基础之上，反过来又作用于所依托产业的一种"多边性"经济门类。就目前来看，会展经济的内涵几乎囊括了国民经济所有产业的各个门类，不仅可以培育新兴产业群，而且可以直接或间接带动一系列相关产业的发展。据有关资料显示，国际上展览业的产业带动系数大约为1∶9，即展览场馆的收入如果是1，相关的社会收入为9。这样高的产业关联度使得会展经济成为带动城市和区域经济发展的新增长点，自然得到各方面的重视和青睐。根据上海市的测算，上海展览业带来的相关经济效益，直接投入产出比为1∶6，间接的可达到1∶9，对上海市GDP的拉动效应非常明显。

1999年上海举办的"财富论坛"会期虽只有3天，但是留在上海各酒店的消费就达数百万美元。每年两届的中国出口商品交易会(广交会)，带动了广州第三产业的发展，展会期间，广州市酒店客商入住率达90.0%以上，来自100多个国家和地区的10万多外商云集广州。云南昆明召开的99世界园艺博览会的影响一直持续到现在，2000年1—7月，云南省旅游总收入115亿元，同比增长44.0%，到10月初，昆明世博会接待的中外游客已超过930万人次。1999年以来，香港参观展览的人数达407万人次，展览业本身收益为15亿港元，酒店业收益高达126亿港元，占第三产业总收入的59.0%；餐饮业收益635亿港元，参观展览的人士在香港的商店总消费达27亿港元，占零售业总收入的12.0%。2017年，香港共举办135场展览，总展览面积超过2 000平方米，全年的总展位收入增长了近12.0%，达38亿港元。

近70万人口的义乌,每天来往义乌至广州的飞机上,竟有30.0%是外国人,深圳高交会期间,来往深圳的航班上座率增加110%—130%,出租汽车、零售业、印刷业都不同程度地受到会展业的拉动。上海成功申办2010年世博会后,与世博相关的股票随之上扬,"浦东不锈""上海港机""沪东重机"地处世博会备选区域之内,最先获利;"上海三毛"土地置换,机会较多,"世茂股份"从事上海北外滩中央商务区的开发建设,以及零售业的"第二百货""华联商厦"和旅游业的"张家界"等也备受青睐。2010年世博会的举办使得浦东机场年吞吐量首次超过4 000万人次,对上海建成亚太航运枢纽港起到了促进作用。会展业对旅游、饭店业的贡献:据香港会议局的统计数据表明,1996年在香港举办的大型会议、展览、奖励旅游、企业会议等,活动数目多达3 030项,来港参与这些活动旅游者多达36万人次,共带来超过58亿港元的消费。1999年香港展览业为酒店带来93.8万个入住商,占其入住率的16.5%,每年一度的英国"理想居室展"吸引数以万计的参展者和参观者,每年参展者和参观者的消费就超过7.5亿英镑,每年计有1 000万人次参观展览,50万外国游客,消费达1亿英镑。

1984年洛杉矶奥运会,有23万人次参观旅游,1996亚特兰大奥运会有30万人次参观旅游。2008年北京奥运会共计接待中外游客观众652万人次。2010年上海世博期间,上海入境游客人数达480万人次,同比增长49.5%。其中,过夜入境游客数达425万人次。世博期间,上海住宿业客房平均出租率高达79.8%,比上年同期增长22.6%。其中,星级饭店客房平均出租率达78.3%,比上年同期增长26.8%;其他饭店客房平均出租率80.2%,比上年同期增长21.5%。据统计,世博会为上海带来直接旅游收入超过800亿元人民币。国际性展会或赛事在城市的举办必将提升城市的知名度,使旅游环境得到改善,商务活动空前活跃,有利于旅游资源的整合,提升旅游品牌服务。

会展业对房地产业也有重要影响。重要的国际会议或博览会,对一个地区的房地产的促进作用是显而易见的,悉尼被确定为2000年第27届奥运会主办城市后,自1993—1999年连续7年中,土地、房屋价格平均每年按10.0%的速度增长,个别地区甚至超过30.0%,特别是主会场场馆周边的房价3年时间就增长了一倍多。

会展业对房地产的影响体现得最为明显的就是像奥运会,世界杯足球赛等重大项目,它会在城市基础设施、住宅市场房价短期上扬等方面起到重大促进作用。

会展业对邮政、通信业的贡献也不容忽视。2001年APEC会议期间,在上海东方明珠和上海国际会议中心地带出现过话务高峰,是平常话务费的8—9倍,开会期间上海移动的1960客户服务中心开通了24小时英文服务,也正因为APEC会议等国际会展活动在上海举办,2001年上海移动用不到一年的时间,斥资60亿元投资网络建设,网络容量从过去的300万门一举扩大到968万门,增长了两倍,上海移动也因此参与了大量展会,塑造了公共形象,提升了品牌知名度,提高了企业经营效益,加速了企业的发展。会展的举办,给邮政业也带来了巨大的效益,如展会使用的函件、快件、包件、报刊、邮件、明信片、门票、礼品、章戳服务与邮品销售等。南京第六届中国艺术节设计的一套五枚"六世节"邮资明信片,纪念封折以及纪念戳,一举创收600万元。2008年奥运会的举办使得北京当年邮政业务总量达到47亿元,增长24.7%。会展业对邮政业的作用不仅表现在直接的经济收入,而且更大程度上表现在改善服务环境,促进邮政建设、提升城市邮政业竞争力等方面。

(五) 增加大量就业机会

香港的统计数据表明：会展业每1 000平方米的展厅面积,可创造100个就业机会。以会展业发达的汉诺威为例,在汉诺威市第三产业中,会展业就业人数占到2/3以上。会展业的发展将带动交通、旅游、餐饮、基础建设等相关产业的同步发展。而这些行业的发展对增加大量的社会就业岗位作用显著,如北京申奥成功,就创造了几百万个就业机会。在中国,会展业虽然是一个新兴的服务产业,但是其带来的社会经济效益及创造就业机会的作用却是巨大的。

(六) 拉动城市建设,提升城市文明

会展业的发展必须依托城市良好的基础设施,如具备国际化先进展馆,便捷的航空港、高架路,服务到位,如一定数量的出租车、设施先进和服务优良的饭店,以及一些可供休闲、旅游的景点。1996年在德国汉诺威举办的世界博览会,德国政府为此拨款70亿马克进行基础设施建设,大大改善了该市的基础设施环境；1999年我国在昆明主办的世界园艺博览会,218公顷的场馆群及相关投资总计超过216亿元,使昆明的城市建设速度至少加快了10年。北京举办2008奥运会,整体投入2 950亿元,分为三个部分：第一部分是奥运会运行资金,约20亿元；第二部分场馆建设资金,包括新建场馆、改扩建场馆和临时性的场馆,约不超过130亿元；第三部分城市总体建设投资,包括城市的基础设施、能源交通、水资源和城市环境建设,约2 800亿人民币。有了这些硬件设施,才能成功举办国际性会展。同时,城市在举办会展过程中,也使城市的市民文明素质不断提高,市民的文明形象与内在素质通过人际交流传递给国内外参会者,从而提升了城市的品位和形象。

第二节 会展城市的形成条件与发展策略

一、会展城市的形成条件

(一) 会展城市的发展条件

1. 独特的资源环境、良好的气候条件

一般会展城市都拥有良好的自然环境和文化环境,或风景秀丽、气候宜人,或文化底蕴丰厚、人文气息浓郁,具有较强的可观赏性。这些所谓的会展城市在成为会议中心的同时,常常也是著名的旅游城市,像北京、上海和香港三地都具有会议中心和旅游城市的双重功能,这三座城市在旅游资源、气候环境等方面堪称我国的城市代表,本身具有较大的吸引力,加上其他硬件设施以及人才优势等要素,使其很容易培育品牌会议,进而成为会展中心；对一些原来默默无闻的城市来讲,如果希望通过会议发展地方经济,独特的旅游资源是其成功的必要条件,例如海南的博鳌,正是因其独特的自然景观和旖旎的风光,而成为"亚洲经济论坛"举办地,跻身著名会议中心之列。因此,城市本身是否拥有优秀的资源气候条件是决定其能否发展会议业的先决条件。

2. 地理位置优越、交通便捷

在现有的会展城市中,绝大多数城市或地处港口,或濒临江海,或为交通枢纽,四通八达,地理位置优越,在所在国家或地区处于中心地位,我国的主要会展城市除北京、上海、香港、广州等地理位置优越外,逐渐崛起的东北和中西部会议经济带的中心城市也以各自的省会城市为主,都在本地区处于中心地位,并发挥了枢纽作用。

3. 会议业所需的基本设施

发展会议产业,必须要有先进的会议中心,机场的设备完善及具有便利的航线联结,饭店、客房必须能满足参会者的需求。

4. 对于国际会议来说,会议城市必须要有便利的外语环境(包括人才)和相应设备

5. 城市政府的支持政策,也是会展城市发展的重要条件

资料链接 6-1

新加坡何以位居亚洲第一国际会议城市

"因为他们想要成为第一。"在香港参加美国社团管理协会(ASAE)亚太区会议时,当询问国家会议中心前销售总监珍妮佛(Jennifer),新加坡为什么会成为亚洲第一的国际会议城市时,她脱口而出道。

多年来,新加坡一直占据亚洲第一国际会议城市的位置,国际大会与会议协会(ICCA)每年发布的国际会议城市排名表上写得很清楚。那么,新加坡何以牢牢占据这个位置呢?

到香港参加 ASAE 亚太区会议的人都与国际会议有关,这是找到答案的好时机。谈到新加坡成为亚洲第一国际会议城市的原因时,大家兴致很高,而且似乎都有现成的答案。来自会议组织方、会议公司、会议中心、会议酒店的朋友们,从不同角度让这个答案变得更加丰满。

同样一个问题,新加坡人的感受与外面人的不太一样。新加坡的会议从业者在谈到新加坡 MICE 行业取得的成绩时,都把功劳记在了政府头上。他们认为,新加坡目前的繁荣与政府积极的执政理念以及有效的运作模式密切相关。

此外,强烈的危机意识以及由此转化而成的发展冲动蕴藏着巨大的内在能量,使得新加坡人的战略目标——将新加坡这个资源贫乏的小岛,建设成一个充满魅力的花园城市,建设成一个富有而强盛的国家,不会沦为一句空洞的口号。联想到新加坡 MICE 业取得的成绩,没有人会觉得意外。

国内很多城市都在发展会议与奖励旅游业,都想成为名满天下的"国际会议城市",但收效并没有想象的那么大。问题在哪里呢? 新加坡的经验能不能借用一些呢?

首先来看政府角色。会议业与展览业、旅游业基本一样,都需要政府在其中发挥作用。受访者普遍认为,与亚洲主要城市相比,新加坡政府在 MICE 行业发展中所起

的作用是积极而有效的。

一是定位准确——新加坡政府认为,MICE是旅游业的重要组成部分,应当纳入旅游业的框架中来促进和发展;二是管理得当——专门的机构和人员,针对性的政策和扶持资金,系统性的推广计划等;三是协调到位——政府与企业有机结合,形成了一套统一而协调的市场运行机制;四是理念先进——国际化的视野,创新性的思维模式;五是举措果断——新加坡近些年推出的滨海湾金沙和名胜世界项目,排在全球最具影响力综合体设施的前列,涵盖会议、展览、奖励旅游以及娱乐、购物、美食等,成为新加坡推动新时期会奖旅游业发展的重要推手。

其次来看MICE市场环境。受访者认为,新加坡有着亚洲最理想的举办国际会议的环境,包括合适的地理位置、便利的交通、良好的城市形象、国际化的语言环境、完善的会议展览设施、无可挑剔的服务等。

世界中医药学会联合会副秘书长黄建银对新加坡的服务有着特别的体会。他说,新加坡的常规服务没得说,有时候还会给你意外的惊喜。有一次,他到新加坡参加会议,从机场乘车到了酒店门口,门童一开车门就直接说:"欢迎黄先生到我们酒店。"这着实让黄副秘书长吃了一惊。

再来看办会性价比。"酒店价格是有些贵,可会议场地租金比国内个别城市同层次的还要便宜。总的来说,在新加坡办会性价比还是比较高的。"有过新加坡办会经历的朋友这样说。

到新加坡办会的主要理由有:(1)新加坡国际化程度高,城市品牌形象好,对社团会议来说人比较好招;(2)政府积极协助、企业服务到位,会议的综合效果很不错;(3)在新加坡办会,会费能够提上去,这对社团来说总体比较划算;(4)滨海湾金沙、圣淘沙等特色鲜明的综合性设施知名度很高,对企业会议与奖励旅游活动很有吸引力。

新加坡政府为什么愿意在MICE方面下功夫呢?因为新加坡资源很少,只能在有限的领域深挖,把MICE做到极致。

中国市场基础好、行业门类全,政府和企业可做的项目太多,却不能把某件事情做到出类拔萃。《反脆弱》的作者塔勒布认为,事物在压力下往往会逆势增长,而那些被剥夺了压力源的事物则会变得脆弱,甚至会倒塌、崩溃。那么,激励中国会议与奖励旅游业的压力源在哪里呢?

资料来源:王青道,新加坡何以位居亚洲第一国际会议城市《中国贸易报》,2015年4月

资料链接 6-2

博鳌:小镇变身外交"鳌头"

2001年2月27日,由25个亚洲国家和澳大利亚共同发起的、非政府性的博鳌亚洲论坛成立大会在海南省一个名叫博鳌的小渔村举行。从这一刻起,这个滨海小

镇再也没有冷清过,每年举办的论坛年会都会迎来全球风云人物来此聚首,在这里,他们探讨亚洲繁荣进步的新愿景,纵论世界经济发展的新目标,把中国的好声音、亚洲的好声音传播到世界各地。

博鳌是新时期以来见证中国主场外交的大舞台之一。作为首个选址中国的非官方国际组织,博鳌亚洲论坛因改革开放而生,因我国国力的蓬勃发展而兴。博鳌的成长,是中国改革开放伟大进程的生动见证;博鳌的发展,是中国梦与亚洲梦、世界梦交相辉映的美丽画卷。

全球化浪潮中应运而生

20世纪70年代后,伴随着世界多极化时代的到来,以瑞士达沃斯世界经济论坛为代表的诸多非政府国际会议组织纷纷出现,并在全球治理和政治经济等领域发挥了独特作用。1998年亚洲金融危机发生后,面对经济全球化带来的机遇和风险,亚洲各国政府普遍认为,本地区国家需要加强区域经济协调与合作,建立一个亚洲人讨论亚洲问题的对话场所变得十分迫切。

1998年9月,菲律宾前总统拉莫斯、澳大利亚前总理霍克和日本前首相细川护熙等国际政要,在菲律宾首都马尼拉提出成立一个类似达沃斯世界经济论坛的"亚洲论坛"的倡议,为亚洲各国提供一个共商亚洲发展问题的高层次对话场所,倡议很快得到了亚洲各国的认同。此后,拉莫斯、霍克和细川护熙分别致信中国政府领导人,建议将亚洲论坛永久会址设在海南省的博鳌,并希望得到中国政府的支持。他们认为,海南作为中国最大的经济特区,是中国深化与国际社会联系、走向世界的实验区和窗口;海南省以生态产业为发展方向,这正是亚洲和国际社会所看重的领域,符合世界经济发展潮流;博鳌是一个专门为论坛设计的集生态、休闲、旅游、智能和会展服务为一体的综合功能区,有着十分宜人的自然地理环境。1999年10月,拉莫斯和霍克应邀到海南访问,商讨博鳌亚洲论坛创建事宜,并前往北京向中国领导人介绍关于建立"亚洲论坛"的构想和思路。中国政府认为,成立博鳌亚洲论坛有利于本地区国家间增进了解、扩大信任和加强合作,随后,有关部门着手为论坛的正式成立开展务实的准备工作。2000年11月18日,来自亚洲24个国家和澳大利亚的政要、前政要及专家学者出席了博鳌亚洲论坛专家学者会议,会议决定成立博鳌亚洲论坛秘书处。

2001年2月26—27日,博鳌亚洲论坛成立大会在海南博鳌举行。包括日本前首相、菲律宾前总统、澳大利亚前总理、哈萨克斯坦前总理、蒙古国前总统等26个国家的前政要出席了成立大会。大会取得了圆满成功,通过了《博鳌亚洲论坛宣言》等纲领性文件,受到了国际社会的广泛关注。至此,第一个总部设在中国的国际会议组织正式宣告成立。

作为一个非政府、非营利、定期、定址的国际会议组织,博鳌亚洲论坛以平等、互惠、合作和共赢为主旨,既立足亚洲,促进和深化本地区内的经济交流、协调与合作,又面向世界,推动和增强亚洲各国与世界其他地区的对话与联系。博鳌亚洲论坛成立至今,得到了亚洲各国的普遍支持,赢得了国际社会的高度赞誉,它不仅建立起跨越政、商、学、媒各界的联系机制,更成为亚洲以及其他大洲就地区与全球事务进行对话交流的高层次平台。博鳌亚洲论坛致力于通过区域经济与政治的进一步整合,推动亚洲各国以及周边国家实现共同发展,并为亚洲与其他大洲的团结合作起到桥梁作用。作为国际多边合作组织的有益补充,博鳌亚洲论坛为建设一个更加繁荣稳定、和谐共生的世界作出了积极的贡献。

边陲小镇誉满全球

1992年以前,博鳌是一个只有1万多人口、一条街道,连海南本省人都未必知道的琼海市小镇。当时,红火的海南房地产市场吸引电影导演蒋君超和著名电影演员白杨之子蒋晓松来到博鳌,在这里购买土地,组建了博鳌投资控股有限公司。1997年7月,蒋晓松等人在博鳌建成了第一个高尔夫球场,以个人名义请日本前首相细川护熙和澳大利亚前总理霍克作为贵宾为球场开杆。细川护熙和霍克与蒋晓松谈起了亚洲金融危机,谈起了亚太经合组织、达沃斯世界经济论坛,谈到了创建亚洲论坛的种种设想。蒋晓松想到,博鳌可以借鉴瑞士达沃斯论坛,搞一个博鳌亚洲论坛。这次谈话彻底改变了博鳌的命运,点燃了亚洲论坛创建的火种。

如今,博鳌论坛年会期间,倘若你走进博鳌会场,随处可以碰上平日里难得一见的大人物:各国政要、诺贝尔奖得主、世界首富、全球顶级研究院教授、经济领域风云人物、娱乐界的当红明星……今日的博鳌亚洲论坛可谓风光无限。然而,在博鳌亚洲论坛成立的最初几年,也曾经历过一些"囧事"。2001年,博鳌亚洲论坛成立大会举办期间,博鳌唯一的五星级金海岸酒店总统套间不够用,只好"委屈"应邀出席成立大会的尼泊尔国王比兰德拉住到100公里以外的海口。2001年的博鳌亚洲论坛成立大会和第二年4月召开的首届年会,会场都设在一座颇具特色的白色建筑里。这个面积为3 500平方米的膜结构大厅是为博鳌亚洲论坛成立大会专门建造的,位于风景如画的万泉河入海口之滨,其弧形白顶与蓝天碧水浑然一体。受场地面积所限,整个建筑内只有一个卫生间,而出席成立大会的国家元首、各界嘉宾及工作人员多达五六百人。当时,无论是部长还是工作人员想解决内急问题,都得去会场唯一的卫生间门口排队。

2003年1月,原外经贸部副部长龙永图被任命为博鳌亚洲论坛秘书长。9月,博鳌亚洲论坛国际会议中心正式落成,论坛年会步入正轨。2004年,任马来西亚总理长达22年、刚刚退休的马哈蒂尔现身博鳌亚洲论坛。龙永图事后回顾道:"2003年的年会一结束,我就想一定要邀请到马哈蒂尔!他是亚洲经济一体化的最早推动者,早在1991年即提出东亚经济体的建议。"为了邀请这位东南亚赫赫有名的资深政治家,龙永图一面与马来西亚驻华大使联系,一面专门写信给博鳌亚洲论坛的马来西亚首席代表、马来西亚前副总理穆萨,请他向马哈蒂尔转达出席年会的邀请,最终如愿以偿。当年,正是通过龙永图和博鳌亚洲论坛秘书处班子的"公关",众多政治经济名流纷纷应邀亮相博鳌,使这个年轻的论坛引起了全球企业界和国际媒体的高度关注,博鳌亚洲论坛的政治影响力和国际知名度不断提升。自成立以来,博鳌亚洲论坛立足亚洲、面向世界,为亚洲和世界融合发展凝心聚力,为各方交流合作搭建平台,在凝聚亚洲共识、促进亚洲发展、提升亚洲影响力方面发挥了独特作用。论坛已成为具有亚洲特色和全球影响的重要综合性论坛,被誉为"亚洲达沃斯"。每年春季召开的论坛年会成为世界瞩目的"博鳌时间",年会上提出的"博鳌观点"和"博鳌方案"每每都能引领全球思潮,成为国际舆论关注的热点。论坛的影响力还得益于中国对世界的巨大磁吸效应。如今,中国发展成世界第二大经济体、第一大工业国、第一大外汇储备国,经济实力和综合国力步入世界前列。中华民族伟大复兴光明前景产生巨大影响力和感召力,国际社会期盼听到中国声音、分享中国经验。

论坛见证了中国助推亚洲和世界繁荣发展。改革开放40年来,中国国内生产总值年均增长9.9%,连续多年对世界经济增长贡献率超过30.0%,成为世界经济增长的稳定器和动力舱。同时,中国政府始终秉持开放的发展理念,以兼济天下的情怀积极引导经济全球化发展。中国国家领导人在博鳌亚洲论坛年会等多个重大场合,积极倡导构建开放型世界经济,推动区域合作和自由贸易,有力地提振了各方对世界经济的信心,发挥了重要引领作用。论坛见证了中国擘画人类命运共同体蓝图。针对当今世界发展面临的各种问题和挑战,中国以勇于担当的大国胸怀,不断为完善全球治理贡献中国智慧和力量。2015年的博鳌论坛回答了一个问题,即今天的亚洲,处于怎样的状态;明日的亚洲,需要怎样的发展。答案就是,开放包容、合作共赢,构建亚洲命运共同体,携手迈向亚洲新未来。在每年的博鳌亚洲论坛年会上,中国国家领导人发表的主旨演讲都为世界瞩目,成为国际社会关注的重点,这里是亚洲向世界发声的"麦克风"。博鳌亚洲论坛让博鳌这个小镇一夜扬名,最终从幕后走向了前台。

博鳌论坛拥抱世界

最早收录博鳌名称的史志资料,是明朝正德六年(1512)的《正德琼台志》。博,即多、大;鳌,指传说中的大龟或大鳖,泛指鱼类。博鳌,意即鱼类多而硕大。博鳌位于万泉河的入海口,景色秀美。除了美丽的自然风光,博鳌厚重的人文历史,为这里增添了无穷的魅力。当年,独特的地理区位、重要的战略地位以及优越的生态环境让历史选择了博鳌,让博鳌从一个默默无闻的小镇变成了担当国家外交重要角色的"鳌头"。置身于宏大的历史舞台之中,参与国际叙事,融入国家外交的主旋律,是博鳌的幸事。

博鳌亚洲论坛为海南发展注入了新活力。博鳌亚洲论坛成立之前,亚洲正笼罩在金融危机的阴霾下,海南也处在医治房地产泡沫的伤痛时期,经济发展步入低潮,特区政策优势的弱化让一部分人心生迷惘。论坛的举办,不仅让海南从中获得了发展的新动力,更为海南打开了一扇通向世界的重要窗口,同时有效地提振了投资者对海南的投资信心。博鳌论坛巨大的影响力和产业拉动力,使得海南以旅游产业为龙头的现代服务业作为经济发展重头戏的趋势愈发明显,给海南带来了经济社会竞争力的全面提升。多年来,海南肩负绿色崛起的使命,扛起了大国主场外交的担当,在风云际会中借助博鳌亚洲论坛展示美好形象、拓展合作渠道、抢抓发展机遇,经济发展蒸蒸日上,城乡环境焕然一新,社会建设成绩斐然,百姓生活其乐融融。

博鳌亚洲论坛年会期间,经过各种形式的深入交流和思想碰撞,大家就涉及亚洲新未来的一系列重大问题,加深了解,取得共识:一个互信合作、共同发展的亚洲,不仅符合亚洲的利益,而且也必将有利于世界经济的恢复性增长和国际政治秩序的进一步稳定。亚洲的发展离不开世界,世界的繁荣离不开亚洲。亚洲经济更有活力,世界经济就会有更充沛的动力。当前国际政治经济格局正在经历深刻复杂变化,不稳定不确定因素明显增加。在发展和变革的大潮中,把握世界大势,顺应时代潮流,总结亚洲经验,弘扬亚洲智慧显得格外重要。以更加包容的发展理念,携手推动经济全球化与自由贸易,共同打造亚洲和人类命运共同体,世界经济发展的曙光才能早日到来。

阳光明媚的海南,美丽迷人的博鳌,张开双臂,拥抱世界,迎接一年一度博鳌亚洲论坛年会,迎接来到这里寻找诗与远方的游客。共同的命运,共同的未来;共同的利益,共同的责任。博鳌亚洲论坛注定将在亚洲乃至国际秩序的历史变革中,留下浓墨重彩的一笔。

资料来源:吴志菲,博鳌,《小镇变身外交"鳌头"》,《中国档案报》,2018年11月

(二)展览城市的发展条件

一个城市要发展为展览城市,必须具备以下条件:

(1)稳定的社会政治环境和繁荣发展的经济;
(2)健全和高效的金融、货运、保险、房地产业等为展览业配套的服务产业;
(3)优越的地理位置;
(4)方便快捷的交通;
(5)现代化的通信设施和新闻媒体;
(6)充足的、能满足展览业需求的、结构合理的、多层次的饭店和餐厅,以及这些服务机构所提供的、价格合理的优质服务;
(7)政府倾向性的政策;
(8)开放的文化环境和深入的展览研究;
(9)现代化的展览场馆;
(10)展览业所需要的高素质的人力资源;
(11)发展展览业所需要的科技水平。

上述(1)(2)是展览业发展的核心驱动因素。展览业是经济发展到一定程度才产生的一种经济形态,而且这种经济形态是以稳定的社会环境为基础、以活跃的政治活动为前提、以繁荣的经济为动力、以服务产业的整体发展为支撑的。

上述(3)—(6)是展览业的区位条件和基础设施条件,它们是展览业发展的外部制约因素。区位条件对展览业的发展来说是非常重要的。展览业发展的区位条件通常应从地理区位、经济区位和交通区位这三个方面加以分析。区位条件在一定的时空范围内是难以改变的,但区位条件的好坏,针对不同展览活动的规模和范围来讲又是相对的,而且经济区位和交通区位这两个条件,经过努力也不是绝对不可以改变的。同时,展览业的基础设施这一制约因素也完全可以通过建设来加以改变。

上述(7)(8)是展览业发展的软环境条件,它是展览业发展的引导因素。这一因素

在展览业发展的初期和展览市场行为不完善的情况下,尤其起到至关重要的作用。良好的政策、开放的文化和深入的展览研究,都是展览业发展不可缺少的土壤。

上述(9)—(11)是展览业发展的自身条件。它是制约展览业发展的内部制约因素,也是决定展览业发展好坏的直接因素。

(三) 节事型城市的发展条件

世界各地的城市节事活动内容丰富、类别多样,但综观那些成功的城市节事活动,无一不具有其产生的必然性和支撑条件。现代城市节事活动主题的选择,要以城市经济基础和社会现实为出发点。好的节事活动品牌,可以带动一个城市政治、经济、文化的发展。同理,一个节事品牌的诞生和发展,也必须要有利于其生长的经济、制度和文化背景。节事型城市发展需要以下基本条件:

1. 雄厚的城市经济基础是举办城市节事的基本条件

任何城市举办现代城市节事活动,都是在一定的经济基础上开展的,具体表现在以下四个方面:

(1) 完整的基础设施条件。

现代城市节事活动的开展有极大的基础设施依赖性,如果没有较为完备的基础设施条件,一些大型节事活动根本不可能举办。基础设施包括饭店住宿、便捷的交通和通信设施、发达的餐饮业,同时还包括良好的社会化服务体系。

(2) 开放的、市场化运作的经济体系。

封闭的经济体系,会严重制约各类生产要素的流动,影响节事活动的形成和发展。现代城市节事活动需要招商引资,需要人才的自由流动,需要多家企业单位共同联手操办,如果节事活动市场化运作不成熟,活动资源无法优化配置和整合利用,部分设施可能闲置,达不到效益最大化。

(3) 相当的经济发展水平及产业基础。

很多现代城市节事活动的受众客源是当地的居民和近区域居民。但只有当他们的人均收入达到一定的水平,有相当的消费能力时,才有可能形成对节事产品大量的有效需求。同时,现代城市节事还需要城市某一产业或某些行业发展的支持。以奥斯卡电影节为例,在奥斯卡电影节诞生前,美国电影制片业已在南加州取得了长足的发展。1920年后,以洛杉矶为中心的华纳、哥伦比亚、派拉蒙、米高梅等电影公司纷纷成立,1926年美国演出学院成立。在产业发展和众多从业人员的推动下,奥斯卡电影节应运而生。可以说电影业的发展催生了奥斯卡电影节,而奥斯卡电影节又促进了电影工业的发展。再比如青岛啤酒的百年历史和国际品牌知名度为青岛国际啤酒节的举办提供了平台;青岛电子家电产业雄厚的根基,海尔、海信等一批知名企业的涌现为举办中国国际电子家电博览会打下了基础。

(4) 区位优势的优劣程度。

区位优势不仅是现代城市节事的特色来源,而且为现代城市节事的发展提供了生长环境。中国青岛海洋节作为青岛市的重要节事品牌,是中国唯一以海洋为主题的节日。国家许多海洋科学研究院(所)设在青岛,并且青岛是一个环境优美的海滨城市,这为中国青岛海洋节的举办提供了保障,海洋节正是在这样的氛围里应运而生的。它依托风光秀丽的海洋风景带,以弘扬海洋文化内涵为基调,突出群众的参与性、娱乐性,体现国际性,力求使各项活动内容全方位、立体化地体现海洋特色,深层次地挖掘海洋文化内涵。海洋节充分发挥青岛"中国海洋科技城"的优势,荟萃现代节事之精华,成为七月青岛一道亮丽的风景线。自举办以来,海洋节全面展示了青岛的海洋资源、海洋产业、海洋科技优势和海洋文化的丰富内涵,增强了全社会保护海洋环境、开发利用海洋资源、推广旅游服务于海洋科技的意识。紧紧地结合城市区位优势办节事,这是许多现代城市节事成功的奥妙。

2. 稳定、开放的经济制度是举办城市节事的支持性条件

制度条件主要指经济制度的形态、变动规律及相关关系的协调。现代城市节事的参办组织或个人是在一定的社会政治、文化、经济背景和各种具体的决策、管理、分配制度下参加节事经济活动。在举办过程中,经济制度更多地反映在活动主体的行为规则和行为规范的具体组合上,即经济制度更多地表现为经济资源配置的方式和配置的内容。制度条件主要有如下两点:

(1) 经济制度的稳定性、创新性。

目前我国各地都在争办各种现代节事活动。作为一项经济活动,追求效益是举办商的共同目标。如果制度不稳定,就会增加节事活动举办的制度成本和制度风险。许多新兴的城市,发展现代城市节事的热情很高,但活动举办与传统的经济体制不相适应,如地方政府对活动引资的条件、利润提成问题等都没有相应的规定,又由于市场化运作的观念尚未深入人心,制度变迁与创新安排困难重重,节事活动的地区进入壁垒大。

(2) 经济制度对现代城市节事的许可和支持。

如果经济制度对某些节事活动缺乏必要的许可,此类节事则不可形成和发展。所以营造一个良好的制度环境,使之有利于促进各种节事活动的发展十分必要。对能发挥本城市优势的新兴节事活动,政府要在制度上提供必要的支持和鼓励。

3. 包容、多元的文化氛围是举办城市节事不可缺少的条件

稳定的社会秩序和开放、包容的文化传统是现代城市节事产业形成和发展不可缺少的条件。一个具有开放意识的城市,往往能随着时代的进步,开展反映各种风格、不同文化传统的传统节事活动和现代节事活动,实现节事经济产业化。一个有序的社会,能够提供较为稳定的法律、法规和制度保障。一种处于相对稳定状态的文化,有利于吸收优秀文明,使节事活动固定化,同时又在不断创新的文化环境中,顺利实现节事活动的再创新发展。现代城市节事活动以城市的文化底蕴为依托,是一种文化产业。只有具备文化内涵,节事活动才有生命力。

以青岛为例,从青岛历史沿革可以看出,青岛的城市文化既承继了齐鲁文化的传统,又在西方文化冲击下,经历不断变革演化,形成了现代青岛包容性、多元性、开放性的城市文化内含和海纳百川、自然和谐的城市特征。从青岛的城市经济文化发展来看,青岛的企业品牌高度密集现象在全国是绝无仅有的,现已形成了以海尔、海信、青岛啤酒、澳柯玛、双星等明星企业为代表的工业体系,在这些名牌的拉动下,家电、电子信息业等一批支柱产业在青岛迅速崛起,许多中小企业围绕海尔、海信等名牌产品,形成配套的产业链;一言以蔽之,城市历史文化和经济文化,为青岛众多节事活动提供了良好

的生长发展环境。

所以,在开发和选择现代城市节事项目时,一定要选择那些符合城市经济产业基础、文化发展的实际,能够有效结合城市区域资源特点,能够获得较广泛社会支持的领域。只要具备举办现代城市节事所需的经济、制度、文化条件及广泛的社会支持,节事活动就能够持续举办多年,如果其影响力和知名度得到提升,就可能开辟新的赞助渠道并逐渐做大。

二、会展城市的战略营销

城市化进程的加快,各种资源的区际、国际流通以及产业聚集把中国城市引入一场城市之争。在众多城市的二次或三次创业中,被誉为"城市的面包"的会展业发挥了重要作用,由于大型会展活动对城市经济具有显著的产业关联效应,各城市都十分重视会展产业竞争力的提升,这使得会展城市的战略营销成为一个研究热点。

(一) 城市营销回顾

1. 国外研究状况

1998年5月的美国《商业周刊》上有这样一句话:当城市成功的时候,整个国家也会成功。可见,专家们早已将未来社会竞争的基本单位定位于城市了。因为,一座大城市的进步可以带动相关区域形象的提升和地区经济的腾飞。事实上,城市营销概念的提出基于这样两个宏观背景,即经济全球化以及城市之间的竞争日益加剧。例如,西欧尤其是德国极其重视城市营销,这与欧盟内部国家之间以及各地区之间的竞争愈演愈烈是分不开的。

20世纪70年代,随着城市福利政策向市场动力的转变,城市政府的目标也从追求公平转向增强竞争力。为吸引投资,城市必须扮演一个有效的经济管理者的角色。为了城市经济的发展,越来越多的企业化经营城市政策(Entrepreneurial Policies)开始出台。[①] 这势必导致城市的规划和管理由传统的"供给导向"(Supply-Oriented)向"需求导向"(Demand-Oriented)转变,并最终建立起一个完善的"价值分送体系"(Value Delivery System),即面向居民、投资者、国际会议组织者或游客等不同的目标群体,城市应突出相应的特色和服务。

1993年,世界著名营销大师菲利普·科特勒(Philip Kotler)博士从传统的市场营销概念出发,提出了影响深远的"场所营销理论"。他指出:场所营销就是把场所(地区)视为一个市场导向型的企业,并将地区未来的发展远景确定为一个吸引人的产品,借此强化地方经济基础,积极推广地区特色,从而更有效地满足和吸引既有及潜在的目标市场。此外,科特勒还进一步提出了城市营销的目标,即吸引商业公司、工业企业、跨国公司总部及其分支机构、投资资本、体育运动会、旅游者、国际会议者以及定居者等。从此,城市营销学逐渐从一般市场营销理论的框架中分离出来,形成了一个相对独立的研究领域。

---

① 赵云伟,《城市形象营销与旗舰工程建设》,《规划师》,2001(5)。

1998年,沃德(Ward)出版了《场所销售:城镇和城市的营销与推广1850—2000》(Selling Places: The Marketing and Promotion of Towns and Cities 1850—2000)一书,对城市营销的实质及发展历史进行了深刻的阐释①。沃德所指的"城市营销"是一种广义的营销,在历史发展的不同阶段其内容存在较大的差别。

2. 国内城市营销的发展状况

(1) 计划主导阶段(1980年代以前)。

1980年以前,当时上海市的轻工业产品在老百姓的心目中口碑绝佳,其轻工业产品基地的品牌形象深入人心;长春汽车城的品牌形象同样尽人皆知。这一时期的城市品牌是计划经济的产物,城市品牌的成就是计划经济的副产品,城市本身很少关注城市经营,更不用说营销了,也就是说城市是被动收益的。而且由于计划经济配置资源的方式,城市品牌的构成要素比较单一,城市产业居于核心地位,其他构成品牌的要素往往是通过这一点衍生出来的。

(2) 建设导向型城市管理阶段(1970年代末期—1980年代中后期)。

在这一阶段,中国刚刚实施改革开放大战略,各行各业都需要加大力度发展,对于城市来说,就连最起码的基础设施都很匮乏,所以,1980年代初期,城市管理基本上是建设导向型的,各个地方都上项目,很少有进行整体规划的,往往是头痛医头,脚痛医脚,当然更缺乏市场眼光、战略眼光了。

(3) 城市经营阶段(1980年代后期—1990年代中后期)。

经营城市就是运用市场经济的手段,对构成城市空间和城市功能载体的自然生成资本(如土地)和人力作用资本(如道路、桥梁等基础设施)及相关的延伸资本(如广场、街道的冠名权)等进行集聚、重组和营运,从中获得一定的收益,再将这笔收益投入到城市建设的新项目中去,走"以城建城""以城养城"这种市场化的新路。

中国改革开放以来所推行的分权体制,城市政府职能变革促进了城市经营的产生。后来,兴起了温州等一批不属于大城市行列的城市品牌,这是商品经济得到一定程度发展后,城市对市场和资源的争夺形成的。

在这一时期,城市管理已经开始从单纯建设向市场靠拢,开始有了城市规划,战略也被引入城市管理,但是,城市经营还是没有把顾客摆在第一位,还是把眼光放在自己身上,关心的是自己的政绩,没有形成这样的观念:经营是通过满足顾客、社会的需要而使自己获得价值。

人们对于城市品牌的认知更多的还是通过该城市的主要产业和该城市向社会提供的产物衍生形成的,但已经逐步从产品逐步扩展到地区文化、民风民俗、历史传统等方面。城市品牌建设此时尚没有质的变化。

(4) 城市营销阶段(1990年代中后期至今)。

1990年代中后期以来,城市规划经营开始步入以城市营销理念为基础的营销型城市

---

① 沃德将城市的营销活动划分为5个不同类型的阶段,即待开发地区销售(Selling the Frontier)、胜地销售(Selling the Resort)、郊区销售(Selling the Suburb)、工业城镇销售(Selling the Industrial Town)和后工业城市销售(Selling the Post-industrial City)。

经营的新时代,这种趋势是竞争日益加剧的战略性反映。这一阶段城市数量和规模的迅速发展,使得城市对各种要素的争夺日趋激烈,经营城市的买方特征越来越明显,在日益加剧的城市竞争中,一个城市的成败关键,在于争夺企业、旅游者甚至居民的过程中能否取得竞争优势。而要吸引企业、旅游者和居民,显然需要了解、满足他们的需求。

走在改革开放前列的部分城市,像中国的香港、深圳、北京、大连等城市率先扛起城市营销的大旗。它们开始认识到,吸引符合城市特点的投资者、旅游者和居住者,保持可持续性发展是城市经营的重点,它们开始更多地关注城市实有产品以外的软性服务,城市品牌建设被提上日程。这一过程必然要求在城市管理,特别是城市经营中创造性地引入市场营销的理念和方法,从而使城市规划与管理进入一个新时代。①

(二) 会展城市的战略营销

1. 会展城市的营销战略选择

城市营销其目的在于促成作为区位供给者的城市和作为区位需求者的投资者、参观者、居民或劳动者等群体之间的交换与融合。一座城市在向其目标群体进行营销时有多种战略可供选择,但常见的有以下几种:

形象战略——城市实施形象营销战略,应做好三个必须:形象定位必须明确;形象塑造必须具有系统性、统一性和发展性,因为城市整体形象涉及经济、文化、市政建设、教育等诸多因素,而且应持续不断地提升;形象营销必须寻找突破口,以期在公众心中形成独特的销售点(USP)。

环境战略——从营销对象的角度来分析,环境可分为硬环境和软环境,前者主要包括地理区位、自然资源和城市基础设施,后者内容更加丰富,包括城市管理水平、投资环境、社会安全、市民素质等,这些因素共同构成了城市的环境吸引力。从城市自身的角度来分析,"城市营销要想成功,必须掌握内在和外在的环境变化,以及环境中存在的机会"。②

品牌战略——与传统的城市管理理念相比,城市营销的最大创新之处在于把城市当作一种产品来经营。产品的开发与销售必须讲究品牌效应,城市同样如此。公众评价一座城市,大都是从它的一个或几个代表性事物出发,而这些事物往往会对城市的社会声誉造成深远的影响。但必须强调的是,这里的"品牌"是指城市的核心价值和品牌定位,即城市必须提炼出与众不同的价值观念,能够给大众带来独特的感受。

专业化战略——专业化战略是指城市把战略实施的重点放在专攻某一特定的目标市场,集中力量为特定的目标群体提供特殊的条件和服务。城市的资源相对而言总是有限的,但一旦把资源集中到关键的领域,那么城市在此竞争领域里和一定时间内就能形成对竞争对手的相对竞争优势,从而保证城市战略的顺利实施。

广告战略——广告宣传对城市整体形象的塑造十分有效。然而,由于城市营销的内容十分庞杂,所以在特定时期内或者面向不同的对象,广告策略应该有具体的营销目标,而且画面清晰,广告词重点明确,具有高度的概括性,能够给受众强烈的视觉和听觉

---

① 丁秀清、张义,《城市营销》,兰州大学出版社,2005年。
② 孙成仁,《城市营销时代的来临》,《规划师》2001(5)。

冲击。此外,广告宣传必须具有统一性和持续性。

差异化战略——差异化战略是指城市能够向目标群体提供一种区别于竞争对手的独特的环境条件和服务的营销战略。城市差异化战略侧重于城市的外部环境,根据目标市场需求的差异性以及市场竞争状况来建立城市的优势。这是差异化战略意义的根本所在。当一个城市可以向顾客提供独特的、价格合理的城市产品时,这个城市就把自己同竞争对手区别开来了。

政策战略——各类优惠政策尤其是经济政策是城市营销的一个重要筹码,深圳能在短短20年的时间内从一个边陲小镇发展到今天的规模和层次,在很大程度上得益于中央赋予的一系列特殊政策。当然,政策还包括产业政策、投资政策、住房政策、人事政策等众多内容,每一种政策都能吸引特定的营销对象。

人员战略——城市居民的热情好客很多时候可以多种方式给城市吸引力加分,城市拥有著名的球队,或者曾经生活过著名的历史人物,这样的城市完全有能力实施人员战略。

事件战略——大型事件对城市社会经济发展有着巨大的关联带动作用,更重要的是它能迅速提升一座城市在全国甚至全球的形象。这里的事件主要包括体育赛事、会议或论坛,以及各类节庆活动和展览会。"大大小小的各类事件确确实实已成为2001年中国各大城市营销最常见的战略"。[①]

2. 会展城市的发展战略

(1) 找准定位,插位式发展。

一个城市要发展会展业,首先必须要有自己的定位,实施差异化营销。一个城市会展经济的定位准确与否,是培育品牌会展的关键所在,它决定了一个城市的会展经济能否做大做强和城市形象的塑造。而城市营销也必须通过全面经营活动和社会活动来突出城市形象,因此,会展定位服从于城市定位,才有利于城市营销作用的充分发挥。

会展业并不都是奥运会和世博会,也并不都是财富论坛或世界著名的汉诺威机床展。中小城市并非不可以发展会展业,关键在于如何定位和怎样发展。在北京和上海这样的大城市将会展业的发展目标瞄准在"世界级和国际化"上时,中小城市也可以因地制宜地瞄准公司和地方性协会的会展细分市场,向"中国籍、本土化"进军,实现差异化的发展。在这一方面,海南偏僻小镇博鳌举办亚洲论坛,福建泉州"展览兴市",浙江义乌市会展业发展,河北廊坊建设会展旅游城,杭州从西湖博览会到2006年世界休闲博览大会以及广东省东莞市会展业的发展等实践经验,都能帮助我国其他中小城市正确认识会展业的发展条件,因地制宜地发展会展业。如1999的世界花卉博览会,四季如春的昆明找准了自己优越的自然气候条件和所承办展会的结合点,成功走出了一条资源文化"搭台"、会展"唱戏"的路子,既发挥了昆明的自然和社会资源优势,又突出了展会的特色。又如世界互联网大会,自2014年至今已连续在中国浙江乌镇成功举办五届,并将永久在乌镇每年举办一届。每届大会均有1 500余名来自政府、国际组织、企业、研究机构及民间社群等领域的重要嘉宾出席。世界互联网大会使得乌镇这个中国历史文化名镇成功转型,走上国际舞台。

---

① 卢泰宏,《2002年中国营销蓝皮书》,广州出版社,2002年。

资料链接 6-3

达沃斯的魅力

世界经济论坛 2019 年年会于 1 月 22—25 日在瑞士达沃斯举行。在 4 天的会期中，来自全球政界、商界、学界的 3 000 多位嘉宾围绕近 400 个话题进行了交流。

一座小镇、一个论坛，为何会有如此魅力？

这与论坛的初衷密不可分。世界经济论坛创始人兼执行主席克劳斯·施瓦布最初的想法是，要为全球企业家们搭建一个与政府官员、专家、媒体交流的平台，这一平台没有繁文缛节、没有会议公报，与会嘉宾可以在度假胜地以放松的状态畅所欲言，探讨如何应对共同的挑战。这也被称为"达沃斯精神"。

从 1971 年的"欧洲管理论坛"算起，世界经济论坛已经走过 40 多年。虽然世界经济在这 40 多年里经历起伏，但论坛的魅力始终不减。即使 2019 年，多位重要经济体的领导人没有出席论坛，但达沃斯的声音依旧通过各种方式传播到世界各地。在世界经济充满不确定性的当下，在这座欧洲小镇上举行的论坛影响力并没有打折扣。

首先，世界面临的共同挑战越来越多。

当今世界的相互关联程度日益加深。在这种情况下，许多挑战不再是一个企业、一个行业、一个国家单独面对的，而是全世界共同面对的。因此，如何应对挑战也需要全世界共同探讨。

同时，经济发展所面临的问题也不再局限于经济领域，社会、环境、文化等因素都会牵扯其中。达沃斯虽然在名义上是一个"经济论坛"，但其每年设置的议题早已超出经济范畴，与会的嘉宾也不仅仅来自经济领域，包括政府首脑、公共学者、文化名流以及技术领域的引领者等均会现身论坛，这让论坛设置的议题涵盖更广，嘉宾的交流也更深入。

以 2019 年为例，达沃斯论坛的主题是"全球化 4.0：打造第四次工业革命时代的全球架构"。所谓的"全球化 4.0"涵盖了全球经济领导格局变化、全球势力划分发展、新技术兴起、气候变化等生态问题对社会经济发展造成威胁等内容。

如此多样的内容，如此跨界的议题，如此共性的挑战，才让达沃斯受到如此高的关注。

其次，合作共赢成为各方追求的目标。

达沃斯论坛始终坚持开放性，也可以称为公共性原则。在达沃斯论坛期间，无论是大国政要，还是商界精英，抑或意见领袖，大家都是平等的，都以开放、坦诚的态度进行对话，其目的就是希望实现合作共赢。

由于论坛本身并不会发表官方声明或会议公报，所以各方也没有相应的压力，不必担心是否要有所保留、有所让步。所有人都可以开诚布公地进行交流，表达自己的看法，这让论坛气氛更为活跃。

通过这一平台，与会嘉宾可以充分表达对全球经济发展的关切，表达与各方加强合作的愿望，谋求全球治理改善与合作共赢。这也让达沃斯论坛成为全球最具影响力的盛会之一。

再次,发展中国家和新兴经济体的声音受到关注。

在逆全球化暗流涌动之际,多边主义体制更需要被维护。与每年召开的七国集团峰会、二十国集团峰会、亚太经合组织领导人会议相比,在达沃斯论坛期间,发展中国家和新兴经济体受到的关注往往更多。特别是近年来,中国、印度等新兴经济体崛起成为达沃斯论坛期间的高热度话题,这也让多边主义成为论坛上的"热词"。

新兴经济体将成为全球化发展中的一支主力军。这不仅表现在其对全球经济发展作出的贡献,在全球治理、应对气候变化、技术革命等领域,新兴经济体发挥的作用同样越来越大。这也难怪达沃斯论坛在解释"全球化4.0"这一主题时,将赋予全球化新定义的四大变革中的两项表述为"全球经济领导格局由奉行'多边主义'进一步发展为'诸边主义'""全球势力划分由单极主导向多极平衡发展"。从中不难体会,新兴经济体在推动全球化发展中所扮演的重要角色。

因为受到关注,更多的新兴经济体愿意借助达沃斯论坛这一平台表达自己的观点和立场,为全球经济治理贡献自己的智慧,此举也为达沃斯论坛增添了魅力。

资料来源:李高超,《达沃斯的魅力》,《国际商报》,2019年1月

(2) 宣传推广,整体营销。

会展是服务业中的特殊产品,它也需要宣传和包装,才能在会展市场中更具有竞争力。会展经济的定位与形象一旦确定,就需要让社会各界更多的人士、更多的单位、更多的机构了解,从而产生参展的愿望。因此,广泛借助各种新闻媒体,对城市形象和会展形象以及各个会展的筹备、组织等活动进行全方位、协调一致的宣传与报道,是对八方客商和游客产生强大吸引力的前提。

新闻媒体的大力宣传、报道是提升城市形象的重要手段,也是扩大会展经济影响力和感染力的手段。昆明举办民族服装服饰博览会时,虽然云南少数民族众多,服装服饰多样,但只有云南省的物品显然不能代表全国。昆明市通过新闻媒介广泛宣传造势,对各地产生了吸引力,许多外地的博物馆、厂商、收藏爱好者纷纷前来,很快便汇集了各类服装服饰3 000多套、15 000多件。

在会展营销方面,各城市不妨借鉴旅游业整体促销的模式:在组织机构上,由当地旅游局牵头(具体负责和客源地旅游管理部门联系,邀请旅游中间商及媒体记者,合理支配促销经费,并全程规划、组织促销活动),旅游企业自愿参加;在资金来源上,当地财政承担绝大部分,参加促销的企业交纳一部分。国内众多城市的成功实践表明,这种旅游整体促销模式是可行的。

事实上,上述旅游促销模式与法国国际专业展促进委员会(Promo Salons)的操作模式是一脉相承的,值得国内会展城市学习和借鉴。通过这种模式,城市可以将会展整体营销的市场运作和政府主导有机结合起来。当然,在具体操作时每个城市应该依据自身的实际情况灵活处理。例如,除了举行以介绍城市会展业的总体情况为主题的说明会外(这部分费用一般由政府来承担),还可以策划品牌展览会的专场推介会,参加此

推介会的展会主办者或企业一般应交纳适当的费用。

(3) 抓住时机,开展事件营销。

事件(Events)一般指有较强影响力的大型活动,其范围相当广泛,包括国际会议或展览会、重要体育赛事、旅游节庆,以及其他能产生较大轰动效应的活动。作为一种新的营销理念,事件营销(Events Marketing)的实质就是地区或组织通过制造有特色、有创意的事件来吸引公众的注意,并让其对自身的品牌或产品产生好感。对于会展城市而言,可以考虑从三个方面入手开展事件营销:

一是举办节庆活动。精心策划和组织旅游、文化等方面的节庆活动,并在当地以及主要营销对象所在地的媒体上进行宣传报道,以期在短期内提高城市的知名度。例如,上海每年要举办十几个大型旅游节庆活动,如上海国际艺术节、上海旅游节等,这些活动的成功举行有效地提高了城市的知名度。二是利用重要事件。即抓住每一次大型活动尤其是国际性活动的机会,促进城市基础设施建设、提高市民素质,并大力宣传城市的整体形象。三是制造公关事件。城市应该精心策划各类公关活动,努力制造正面新闻,以引起媒体和公众的高度关注,从而不断提高本城市的知名度和美誉度。如向贫困地区提供经济支援、承担重大科研项目等。

(4) 建设 DMS,推进网络营销。

人类社会已经步入信息时代,各类企业在经营活动中都广泛借助互联网来收集、处理信息和汇集、整合资源,作为第三产业中一支重要力量的会展企业更是如此。这种宏观背景客观上要求会展城市的管理和营销具有较高的信息化程度,以适应会展企业和参展商、一般观众等相关主体的需要。

与此同时,20 世纪 90 年代以来,世界旅游业取得了迅猛的发展,随着旅游目的地之间竞争的日益加剧,把城市作为一个整体向外推广的要求越来越强烈,最终促成了目的地营销系统(即 DMS,Destination Marketing System)这一概念的诞生。必须指出的是,尽管目的地营销系统是由旅游界最先提出来的,但会展城市也能运用 DMS 的基本原理来开展营销活动,甚至可以和旅游目的地营销有机结合起来,以整合各类资源,特别是基础设施、专业场馆、市民素质、科技水平等,并有效降低营销成本。

DMS 以互联网为基础平台,并结合数据库、多媒体技术和网络营销技术,通过全面收集和规范目的地的各种旅游信息,建立通畅的旅游信息传播渠道,使公众对旅游目的地产生浓厚的兴趣,进而采取具体的旅游行动(如图 6-1 所示)。

城市在宣传自身理想的办会/展环境时,都会充分利用各种营销渠道。然而,与旅游产品一样,会展产品或服务不是实物商品,也不能成为标准化产品,因而最适合通过网络形式来传播。鉴于会展活动和旅游活动的开展具有十分相似的基础条件,会展城市营销完全可以与旅游目的地营销系统实现捆绑,从而达到有效整合各类资源的目的。当然,有条件的城市也可以单独开发会展业的整体营销系统。但无论怎样,会展城市必须建立功能强大的目的地营销系统,具体操作时应注意以下两点:

① 必须有专业网络公司的技术支持。对于会展城市而言,目的地营销系统既要清晰地将所有信息分门别类,又要具有高度的概括性,既要汇集城市会展业发展的各类相关资源,又要突出城市自身的特色,这自然离不开高水平的设计和制作,因此往往需要

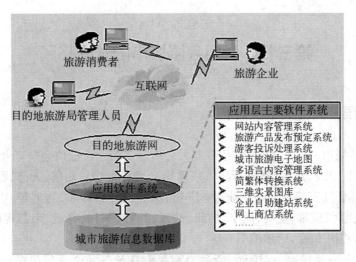

图 6-1　旅游目的地城市营销系统①

专业网络公司的参与。

② 会展城市营销系统的构建应该以营销活动所涉及的利益主体之间的关系为依据，其基本宗旨是在城市会展行业主管部门、目的地会展企业（会议中心、场馆等）、专业会议/展览会组织者、参展商和专业观众之间建立一座联系、沟通甚至交易的桥梁。如图 6-2 所示：

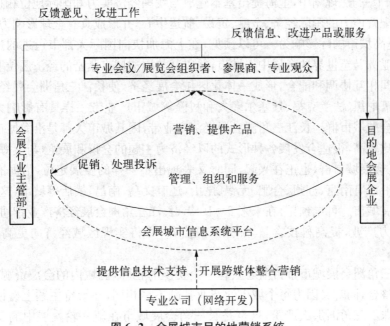

图 6-2　会展城市目的地营销系统

---

① 据金旅雅途网，http://www.yahtour.net

第三节　我国会展城市的发展格局

一、我国五大会展带发展状况

我国会展城市的发展格局，大致有五大会展经济带：长三角会展产业带：上海、南京、苏州、杭州、宁波、义乌、温州、台州；京津唐会展产业带：北京、天津、石家庄、太原、济南、青岛等；珠江三角洲会展产业带：广州、深圳、厦门、珠海、香港等；中西部会展产业带：西安、昆明、成都、重庆、南宁、柳州、武汉、长沙、郑州、合肥、南昌等；东北会展产业带：大连、沈阳、长春、哈尔滨等。

（一）以上海为中心，以沿江、沿海为两翼形成长三角会展经济带

就中国目前几个经济区域的经济发展状况来看，以上海、南京、杭州、宁波、苏州为代表的长江三角洲城市群，汇聚了中国6%的人口和近20%的国内生产总值，堪称中国经济、科技、文化最发达地区之一，世界500强企业中已有400多家进入这一地区。长江三角洲区域经济的龙头——上海的会展经济整体实力在全国居于前列，与北京不相上下，而且大有超过北京之势，并因举办APEC会议和2010年世界博览会而空前提升了上海作为会展城市的国际形象和知名度，因此，上海是名副其实的中国一级会展中心城市。在"十三五"规划中，上海提出基本建成与我国经济实力和国际地位相适应、具有全球资源配置能力的国际经济、金融、贸易、航运中心，并形成具有全球影响力的科技创新中心，提高城市国际影响力。可以预见，在上海加快向国际大都市迈进的过程中，上海将成为亚洲乃至世界的会展中心城市，并以其与周边城市紧密的经济区位联系，通过各城市之间相互协调和配合，形成一体化区域会展经济，使长江三角洲会展经济产业带与德国的慕尼黑、法兰克福、杜塞尔多夫和科隆等城市产业带一样具有影响力，成为亚洲最大的会展城市群。长江三角洲会展经济产业带，因其城市大都是沿海城市，经济国际化程度比较高，很适合发展各种形式的以经济为主题的会议和展览，与上海相呼应的沿海、沿江会展城市群，也正在兴起，同时又表现出不一样的发展定位，沿海有宁波、温州、杭州，沿江有南京、苏州、合肥、无锡、昆山，还有义乌、南昌、横店等城市，这些可发展成二级会展城市。可以预见，在未来5—10年，长江三角洲会展经济产业带通过将会展业定为动力产业，提高科技含量，加强区域合作，必将实现区域经济向更高层次整体推进。

长江三角洲会展城市带目前还只有一个初步的轮廓，区域内的会展资源还没有实现真正的整合，同时又因为每个城市的产业基础不尽相同，在展览主题上碰撞、冲突的情况没有珠江三角洲那么严重，这也是长三角会展城市在新一轮发展中的良好基础。但目前这个地区展馆的建设表现出规模过大的局面。会展场馆面临"洗牌"。因此，长三角会展经济带必须尽快形成会展城市的错位、互动、梯队式发展，形成分工明确、定位准确、互动发展的格局。

资料链接 6-4

工 博 会

中国国际工业博览会(简称"中国工博会")是由工业和信息化部、国家发展和改革委员会、商务部、科学技术部、中国科学院、中国工程院、中国国际贸易促进委员会、联合国工业发展组织和上海市人民政府共同主办,中国机械工业联合会协办,东浩兰生(集团)有限公司承办的以装备制造业为展示交易主体的国际工业品牌展,每年秋季在上海举办。

中国工博会自1999年创办以来,通过专业化、市场化、国际化、品牌化运作,已发展成为通过国际展览业协会(UFI)认证,中国装备制造业最具影响力的国际工业品牌展,是我国工业领域面向世界的一个重要窗口和经贸交流合作平台。自2015年起,中国工博会已正式移师国家会展中心(上海)。国家会展中心(上海)位于上海虹桥CBD核心区、毗邻虹桥交通枢纽,是目前世界上面积最大的会展综合体。

第二十一届中国国际工业博览会已于2019年9月17—21日在国家会展中心(上海)举行,设9大专业展,展会面积280 011平方米,吸引来自32个国家和地区共计2 610家参展商,同期精彩活动50余场,境内外观众总计193 788人次,其中专业观众和买家183 229人次,来自87个国家和地区。

资料来源:www.ciif-expo.com

资料链接 6-5

华 交 会

华东进出口商品交易会(简称"华交会")由中华人民共和国商务部支持,上海市、江苏省、浙江省、安徽省、福建省、江西省、山东省、南京市、宁波市9省市联合主办,每年3月在上海举行,由上海华交会展经营服务有限公司承办。华交会是中国规模最大、客商最多、辐射面最广、成交额最高的区域性国际经贸盛会。

自1991年以来,华交会已成功举办了29届。第29届华交会在上海新国际博览中心举行,展览面积达12.65万平方米,标准展位5 868个。设服装服饰展、纺织面料展、家庭用品展、装饰礼品展和现代生活方式展(下设进口产品展区和跨境电商展区),参展企业4 000余家。境外展商分别来自日本、韩国、马来西亚、新加坡、越南、泰国、尼泊尔、巴基斯坦、印度、立陶宛、中国香港、中国台湾等15个国家和地区。第29届华交会有来自全世界111个国家和地区的22 757名境外客商和国内14 408名专业客户到会洽谈,出口成交总额达23.06亿美元。

资料来源:www.ecf.org.cn

（二）以北京为中心，以天津为边翼，形成京津唐会展经济带

北京作为中国的首都和政治、经济、文化中心，发展会展经济具有得天独厚的优势。就会展经济发展实力和知名度来看，目前除上海之外，其他城市尚无法与北京相提并论，因此北京当属中国一级会展中心城市之列。随着北京加速建设国际大都市和2008年奥运会的举办，北京会展经济将加速进入快车道，并以其强大的区域辐射功能，带动天津等周边城市会展经济的发展，形成以北京为核心，由京津地区向整个华北地区延伸的会展经济产业带。

该会展经济产业带中的核心部分——京津地区是世界上6个绝无仅有的在直径不足100公里的地域内集中了两个超大型城市的区域，拥有各类科研院所近千所，高等院校近百所，科技人员150余万人，是全国知识最密集、科技实力最强的区域。天津作为北京的门户，也是国际性现代化港口城市。天津可以利用处于环渤海经济中心和与北京毗邻的区位优势，通过整合会展资源将天津培育成中国二级会展中心城市。

北京是中国会展城市发展较早，品牌展览会最多、最有影响的城市，如北京科博会、机械展、服装展等，其中得到UFI认证的国内展览会的80%都在北京。北京2008年奥运会的成功举办，极大地推动北京周边城市太原、廊坊、天津等会展城市的发展。同时，北京作为文化、政治活动中心，其商业展览会和会议也将出现南移上海的趋向，今后将侧重发展文化交流及政府类、行业类展会和会议。

资料链接 6-6

科博会

中国北京国际科技产业博览会（简称"科博会"）是经国务院批准，由科技部、国家知识产权局、中国贸促会和北京市人民政府共同主办，北京市贸促会承办的大型国家级国际科技交流合作盛会。

科博会创办于1998年，当时定名为"中国北京高新技术产业国际周"，从2002年第五届起正式更名为科博会，历经初步探索（1—3届）、快速成长（4—8届）、稳步发展（9—15届）和创新引领（16届至今）四个时期，逐步打造成集综合活动、展览展示、推介交易、论坛会议、网上展示推介"五位一体"的活动架构，成为我国科技产业发展思想的策源地、创新技术与产品的首秀场和权威政策信息的首发地，在我国科技产业从引进来、自立自强到走出去的历史进程中，留下了浓墨重彩的一笔。许多国家领导人以及诺贝尔奖获得者都曾出席过科博会活动。

据不完全统计，前21届科博会先后有100多个国家和地区1 108个境外代表团参加，参展中外机构和企业36 504家，观众累计达到560余万人次；举办论坛、推介交易1 025场次，签署合同、协议、意向5 529个，总金额10 118.77亿元人民币。科博会为促进政产学研用协同创新、深化国际产能合作提供重要平台。

第22届科博会于2019年10月24—27日举办。本届科博会以"推动科技创新中心建设 引领产业高质量发展"为主题。活动规模为：展览会地点在中国国际展览

中心(老馆),展期4天,展览面积3.8万平方米,设19个主题展区,参展中外科技企业1 200余家;同期举办综合活动6场、推介交易14场、论坛会议11场。

本届科博会主要特点:一是聚焦高精尖产业,凸显未来竞争新优势。主展场汇聚中航科技、中航工业、中船重工等一批具有国际竞争力的高科技制造龙头企业,展示航空航天装备、海洋科技成果、核心芯片、人工智能、智能制造、新一代信息技术等。

二是立足首都城市定位,展现全国科创中心建设新成果。以十大高精尖产业为主线,展示首都在高精尖产业、特色园区建设、"双创"工作中的新成果,助力打造高精尖经济结构。

三是助力科技跨界融合,引领产业高质量发展。顺应数字化、网络化、智能化的发展趋势,助推科技与冬奥、文化、金融、教育等产业深度融合,推动新技术、新业态、新模式成长壮大。

四是延伸区域合作链条,推动科技成果转移转化。搭建京津冀协同创新示范平台,举办8场京津冀专题活动,全面展示京津冀协同发展战略实施五年来取得的重大成果;为参展参会兄弟省区搭建交流合作平台,提供接待、参展、推介一体化服务;打造政产学研用一体化链接平台,首次举办国际技术转移论坛、中葡经贸洽谈交流会,推动实质性合作交易。

资料来源:www.chitec.cn

(三) 以广州为中心,以香港为龙头,形成珠江三角洲会展经济带

以广州、香港为中心的珠江三角洲会展经济产业带与其他地区相比,具有较强的产业优势、区位优势和开放优势。

(1) 珠江三角洲—华南地区发展会展经济具有强大的产业支撑。目前,珠江三角洲地区一些新的中心城市,如深圳、东莞、顺德等城市因其经济的发展已率先成为我国重要的电子信息、生物技术、光机电一体化、新材料等领域的高新技术产业群。主要的发达产业有钟表、玩具、建材、家用电器、石油化工、医药制品、化工制品、纺织服装、食品制造、电子通信、信息产业和高新技术产业等,其中尤以有"东莞停工,世界缺货"一说的东莞"三来一补"加工中心、首屈一指的顺德家电业、中山的灯饰和服装、佛山的陶瓷业最为著名。这些发达的产业为华南地区展览市场提供了丰富的项目资源,使其适合发展具有地方产业特色的专业会展。

(2) 该产业带具有与香港地区毗邻的区位优势。众所周知,香港地区是著名的国际会展之都,在举办会展方面有着丰富的国际经验。珠江三角洲的城市如深圳、东莞可以与香港地区合作,迅速提升会展层次,迈向国际市场。整体而言,"珠江三角洲—华南会展经济产业带"中的各城市依据自身特色开发各类展会,将形成多层次、相互补充的会展市场结构:广州作为华南会展业的中心城市,以举办"广交会"这样大型的综合性的展览为主,以"规模大、参展商多"见长;深圳以举办高科技专业展会为主;其他珠三角各城市依托特色产业,举办具有浓厚产业色彩的展会,如虎门的服装节、东莞的民博会等;而海南三亚和博鳌将以大型论坛和研讨会为主,南宁和桂林则可以专业会展见长,

突出"小而精"的特色。

珠江三角洲会展经济带是目前中国会展经济带最为繁荣的地区之一。广州是中国第一展"广交会"的所在地,历经几十年,每届成交额都达到150亿美元,吸引客商十几万,国际影响极大,培育了一批像美容展、家具展、建材展、医疗器械等品牌展会。办展的市场化运作、规模、服务都进入了成熟期。尤其是2008年全面启用的中国进出口商品交易会展馆(广交会展馆)的室内面积为33.8万平方米,排名全球第五,更加确立了广州会展中心城市的地位。香港是中国所有会展城市中发展最早、成熟最早、国际影响最大的会展之都,它的自由港、贸易港和经济中心的优势,使它在发展会展经济中独占鳌头。香港和深圳、广州、东莞、珠海等会展城市的会展资源的互动和整合,将加速这个会展三角洲地带的良性发展,并形成核心竞争力。从1999年开始,深圳特区进入会展业的高速发展时期,深圳"高交会"的塑造,和深圳国际会展中心建成,为深圳会展业插上腾飞的翅膀;与广州、深圳相匹配的周边会展城市也发展得如火如荼,东莞电博会、顺德家电展颇具影响。展览场馆方面,广州和深圳都已拥有建筑总面积超过10.0万平方米的超大规模会展中心,东莞、中山、珠海、顺德等城市也在积极筹建大型展览中心。预计未来,广东将成为亚太地区展览最集中的地区之一,仅珠江三角洲地区的展馆面积就将超过120.0万平方米。

广州、珠江三角洲已经和北京、上海一起占据了国内展览市场的80%,是展览业发展最快的地区之一,在全国会展业占据了重要位置,奠定了继续发展的基础。CEPA把展览会议业作为头一批受益的18个行业之一被写进了条约,从2004年1月1日起,香港的会展公司就可以在内地成立独资公司。珠江三角洲地区是世界工厂和制造业基地,区内各个城市因为产业结构各有特色,发展会展经济的侧重点也不一样,各有特色和优势。所以珠三角地区一直是香港展览会议业协会会员单位在香港以外积极拓展的重要市场,香港和珠三角有些展会可以形成展览带的效果。

资料链接 6-7

广 交 会

中国进出口商品交易会,又称广交会,创办于1957年春,每年春秋两季在广州举办,由商务部和广东省人民政府联合主办,中国对外贸易中心承办,是中国目前历史最长、规模最大、商品种类最全、到会采购商最多且分布国别地区最广、成交效果最好、信誉最佳的综合性国际贸易盛会。

广交会历经63年改革创新发展,经受各种严峻考验从未中断,加强了中国与世界的贸易往来,展示了中国形象和发展成就,是中国企业开拓国际市场的优质平台,是贯彻实施我国外贸发展战略的引导示范基地。已成为中国外贸第一促进平台,被誉为中国外贸的晴雨表和风向标,是中国对外开放的窗口、缩影和标志。

截至第126届,广交会累计出口成交约14 126亿美元,累计到会境外采购商约899万人次。目前,每届广交会展览规模达118.5万平方米,境内外参展企业近

2.5万家,210多个国家和地区的约20万名境外采购商与会。

第126届中国进出口商品交易会已于2019年11月4日落下帷幕,相关信息如下:	
举办时间	第一期:2019年10月15—19日 第二期:2019年10月23—27日 第三期:2019年10月31日—11月4日
举办地点	中国进出口商品交易会展馆(广州市海珠区阅江中路380号)
主办单位	中华人民共和国商务部 广东省人民政府
承办单位	中国对外贸易中心
展出内容	• 电子及家电类;五金工具类;机械类;车辆及配件类;建材类;照明类;化工产品类;能源类;进口展区 • 日用消费品类;礼品类;家居装饰品类 • 纺织服装类;鞋类;办公、箱包及休闲用品类;医药及医疗保健类;食品类;进口展区
展览总面积	118.5万平方米
总展位数量	60 676个
出口成交	2 070.9亿元人民币(折合292.88亿美元)
境外采购商	186 015人次
参展商数量	出口展参展企业25 000家, 进口展参展企业642家

资料来源:www.cantonfair.org.cn

(四)以大连为龙头,以边贸为支撑,形成东北会展经济带

随着中俄经贸合作的稳步发展,沿"京津唐会展经济产业带"向北,即将形成以大连、哈尔滨、长春、沈阳为中心的东北边贸会展经济产业带。东北地区与中国其他经济区域相比,最大的优势就是与俄罗斯、韩国、朝鲜相邻,边境贸易具有相当大的发展潜力。因此,东北地区这几大城市可以利用自身的特色产业开发对俄、对韩经贸类展会,培育具有地区特色的会展经济。

在该会展经济产业带中,大连会展业虽然与北京、上海无法相比,但因其作为港口城市具有较强的经济优势和区位优势,可将其列为中国二级会展中心城市。大连市以其会展旅游城市确立了中国会展中心城市的地位,以大连服装节为代表的大连会展业步入了一个成熟期。

而沈阳、长春、哈尔滨则可通过依托当地产业特色,重点开展对外贸易洽谈会和体现地方产业特色的专业展览会。沈阳作为东北重要的交通枢纽,发展了像装备展等一大批品牌展会,长春依托一流的汽车生产基地,极力打造车博会,并以电影城打造电影节,以农业商品基地,打造农博会,哈尔滨会展业的特色是打造体育赛事,打造边贸的交易会、亚布力的中国企业家论坛,以及延边地区的集安文化旅游节等。

东北会展经济带的形成有较长的路要走,各个城市的发展与竞争必须处理得当,否则会造成主题雷同,资源浪费的后果,东北会展城市之间的交流与研讨以及会展产业的开发都是当务之急。

(五)中西部会展经济带

以成都、昆明、西安为中心,以武汉、重庆、乌鲁木齐、桂林、南京为纽带,形成中西部会展经济带。中西部会展中心城市的发展与京津地区、长江三角洲和珠江三角洲不同,不是以某一龙头为中心形成集群效应的会展经济产业带,而是要突出个性,培育地区特色展会。中西部会展城市的发展,要加强区域联合,实现资源共享,实现优势互补,树立区域市场大板块的观念,不断完善会展城市服务功能,提高会展主体和政府的素质,共同打造一个联动、合理、互补的产业经济带。

中部的郑州,因其具有作为中国交通枢纽的得天独厚的区位优势,能够使大批货物大进大出、快进快出,为广大客商节约时间和费用。因此郑州会展业的发展应主要依托这一优势,突出这一特色,可多举办大型机械、建材、农产品等物流量大的会展。

在西部地区,作为中国西部特大中心城市的成都,是西南地区的"三中心、两枢纽",具有较强的地缘优势,其城市的辐射功能较强,对中国西部大市场的培育与发展有着举足轻重的影响。因此,成都应根据其经济、环境等特色,形成节、会、展相结合的会展经济发展模式,如继续提高四川国际熊猫节、全国春季糖酒会等节会的影响力和知名度。

昆明是以展会、旅游、休闲城市的优势造就了世界花博会、昆交会、桃花节、中国花卉展等一批品牌展会,成都是中国西部腹地城市,近几年来,在医疗、汽车、糖酒、家具、旅游等方面都有好的展会举办,同时它的周边旅游名胜也使其会展业后劲十足。

西安是我国著名的历史名城。历史、文化、旅游与农业资源丰厚,历史、文化展也是其优势,其他如乌鲁木齐的乌洽会,桂林的旅游节,南宁的飞歌节,重庆的高交会,武汉的武博会等,可以说,中西部城市都有各具特色的会展品牌。

二、沪、京、穗三城市会展产业发展基本情况

(一)上海会展业发展的基本情况

1. 上海会展业发展历程

上海会展业经过二十多年的发展,已经形成了一定的产业规模,从开始的学习起步阶段逐渐发展成为具有鲜明特色的会展中心城市,大概经过了以下几个阶段。

(1)准备阶段。

从建国初期到 20 世纪 70 年代末期,上海的会展主要是以向世界展示中国的建设成就和国际友好城市来华展示为主。这段时期上海会展业还没有真正起步,更谈不上形成产业规模,所以只能称为准备阶段,是上海会展业发展的一个引子。自 1954 年始,上海兴建了第一个专业展馆——上海展览中心(原中苏友好大厦)。然而,当时该展馆主要用于成就展,展出新中国成立以来工业、农业、国防、科技产品,以常年展为主。

(2)起步阶段。

20 世纪 80 年代初期到 80 年代末期,是上海会展业起步阶段。

直到80年代改革开放初期,上海的常年展逐步向市场展过渡,从境外来沪展示到与境外合作办展,国际性的会议也开始登场,展览公司也陆续建立,展览会的数量也在增加。这一阶段,上海会展业规模小,影响弱,未形成产业体系,可供展览的面积只有2万多平方米,软件、硬件都无法满足现代会展业发展的需要。

20世纪80年代,中国港台地区的展览机构进入上海展览市场,并发挥了相当大的主导作用。上海本地的展览公司,以国有公司为主,所起的作用有限,只是在不断学习并努力掌握展览会业务。当时展览会的主办者主要来自香港及部分欧洲国家,单个展览面积在一万平方米以下,一年大致有十几个展览会,且都是以进口为导向的工业展。20世纪80年代初期,上海的展览会主要是国外的友好城市到沪举办一些展示活动,如日本横滨工业展、日本汽车展、法国的塑料制品展等。会议大部分局限于产品的订货会、经验交流会等。上海从事会展的公司,主要是贸促会下属的展览机构。

到了80年代中期,上海会展企业在香港会展公司的带动下逐步从无到有、从小到大、从弱到强地发展起来。早期的上海办展企业主要以国营公司为主,从1984年起,以上海贸促会成立为标志,上海开始有了自己独立办展的能力,经过2年多的准备,上海从1986年开始创办有独立自主产权的展会。由于其具备国资背景,且有政府、市场作为支撑,上海的展览真正地开始走上正轨。1984年,上海市国际展览有限公司作为上海最早的专业展览公司宣告成立,成为上海会展业诞生的标志。

经过十多年的发展,在上海办展的企业从当初的一两家国有展览公司发展到1994年诞生了第一家民营展览公司。1984—1994年,国际展览会数量从1984年的8个递增到1994年的50个,上海已经有了涵盖主要工业生产领域内各类专业展会,其影响力也不断增加,并引起了国际展览业同行的关注。

(3) 发展阶段。

到了20世纪90年代,上海的会展业开始进入高速发展阶段。

随着上海对外开放的不断扩大和经济的腾飞,上海会展业得到迅猛发展,基础设施的高速建设和市场机制的不断完善,各类的展览公司纷纷诞生,特别是民营展览公司的崛起,国际会展企业相继入驻中国,国内的专业协会也利用各自的专业优势创建自己的展览会,上海的会展业呈现出市场化、专业化、国际化和品牌化的发展趋势。会展业逐渐成为上海经济发展新的增长点,上海也逐渐发展成为全国主要的会展中心城市。1995—1999年,上海展览会数量呈现逐年迅猛递增的态势,国际展览会数量1997年首次突破了100个,1999年达到150个,是1990年的近4倍,国内展上千个。场馆建设有了新的起色,1999年可供展览的场馆面积达到近10万平方米。

(4) 提升阶段。

2000—2009年是上海会展业发展的提升阶段。

2000年上海国际展览会超过了200个,2001年达到238个,2002年达到262个,2003年达到348个,2004年达到202个,2005年276个,2006年295个。

图6-3展示了上海2003—2017年历年举办的国际展览会数量和展出面积,从中可以看出上海国际展览会的数量保持平稳,展出面积不断上升的趋势。

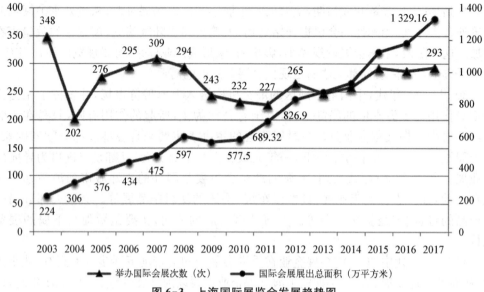

图 6-3 上海国际展览会发展趋势图

以上海浦东陆家嘴开发公司和德国三家著名展览公司联手投资上海新国际博览中心为标志,欧洲展览公司以更强的品牌和网络、资金的优势逐步进入上海展览市场。新兴的美国展览机构也跃跃欲试地进入上海展览市场。与此同时,港台展览势力已明显削弱。21 世纪初的几年,上海会展业由于民营、外资的大量介入而呈现多元化的发展,由于展览场地的限制,众多办展企业围绕有限的展览资源展开了日趋激烈的竞争。竞争促使会展业进入规范发展阶段。

以 2002 年浦东新展馆落成为标志,国际展览龙头企业开始独立涉足中国展览市场,在带来国际先进办展理念的同时,也带来各自的世界名展,为中国经济的发展注入了新的活力和动力。规范的操作、细致的管理、贴心的服务使上海展览同行耳目一新。2002 年,上海成立了会展行业协会,整合会展产业,制定游戏规则,制定和健全规范性操作规则,为上海颁布实施展览管理规定做了大量基础性工作,协助政府引导上海会展业走上良性发展的道路。

2002 年,上海申办 2010 年世博会获得成功,2002 年成功举办的亚行年会、ATP 大师杯赛、APEC 会议等都为上海会展业增添了亮点。2003 年尽管遭遇了非典的影响,但 2003 年上海仍有 348 个展览项目举办,展出总面积达到 224.35 万平方米。2004 年,上海会展业保持上升态势,取得了较好的发展,以国际展览会为例,2004 年举办了 284 个项目,展出总面积 32 006.00 万平方米。2005 年举办了 276 个项目,展出总面积 376 万平方米。2006 年举办了 295 个项目,展出总面积 433.50 万平方米,主要的国内展览会项目 171 个,总展出面积 45.00 万平方米;大型会议、论坛 94 场;较有影响的节事活动 112 次。到 2006 年,上海展览场馆可展出的室内面积达到了 22 万平方米,特别是上海新国际博览中心的建成,为上海会展业与国际接轨提供了现代化的平台。2006 年在上海举办国际展览项目 295 个,比 2005 年增长 6.88%,总展出面积 433.5 万平方米,比 2005 年增长 15.29%,参展企业 18.03 万家,比 2005 年增长 2.31%,参观观众 884.86 万人次,比 2005 年增加 16.45%;主要的国内展览会项目 171 个,总展出面积 45 万平方米;大型会议、论坛 94 场;较有影响的节事活动 112 次。

(5) 飞跃阶段。

2010—2019 年是上海会展业发展的飞跃阶段。

上海成功举办了世博会是这一阶段的标志性事件。2010 年上海世博会是继北京奥运会后我国举办的又一国际盛会,也是第一次在发展中国家举办的注册类世界博览会。为期 184 天的上海世博会,共吸引 246 个国家和国际组织参展,7 300 多万人次参观者走入世博园。这次世博盛会向世界展示了上海这座国际大都市的魅力。另一个标志性事件是从 2018 年起举办中国国际进口博览会。2019 年举办的第二届中国国际进口博览会共有 181 个国家、地区和国际组织参会,3 800 多家企业参加企业展,超过 50 万名境内外专业采购商到会洽谈采购,展览面积达 36 万平方米。进博会规格高,国内外影响广泛,具有显著的溢出效应,有助于打响"上海会展"城市名片,朝建成国际会展之都的目标迈进。

2. 2018 年上海会展行业具体发展情况[①]

(1) 展览会和会议、活动情况。

2018 年,九大场馆进一步多元化发展,合计承接了 268 场会议、活动,总面积193.94 万平方米,比 2017 年的会议、活动面积将近翻了一番。数量、面积分别占到全上海会展业总量的 26.96% 和 10.17%。

2018 年,上海举办展览会项目 726 场,总展出面积 1 712.37 万平方米。其中,国际展览会项目 292 场,总展出面积 1 347.18 万平方米,数量和面积占比分别为 40.22% 和 78.67%;国内展览会项目 434 场,总展出面积 365.19 万平方米,数量和面积占比分别为 59.78% 和 21.33%。其中,九大主要场馆举办展览会项目 503 场,总展出面积 1 609.18 万平方米。数量较上一年减少了 10.34%,面积增长了 4.19%。

(2) 场馆情况。

2018 年上海主要场馆维持原状,继 2017 年略有减少以来,仍为 75 万平方米左右(参见表 6-1)。值得一提是:2019 年,新国际博览中心有临时性场馆投入使用。

表 6-1　2018 年上海各主要展览馆展览面积表

场　馆	展馆面积 (平方米)	场　馆	展馆面积 (平方米)
国家会展中心(上海)	404 400[②]	上海展览中心	21 743
上海新国际博览中心	199 700	长风跨采会展中心	16 000
世博展览馆	71 000	上海农业展览馆	7 600
上海汽车会展中心	30 000	上海世贸商城	7 250
上海光大会展中心	23 900	合　计	781 593

---

① 资料来源:http://www.sceia.org/
② 数据来自 UFI,于 2019 年更新。

(3) 2018年上海会展业发展特点。

首先,行业规模平稳增长,会展业十三五规模目标预计能够提前实现。2016—2018年,上海会展行业总规模从1 604.80万平方米增长到1 906.31万平方米,年均增长率为9.00%。2019年,只要增长率超过5.00%,就能提前实现十三五2 000.00万平方米的目标;若2019年和2020年均按较保守的5.00%年增长率测算,到2020年年底,上海会展行业总规模将超过2 100.00万平方米。

其次,展会规模化发展趋势明显,大型场馆更受展览会青睐。2018年,九大主要场馆承接的503场展会,平均展览面积达到3.20平方米,比上一年度的2.75万平方米增长了16.36%。10万平方米以上的展览会合计42个,展出面积801.14万平方米,10.00万平方米以上的大型展览会规模已占到近50.00%。新国际博览中心、国家会展中心、世博展览馆三座大型场馆,2018年共承接展览会278场,展出面积1 430.16万平方米,占九大场馆总展出面积的88.88%。新国际博览中心和世博展览馆的出租率最高,均在50%以上;国家会展中心的出租面积增速最快,增长了69.04万平方米,增速达14.16%。

最后,除承接展览会以外,场馆多元化发展,会议、活动占比有所提升。2018年,各场馆进一步错位经营,展览和会议、活动多元化发展。国家会展中心2018年承接了66场会议、活动,合计89.96万平方米,是承接会议、活动面积最多的场馆。部分中小型场馆,虽然承接展览面积减少,但是会议、活动面积大大增加。其中,跨国采购会展中心会议、活动面积占比最高,全年承接62场,合计27.01万平方米,面积占比达到57.80%;汽车会展中心承接会议、活动面积的占比也超过了50.00%。

3. 上海会展业存在的主要问题

(1) 管理体制方面的问题:多头审批导致行业管理混乱。

上海会展业的管理体制与全国其他城市相比还算比较完善,但是由于计划经济的残留因素,导致目前仍然存在多头审批的问题。上海现行的会展项目审批制度情况如下:

① 中央由商务部、科技部、贸促总会等三个部门审批。

该制度导致由中央审批的展览会拿到地方后,与地方审批的项目在主题上有重复。

② 地方由市外经贸委、市科委、市教委等委办分别审批。

根据2005年5月1日起施行的《上海市展览业管理办法》(以下称47号令)第二十二条规定,各主办单位应当按规定分别向市外经贸委、市科委和市教委等有关行政管理部门报送拟于次年举办的国际展览的申请书及相关材料。以上规定导致市外经贸委负责对经贸类国际展览会项目进行审批管理,科技类、娱乐类、教育类等其他国际展览项目由其他委办审批的"多头审批"现象。加之各委办之间缺乏及时的沟通,导致办展主题冲突、虚假广告、代报(转卖)批文等不良现象时有发生。

③ 国内展览会由展览会主办方报展会举办地工商局备案。

导致问题出现后无法整改等问题,不能起到保护品牌会、遏制恶性竞争的作用。

④ 国际会议、论坛由外办、旅委审批。

没有从制度上规定,一般只有涉及需要政府领导出面的情况才须向外办、旅委等相关委办报批,节事活动等则由各主管部门自行组织,导致统计不全,管理无序。

多头审批导致了上海展览市场信息不对称,展会主题冲撞、重复、骗展等现象屡见不鲜,给管理和统计都带来了困难,也给参展商造成了投诉无门的困扰,影响了上海会展业的健康发展。

事实上,"多头管理"不仅是上海会展业发展过程中存在的问题,也是中国会展业发展过程中的一个主要问题。会展业宏观管理"错位""缺位"长期制约着中国会展业的发展。2003年,会展业宏观管理被明确划为商务部的职能,但以"多头审批"为特征的宏观管理体制仍然存在。

众多会展业发达国家的成功实践证明,顺畅的行业管理体制是城市会展业健康发展的基础条件。在欧美发达国家,政府不直接参与会议或展览会的管理和组织,而是为会展业的发展提供必要支持,除了提供优惠政策、投资兴建场馆(由公司自主经营)、资助企业出国参展外,还协助、促进会展公司开展会议或展览会的推广工作。

在市场经济条件下,行业管理是一种公共行政行为,管理的主体主要有两个:一个是政府及其职能部门,是政府公共行政的执行者;一个是行业协会,是非政府的公共服务的实施者和提供者。这两个不同层面的管理,其内容和手段各不相同,两者有明晰的分工,各自不能缺位,相互间也不能越位、错位。借鉴国外经验,政府应痛下决心顺应规则,转变职能,退出对市场经济运作的直接干预管理。应发挥协会组织的作用,加强行业自律和协调。尽早成立全国性的会展行业管理组织,并采用计算机网络技术等高科技手段,建立覆盖全国的信息网络;理顺与海关、税务等相关部门的关系,取消价格多轨制,建立公开、公平、公正的展览环境和竞争秩序,在操作上力争尽快实现规范化,并与国际惯例逐步接轨。

(2) 会展统计方面的问题:统计体系不完善。

当前,上海会展业发展迅猛,对行业拉动、地区发展都有不可估量的作用,"会展经济"也已成为一种新兴的经济形式。"会展经济"是以会议和展览为载体,通过举办大规模、多层次、多种类的会议和展览,带动商流、物流、人流、资金流、信息流等多项产业发展的一种经济现象和经济行为。据统计,在会展业发达的地区,会展业对经济的带动作用约为1:9,上海约为1:8。

统计资料是政府制定经济政策的重要参考依据,但会展业只是近几年才引起较大关注的,目前对上海会展业的各项统计尚未列入市政府统计范畴内。会展业首先是经济产业,属服务业范畴。既然是经济,是产业,就不能仅仅以"快速增长""非常重要""对经济发展带动很大"等定性模糊的语言来描述会展业的规模、发展速度和重要性,而必须按照经济规律做出定量的、科学的分析,否则将无法对整个行业有一个正确、科学的评估。

目前对上海会展业的描述各不相同,很大一部分原因也是由于没有完善、统一的会展业统计体系,导致数据来源没有依据,不仅给行业研究带来困难,也对政府的宏观政策及规划造成障碍。对此,我们可借鉴大连会展业的做法,2006年3月13日,大连市统计局颁发《大连市展览业统计管理实施办法》,就展览业统计管理部门的责任、展览业统计人员的职责、展览业统计报表的报送程序和时限、展览业统计报表的种类、违反统计法规的处罚等做了明确的规定。2008年3月7日,大连市委宣传部、大连市文化体制改革工作领导小组办公室、大连市统计局联合召开文化及相关产业统计工作会议,全面启动大连2006年度和2007年度文化及相关产业的统计工作。这是大连首次开展文化及相关产业的统计工作,在全国也是开创性的。

(3) 缺乏自主品牌展会。

目前,在上海举办的大型知名展会多采用"引进来"的模式。《进出口经理人》杂志公布的"2018年世界商展100大排行榜"中,来自上海的展会有12个,其中仅有"上海国际汽车工业展览会"和"中国国际五金博览会"是我国自主品牌展会,其余10个展会均出自法兰克福(Messe Frankfurt)、博闻(UBM)、英富曼(Informa)等国外展览公司。尽管将西方知名展会植入我国有助于快速增加品牌展会数量,但这些展会的品牌或知识产权(IP)终究由国外会展公司所掌控,并不符合《上海市建设国际会展之都专项行动计划(2018—2020年)》提出的"培育一批具有国际领先水平的顶级展会"的目标。

4. 上海会展业未来五年发展趋势

未来五年内,上海会展业将呈现六大趋势:

(1) 会展环境、市场秩序将越来越好。

①《上海市展览业管理办法》得到进一步落实。

由上海市市长签发的47号令,即《上海市展览业管理办法》经过两年的贯彻落实,各项配套措施,如安全、消防、环保、知识产权、行业自律等相继出台,有力地创造了上海良好的会展环境。

② 场馆不断扩大,为会展业的发展奠定了基础。

国家会展中心(上海)于2016年12月1日全面运营,展出面积40.44万平方米,上海新国际博览中心扩建后展出面积为20.00万平方米,其他几个场馆的面积均在1—7万平方米内。目前,上海已拥有近75.00万平方米的室内展馆,与国际上会展业领先的德国汉诺威、法兰克福、美国纽约等城市的展馆面积基本相匹配。2018年上海各主要展览馆展览面积如表6-1所示。

③ 会展专业人员将快速增长。

上海目前从事会展业的人员1万余人,这些人员基本上都是半路出家,未经过专业训练,都是靠实践中摸索总结。随着会展业的兴起,自2001年起,上海已有上海师范大学、上海对外经贸大学、上海应用技术大学等八所高校正式获得教育部批准开办"会展经济与管理"和"会展艺术与技术"本科专业,十七所大专开设了会展专业课程,目前在校生约三千人,这批学生在2008年后陆续毕业加入会展行业。此外,由上海市会展行业协会牵头组办的华东师范大学上海会展学院,自2006年起为在职人员进行培训,因此未来几年,上海会展业的专业人才将快速增长。

经上海市人事局批准,由上海市职业能力考试院,上海世博人才发展中心和上海市会展行业协会联合进行会展人才认证工作,加速了上海会展人才培养的进程。

④ 市场秩序将更规范。

市行业协会于2006年11月成立了展示工程专业委员会,该专业委员会负责对目前市场上出现的"乱""散"等局面进行整治。随之,会议策划、会展组织、场馆等专业委员会在未来几年内将相继成立,通过这些专业委员会的力量,上海会展市场秩序将会更规范。

(2) 市场总量将快速增长,产业化进程加快。

会展业的发展主要依托于市场和产业两大因素,我国既是世界上最大和最富有潜力的市场,同时也是门类十分齐全的产业大国。巨大的市场购买力、丰富的人才资源和产业资源,不仅能促使我国成为世界的制造基地和加工中心,同时也为我国成为亚洲乃至全球的会展业中心提供了平台。而上海作为我国改革开放的前沿,其地理位置处于我国经济最发达的长三角地区龙头,上海这几年快速、稳健的经济持续发展,以及扎实的产业基础,为上海优先发展现代服务业、发展会展业打下了坚实的基础。2006年上海服务业占GDP的比重已突破了50%,其中会展业的发展力量不可低估,2017年上海会展业直接收入超180亿元,拉动相关产业收入达1 600亿元,未来几年上海会展业的市场总量将会快速增长。

党中央十分重视现代化服务业的发展,上海市领导在"十一五"时期发展规划中明确指出,"发展服务经济是上海'四个中心'建设的必然条件,提升先进制造业水平和质量是上海'四个中心'建设的重要支撑,要坚持'三、二、一'产业发展方针,坚持'二、三'产业共同推动经济发展,优化发展现代服务业,优先发展先进制造业,加快生产型经济向服务型经济转变""把发展现代服务业放在更加突出的位置""加强都市旅游、会展资源开发,加快推进旅游业、会展业发展",市领导为会展业的发展指明了方向,经过近几年市场化发展,上海会展产业链将快速拓展,这为上海加快向会展都市、会展中心发展打下了基础。

(3) 国际性会议将越来越多,国际展览会项目质量越来越高。

① 国际性会议登陆上海的机会将越来越多。

上海已成功举办过APEC会议、亚太年会、99财富论坛、福布斯论坛、世博会等国际著名会议和展览,随着上海"四个中心"建设的推进和会议场馆建设的扩大,一些国际大型的专业性会议将移植上海。

② 国际展览会项目质量越来越高。

前几年上海苦于没有大型场馆,一些大型展览会无法举办,上海新国际博览中心2001年建成后,一直处于供不应求的情况,同时部分大型展览会从此也在上海登陆。2016年国家会展中心(上海)正式投入使用后,进一步增强了展会场馆的供应能力。据2018年统计,上海有42个项目达到了10万平方米以上,成为上海的大型展会。目前,上海能提供78万平方米总量的场馆,其中国家会展中心(上海)、上海新国际博览中心和世博展览馆均可接纳5万平方米以上的展览会,已可与欧美几个发达会展城市相媲美。

(4) 办展、办会主体多元化,专业化程度将逐步加深。

过去,上海具有国际展览会办展资格的企业只有24家,且均是国有企业,随着政府职能转变和行业的放开,目前已有几家外资和民营企业获得了资格,相信未来几年,政府将进一步放权,国际展办展主体将呈现多元化,国际性会议办展主体也同样将呈多元化。这也将对行业的管理提出更高的要求。

国际办展、办会已日益趋于专业化,如德国的展览会展览内容丰富、分类科学,涵盖了各个行业门类。德国展览业由德国展览委员会 AUMA 进行审批、调整、监督、管理等，是一个有绝对权威的行业组织协会，每年举办的展览会均由 AUMA 进行协调，避免了多头办展、重复办展、分散混乱的局面。德国每个城市办展都有明确的分工和重点，因此汉诺威、法兰克福、杜塞尔多夫、科隆等城市都各有特色，各城市的会展业都在有序同步发展。

而我国在这方面尚有很多不足，主要原因在于中央没有一个协调机构，地方的审批权也没有集中。但相信随着会展业的发展，这种局面将会很快改变，上海展览业经过市场调节和上海市 47 号令的贯彻落实，专业化程度正在加大，展览会主体重复现象明显降低。综合性展会减少，专业性展览会比重增加，参观的专业观众数量也在不断上升。

(5) 对外继续开放，国际化程度将不断提高。

对外开放，这是国家的既定方针。随着开放程度的不断提高，上海会展业的国际化程度也在不断提高。据 2018 年对上海 994 个国际、国内展览会以及各类会议、活动统计，总面积达 1 906.31 万平方米，数量同比增长了 18.05%，面积同比增长 8.04%。合计承接了 268 场会议、活动，总面积 193.94 万平方米，举办展览会项目 726 场，总展出面积 1 712.37 万平方米。其中，国际展览会项目 292 场，总展出面积 1 347.18 万平方米，数量和面积占比分别为 40.22% 和 78.67%。

国际化程度不断提高，是上海国际展览会发展的目标之一。这已是业内共识，相信未来五年内上海的国际展览会和国际会议，国际化程度将不断扩大。

(6) 政府宏观指导力度加大，行业作用将更形凸显。

随着行业的发展，政府在某些具体工作方面将退出，中国商务部将在内外贸结合的基础上，建立展览业的统一惯例体制，对展览业的管理将从项目审批转向行业管理和政策调控，加快促进产业的市场化。政府对行业发展政策、场馆和配套设施建设等方面加强宏观调控，对行业管理、行业协调、行业培训、行业认证、行业评估等工作则由行业协会负责。

资 料 链 接 6-8

上海市建设国际会展之都专项行动计划(2018—2020 年)

一、指导思想

深入贯彻落实党的十九大精神，以习近平新时代中国特色社会主义思想为指导，围绕全力落实和服务上海城市发展战略，着力增强上海会展业服务长三角、服务全国和服务全球的能力，把"上海会展服务"打造成打响"上海服务"品牌的重要载体和平台，把上海打造成市场运行机制更加成熟、会展企业更有活力、具有全球影响力的国际会展之都。

二、基本原则

服务大局。聚焦上海国际经济、金融、贸易、航运、科创中心建设，着力提升会展业对国际国内资源的配置能力，全力服务带动区域经济发展，进一步提升会展业服务上海城市发展战略的功能水平。

聚焦品牌。紧扣创建会展品牌、扩大国际交流、提升服务供给等环节，增强对品牌展会、品牌企业、领军人才的集聚能力，进一步放大会展业的引领效应和示范带动作用，提升产业发展能级。

优化服务。强化需求导向、问题导向、效果导向，以政府服务的领先度、辐射度、美誉度为标准，更好发挥政府在公共服务、规划布局、制度保障等方面的积极作用，构建会展业良好的营商环境。

市场主导。充分发挥市场机制作用，进一步完善市场秩序，充分发挥会展企业、行业协会、专业机构等各方作用，鼓励市场主体在运营模式、管理机制等各方面开展创新转型，进一步激发市场活力。

三、工作目标

到2020年，上海会展业配置全球资源能力进一步提升，基本建成国际会展之都，"上海会展"成为国际知名的城市名片。

品牌展会。到2020年，全年展览总面积达到2 000万平方米，国际展占展览总面积的比重达到80%，单次展览面积在10万平方米以上的展会项目达到50个。培育一批具有国际领先水平的顶级展会，入选世界百强商展的展会数量超过15个。

品牌主体。到2020年，争取进入国际展览业协会的机构数量超过35家。培育若干个具有国际竞争力的展览业集团，主要展览场馆运营能力进一步提升，聚集一批专业化会展配套服务企业。

营商环境。形成具有上海特点的城市会展保障体制，会展行业管理水平进一步提升，便利化措施全面增强，形成平等规范、竞争有序的市场秩序，构建多措并举、精准高效的政策促进体系。

经济社会效益。到2020年，本市会展业直接收入超过180亿元，拉动相关行业收入达到1 600亿元以上，展会的贸易平台和风向标作用进一步增强，会展业的贸易促进功能和消费引领功能凸显。

四、重点工作

（一）全力办好中国国际进口博览会，形成引领上海会展业发展的重大展会的服务保障、运行模式。

以国家会展中心为核心区域、以虹桥区域为重点区域，全面提升安保、交通、住宿、餐饮、消费、窗口服务等服务保障水平，确保中国国际进口博览会等重大展会安全、有序、高效。为中国国际进口博览会量身定制现场查验、展品留购、核销退保等展品监管创新措施，调整优化展品入关监管等业务操作流程，提供涵盖展前、展中、展后的系列通关、检验检疫便利化服务，有力有序推动通关、检验检疫等制度创新、经验复制推广，进一步提升本市会展业的贸易便利化水平。打造"6天＋365天"交易服务平台，充分扩大中国国际进口博览会的溢出、衍生和放大效应，着力推动消费升级，带动更多的国际优质品牌、产品和服务从上海进入中国市场。

（二）注重品牌企业引领，培育具有全球服务能力的会展业市场主体。

积极引进一批具有国际竞争力的组展商、展览专业服务机构，继续吸引国际会展组织来沪设立机构。鼓励本地会展企业与机构加入国际展览业协会（UFI）等知名行业组织，增加本市经国际组织认证的会展机构数量。支持本市有实力的骨干企业，提高办展规模、提升办展质量，通过开展收购、兼并、控股、参股等多种方式，提升组织化水平，打造具有国际竞争力的会展业集团。完善会展相关配套服务，带动广告、物流、保险、金融、进口代理等本地会展服务机构发展，打造一批本地专业化会展配套服务企业。

（三）提升品牌展会能级，集聚一批具有全球影响力的重大会展活动。

聚焦现代服务业、战略性新兴产业发展，积极推动生物医药、交通技术、创意设计、专业服务等领域具有国际知名度和行业影响力的大型展会落户上海。积极支持举办国际会展CEO峰会等具有业内影响力的国际会议和活动，进一步扩大上海会展业国际影响，吸引更多国际知名品牌展会和高端国际会议落户上海。积极支持中国国际工业博览会、中国（上海）国际技术进出口交易会、中国（国际）跨国采购大会、中国国际旅游交易会等国家级重点展会发展，进一步提高对内对外辐射能力。积极引导上海国际汽车工业博览会，中国国际染料工业及有机颜料、纺织化学展等已经具备较高国际知名度的本市展会提升运营能力，努力办成具有国际领先水平的顶级展会。

（四）提升运营能力，打造具有国际领先水平的品牌场馆。

运用举办中国国际进口博览会契机，支持国家会展中心等区域推进展馆配套建设和产业集聚，打造展览业重点发展区。支持新国际博览中心、世博展览馆等本市主要场馆，进一步提高运营水平，增强举办大型展会、重要活动的能力。鼓励上海展览中心、光大会展中心、跨国采购中心、汽车博览中心、世贸商城等本市中小型展馆向专业化、特色化转型发展，形成各自比较优势，优化本市展馆功能布局。鼓励通过制订行业规范等方式，明确场馆管理者、展会主办者、参展商、服务商等各方的责任和权利，共同维护规范有序的市场秩序。鼓励本市展览场馆加强品牌管理，通过输出品牌、管理和资本等形式，不断增强品牌影响力、辐射力。

（五）培育产业联动品牌项目，推动会商旅文体联动。

围绕国家会展中心、新国际博览中心、世博展览馆等主要展馆，集聚国内外优质餐饮、娱乐、消费、健身等多方资源，打造会商旅文体功能集聚区。支持青浦区创建国家会展中心A级景区和上海国家会展商务旅游休闲区。支持浦东新区将会展资源与黄浦江沿线空间载体、国际旅游度假区、国金中心等高端旅游、购物资源融合发展，构建会商旅文融合业态，形成消费新动能。加强中国国际进口博览会、上海国际汽车工业博览会等优质展会和上海购物节、上海时装周等重要节庆活动的合作互动，打造一批会商旅文体联动项目。针对不同的展会、节庆等活动的客商人群特点，编制有针对性的购物、休闲、旅游、活动指南，强化消费指引、信息互通和活动共享，促进会展、购物、旅游、文化、体育等各产业间的联动。

(六）促进会展业创新转型，构建品牌化发展新动力。

鼓励规模展会实现网上注册、信息查询、展商与观众互动等功能，推广人脸识别、大数据平台等先进互联网技术在展会管理中的运用。鼓励会展企业运用互联网技术开展管理创新，整合客户、供应商等各类资源，提高企业集约化管理水平。鼓励新国际博览中心、国家会展中心等重点展览场馆大力推进智慧场馆建设，通过信息化手段整合各类展会服务资源，提高展会技术水平和服务功能。鼓励展览场馆、主办企业、参展商、搭建商等展会相关各方，通过改造升级设施、利用新型科技手段等方法，提升环保办展水平。支持通过制定标准、行业自律、加强宣传等引导、推广、实施绿色展会。

（七）推动区域联动协同，提升会展业服务长三角、服务全国的能力。

支持中国国际工业博览会、中国（上海）国际技术进出口交易会、中国（国际）跨国采购大会等重点展会扩大长三角合作，支持本市重点会展企业在长三角中心城市举办系列展，支持本市各部门举办长三角（上海）品牌博览会、长三角国际文化产业博览会等相关主题展会，提升本市会展业服务长三角共同发展的带动能力。以长三角举办重大展会会议活动为契机，加强信息互动、平台搭建、渠道通畅，合力提供消费促进、旅游推广、金融法律信息、知识产权保护、区域形象推广等服务。探索建立长三角城市会展业发展合作促进机制，按照会展服务实体经济和流通创新的要求，促进全产业链联合，提升长三角会展业竞争力、影响力，探索互邀和组织企业参展。

（八）优化公共服务，创造良好营商环境。

积极推动本市会展业地方立法，建立与国际接轨的事中事后监管机制、知识产权保护机制、纠纷解决机制等。完善政策促进体系，发挥本市服务业引导资金等专项资金作用，对本市会展业发展予以支持。依托上海市展览业公共信息平台，建立信用档案和违法违规信息披露制度，加强行业信用监管和知识产权保护，将符合条件的重点展会、展览场馆、参展商的注册商标纳入《上海市重点商标保护名录》予以主动保护。进一步简化办展备案审核程序，对同一家主办方当年在同一展馆内举办的多次展览活动实现"一次备案登记"。研究推动针对重点企业、重点展会参展嘉宾、客商进出境的便利化服务措施。依托重点展馆和展会，建设一批校企联合的会展业实训项目。鼓励本市会展企业与本市高校、研究院所开展多种形式的合作交流，促进学历教育与职业培训的结合。

五、保障措施。

（一）加强组织领导。发挥本市促进展览业改革发展联席会议职能，强化研究决定战略规划和发展政策，协调重大会展活动的组织实施、服务保障、规范管理等工作。落实联席会议办公室工作职能，牵头推进行业发展和行业管理的各项事务。

（二）强化各方合力。充分发挥好展览场馆所在各区推动本市会展业发展的积极作用，加强对本市建设国际会展之都的呼应和支撑。发挥好会展企业、行业协会、智库和社会组织的作用，共同推进建设国际会展之都的各项工作。

（三）完善考核评估。各有关部门、区政府要加强组织领导和统筹协调，研究制订具体实施方案和配套措施,明确责任主体、时间表和路线图。市展览业发展联席会议要加强业务指导和督促检查,推动各项任务措施落到实处。

(四)加强宣传推广。用好经贸、文化、旅游、体育等对外交流渠道,开展上海会展专题推介,加强对上海会展业发展的宣传报道。支持举办会展业高层次论坛会议,加强行业发展的研究,进一步扩大本市会展业的国际知名度。

资料来源:sww.sh.gov.cn

(二)北京会展业发展的基本情况

1. 北京会展中心介绍

(1)中国国际展览中心(新馆)。

总面积:400 000 平方米;室内面积:106 800 平方米;地址:北京市顺义区天竺空港工业区。

(2)中国国际展览中心。

总面积:176 200 平方米;室内面积:70 000 平方米;会议室:9 间;会议室总面积:1 777 平方米;地址:北京北三环东路 6 号;网站:www.ciec-expo.com.cn。

(3)国家会议中心。

总面积:150 000 平方米;室内面积:30 000 平方米;会议室:56 间;会议室总面积:25 000 平方米;地址:北京奥运村中心区;网站:www.cnccchina.com。

(4)北京九华国际会展中心。

总面积:140 000 平方米;室内面积:100 000 平方米;会议室:10 间;会议室总面积:1 000 平方米;地址:中国北京市昌平区小汤山镇九华山庄;网站:www.jiuhua.com.cn。

(5)全国农业展览馆。

总面积:30 901 平方米;室内面积:24 301 平方米;会议室:11 间;会议室总面积:1 500 平方米;地址:北京市朝阳区东三环北路 16 号;网站:www.ciae.com.cn。

(6)中华世纪坛艺术馆。

总面积:28 000 平方米;室内面积:5 000 平方米;会议室:7 间;会议室总面积:2 000 平方米;地址:北京海淀区复兴路甲 9 号;网站:www.bj2000.org.cn。

(7)北京展览馆。

总面积:22 000 平方米;室内面积:22 000 平方米;会议室:7 间;会议室总面积:714 平方米;地址:中国北京西直门外大街 135 号;网站:www.bjexpo.com。

(8)北京海淀展览馆。

总面积:22 000 平方米;室内面积:16 000 平方米;地址:北京市海淀区新建宫门路 2 号;网站:www.haidianpark.com。

(9)北京国际会议中心。

总面积:12 000 平方米;室内面积:5 000 平方米;会议室:45 间;会议室总面积:5 100 平方米;地址:北京市朝阳区北辰东路 8 号;网站:www.bicc.com.cn。

(10) 中国国际贸易中心。

总面积：10 000 平方米，室内面积：10 000 平方米，会议室：3 间，会议室总面积：260 平方米，地址：北京建国门外大街一号，网站：www.cwtc.com.cn。

2. 北京会展业运行态势[①]

(1) 会展经济显著增长。

近年来北京会展业发展迅速，会展收入稳步增长。根据北京市统计局发布的数据，2017 年会展收入为 258 亿元，2018 年收入增长为 285.2 亿元，为近 5 年来之最，相比 2017 年增长 10.5%，表明北京会展经济稳步增长。

(2) 会展设施不断完善。

北京地区作为全国的经济文化中心，建有数量众多的展览场馆、会议中心、体育馆、演艺中心以及博物馆等，特别是 2001 年北京申奥成功后，北京地区按照国际标准建设了大量的场馆，这些设施的建成并投入使用为北京地区会展经济的发展奠定了良好的基础。

2008 年建成并投入使用的中国国际展览中心（新馆），是北京地区单体规模最大的展馆，室内总展览面积为 106 800 平方米，单个展馆的最大面积为 14 100 平方米，为无柱空间结构。此外，奥运会结束后，由媒体中心改造而成的国家会议中心投入运营，九华国际会展中心的开馆，北京地区的展馆供给不足的情况得到了很大程度的缓解。同时，国家体育场（鸟巢）、国家游泳中心（水立方）、国家体育馆朝阳公园、劳动文化宫以及其他场馆、公园或博物馆也陆续开始承接会展业务，这些场馆进入市场对会展市场供给也形成了有力补充。

(3) 品牌化、规模化、国际化程度不断提高。

截至 2014 年底，北京地区 UFI 成员 27 个，UFI 认证展会 26 个。根据北京市统计局的资料显示，近年来北京地区举办的展览面积总体呈现上升态势，中间也有一些波动，但总体还是呈向上趋势。国际展览面积一直保持在 50.0% 以上，并且在 2014 年达到了 57.0%，说明北京地区举办展览的国际化程度在逐步提升。

根据中国贸促会《中国展览经济发展报告》的统计显示，北京市 2015 年共举办 280 个展览会，约占全国展览会总数量的 11.0%。2015 年展览会总面积约为 753 万平方米，约占全国展览会总面积的 11.0%，居于全国第三位，第一名和第二名分别为广东省和上海市。

北京地区的品牌展会有北京国际汽车展、中国国际机床展览会、建筑装饰博览会、工程机械展、汽车用品展等。这些展会规模基本上已达到 20 万平方米以上，属于超大型展会。同时，北京地区的 UFI 认证展会也由 2004 年的 10 个增长至 26 个，国际化程度大幅提升。

(4) 会展业从业人员情况。

随着会展经济的蓬勃发展，会展从业人员也由最初的几千人增长到了现在的几十万人，会展行业对专业人才的需求和要求也在不断提高。近年来北京地区会展从业人

[①] 资料来源：李思蒙，《北京会展经济发展现状及对策研究》，云南大学。有改动。

员的数量呈下降态势,2013年和2014年均为20万人左右,2015年和2016年超过14万人,2017年和2018年降为13万人。

北京地区开设会展经济与管理专业的学校则逐年增多,目前开设本科专业的高校有北京第二外国语学院、首都师范大学、北京联合大学、北京城市学院等。另外,还有一些民办高校也开设会展经济相关的专业和课程。据统计,每年北京高校招收的会展相关专业学生近400人,他们今后将成为北京会展经济发展的中坚力量,为首都会展业做出贡献。

会展经济与管理专业学生的就业形势十分乐观,毕业后的就业岗位也相对较好,其就职机构包括政府机构、会展行业协会和会展专业组织、会展公司及会展服务公司、会展场馆、酒店和各类文博馆、目的地管理公司、旅游公司或旅行社、参展商企业、会展教育、科研、咨询和出版机构。学生毕业后所从事的工作内容大致包括会展调研、行业规划、研究与管理、会展策划、会议与活动管理、公关、设计、制作、现场运营管理、企业参展策划、会展设计、广告推广等。

(5) 展览环境不断优化,产业体系逐渐形成。

为应对展会知识产权纠纷和投诉问题,北京市出台了《北京市展会知识产权保护办法》,大大降低了展会知识产权纠纷的案件数量。同时,对会展业的营改增也在稳步推行,每年安排不低于5亿元的专项基金用于扶持文化创意产业,对重点项目给予政策支持。北京市还推荐了一批具有发展潜力、符合地方产业发展的展会为商务部重点扶持展会,使其享受国家资金补贴,提高会展业市场参与主体的积极性。另外,还通过与国际展览组织举办培训和认证,加强人才的培训力度,提升从业人员的专业知识水平。

北京地区的展览业主要集中在朝阳区和顺义区。朝阳区主要以国展老馆、农展馆以及国家会议中心为主,顺义区则主要依托国展新馆。依托以上两大展览功能区,逐渐形成了组展、展馆租赁、展会搭建、物流运输、餐饮住宿等产业关联的产业体系,形成了一些产业集群。如新国展周边的赵全营镇和朝阳区的东窑村就成了搭建工场的聚集地,北京地区的大部分展会的展台搭建施工及材料出自以上两个区域。其他配套行业也基本形成了产业聚集区,地区的产业体系逐渐形成。

(三) 广州会展业发展的基本情况

1. 广州展览馆状况

广州主要会展中心介绍如下:

(1) 广州国际会展中心(中国进出口商品交易会流花路琶洲展馆)。

广州国际会议展览中心首期占地41.4万平方米,建筑面积39.5万平方米,一、二层展厅13个,展示面积约33.8万平方米,室外展场面积4.36万平方米。是目前亚洲规模最大、设施最先进、档次最高,能满足大型国际级商品交易会、大型贸易展览等需要的多功能、综合性、高标准的国际展览中心。

(2) 中国出口商品交易会流花路展馆。

中国出口商品交易会流花路展馆是广州乃至华南地区举办展览数量最多、展览规模最大、展览层次最高的展览馆。展会质量不仅在华南地区首屈一指,在全国也名列前茅。

(3) 广州白云国际会议中心。

广州白云国际会议中心是广东省、广州市的重点工程,总投资超过40亿元,是以会议为主体,配套展览、商业、酒店、公寓、写字楼等设施,是广东省最大的综合性会议中心。

(4) 中洲国际商务展示中心。

中洲国际商务展示中心与广州国际会展中心仅500米之遥,负一层展厅直通地铁二号线琶洲站,交通极其便利。中洲国际商务展示中心位于会展城的中心位置,稳占未来会展、商务黄金地段。

(5) 广东现代国际展览中心。

展馆配有同声传译系统等各种先进会议设施,2 400平方米的多功能大型会议厅设有可伸缩舞台,可供大型节目表演。

(6) 广州南沙国际会展中心。

设计高档、华丽,有先进的灯光照明系统、多国语言同步翻译系统、投票系统、影像展示系统和ISDN数据网接入系统。是霍英东基金会投资、按国际标准设计建造的现代化会展中心,装修富丽堂皇,是国内难得一见的高档会议展览场地。

(7) 广州锦汉展览中心。

广州锦汉展览中心位于广州市商业中心地带,西侧紧邻中国出口商品交易会流花馆,南面是两家五星级酒店——中国大酒店和东方宾馆。每年举办约40场展览会,展馆内无线宽带上网信号覆盖全馆,还设置了多功能会议厅及商务中心、咖啡厅、中西餐供应点、休息区等,且通风、电、气、水等各种配套设施齐全充足。

(8) 广东省农业展览馆。

广东省农业展览馆成立于1958年。属广东省政府农业办公室直属的事业单位,是广东省大农业的宣传阵地和窗口,广东省农业展览馆以"服务至上,质量第一"为宗旨,在全国同行业系统评比中一直名列前茅。

2. 广州展览会状况[①]

(1) 整体发展水平现状。

据不完全统计,2014年,广州全年展会数量为259个,展出面积约为923万平方米,其中琶洲地区展出面积约911万平方米,占广州总展出面积的98.70%。琶洲国际会展中心展出面积约707万平方米,保利世贸博览馆展出面积约141万平方米,南丰国际展览中心展出面积约15万平方米,中洲国际商务展示中心展出面积约28万平方米,广州国际采购中心展出面积约20万平方米,广州白云国际会议中心展出面积约12万平方米。在展览数量方面,上海以368个总展览数量居全国首位;广州以259个居全国第二位,北京以258个居全国第三位;在展览面积方面,上海市总面积约为1 203万平方米,居全国首位;广州市总面积约为923万平方米,居全国第二位;北京市总面积约为725万平方米,居全国第三位。

(2) 特大与大型展会现状。

据统计,2014年广州特大型展会(10万平方米以上)15个,占全省特大型展会总数

---

① 刘松萍、蔡伊乐、湛冬燕,《广州会展业发展的现状与对策研究》,《城市观察》,2015年第3期,第38—47页。

量的48.39%,展出面积约509万平方米,占全省特大型展会总面积的58.98%,平均展会面积约为33.93万平方米。

2014年广州大型展会(5—10万平方米)20个,占全省大型展会总数量的52.63%,展出面积约137万平方米,占全省大型展会总面积的53.10%,平均展会面积约为6.85万平方米。

(3) 2014年广州市展览会月份分布。

根据对广州主要展馆如广州琶洲国际会展中心、广州保利世贸博览馆、广州中洲国际商务展示中心、广州南丰国际会展中心、广州国际采购中心、白云国际会议中心等主要展馆的数据统计,得到展会月份分布如下。

广州的展会有明显的淡旺季之分,其中3月、5月、6月、11月为旺季(每月30个展会以上),而1月、2月、4月、7月为淡季(每月15个展会以下),其他月份为平季。1月、2月是岁末年初的时候,企业处于年度休整时期,一般较少参加展会,而4月、10月正是广交会开展的时候,广交会占用展馆将近一个月,故其他展会数量不多。

(4) 广州展会的主要类别。

广州的食品类、家居建材类、教育文化类和机械加工类展会,比例占到广州总展览数量的43.24%。一方面由于广州人口聚集,对于食品、家具、文化娱乐等需求巨大;另一方面,广州是珠三角中心,区位优势明显,而珠三角制造业发达、工业制造门类齐全,对于生产装备需求量大,而工业装备一般需现场观看、演示、体验与交流,展览会则提供了很好的平台,所以工业类展会数量偏高。

国务院《关于加快培育和发展战略性新兴产业的决定》(国发[2010]32号),提出大力发展战略性新兴产业。2014年广州战略性新兴产业展会数量可观,有32个。

2003年中央确定广东为"全国文化体制改革综合试点省",启动了建设"文化大省"的序幕,2009年8月,广东出台《关于加快提升文化软实力的实施意见》,首次提出在未来5—10年内大力建成"文化强省"。2010年7月23日广东发布了《广东省建设文化强省规划纲要(2011—2020年)》,在这种背景下,文化创意类展览会发展迅速。2014年广州文化创意类展览会22个,主要有广州国际广播影视博览会、广州国际旅游文化节、南国书香节、中国(广州)国际纪录片大会、广州国际艺术博览会等。

《国务院办公厅关于搞活流通扩大消费的意见》提出大力促进节假日和会展消费,商务部关于商贸会展促进消费有关工作的意见提出引导支持品牌展会,带动相关行业消费、丰富节庆展销活动、扩大商品消费、开展特色餐饮等活动,这使得广州目前旨在扩大内需的展销会得到快速发展。2014年广州有展销会29个,占广州总展会的11.20%。

(5) 会展场馆现状。

截至2014年底,广州市总共拥有6大会展场馆,室内展能达到57万平方米,仅次于上海的85万平方米。与其他城市相比,广州的会展场馆具有高度聚集的特点,除白云国际会议中心外,其他会展场馆全部集中于琶洲地区,并紧密相连。

(6) 组展机构现状。

广州是我国改革开放的前沿阵地,各种组展机构在市场经济发展中不断发展和壮大,广东的开放性、包容性也使展览经营主体呈多元化格局,组展机构除了政府、事业单位、国有企业外,民营企业和外商投资企业近年也得到一定的发展。广州的组展机构有以下几个特点:一是政府机构参与程度较高,省市两级政府部门主办的展会有 30 多个;二是民营企业比例高,广州 80% 以上的组展机构均为民营企业;三是外资展览公司进入较少,目前只有法兰克福、亚洲博闻、汉诺威米兰等少数几家国际展览集团在广州设立了分公司或者合资公司,进入比例远低于上海。

(7) 会展教育现状。

我国会展教育集中度较高,广州荣登首席宝座。2014 年,全国 229 所会展院校分布在 66 个城市。其中会展专业在校生人数超过 1 000 人的有 12 个城市,在校生首位城市由广州替代了上海,上海退居第二。

思 考 题

1. 谈谈会展业对城市发展的作用。
2. 谈谈你对城市营销的认识。
3. 试述会展城市的发展策略。
4. 试述我国会展业的城市发展格局。

第七章 会展宏观管理

学习目标

理解政府在会展业发展中的常见管理模式
了解会展行业协会的职能和运行模式
熟悉目前国际上主要的会展管理组织

第一节 会展业的政府参与模式

一、国际会展业政府管理模式

在会展经济发达的国家和地区,会展业主要依靠市场机制的调节。但由于不同国家、不同地区会展行业起步时间不同,经济状况不同,其管理模式也存在一些差别。根据政府、行业协会调节力度大小,可以将会展产业管理模式分为政府主导型、市场主导型及政府市场结合型三种模式。

（一）政府主导型

政府主导型是指政府通过投资及管理对会展业的发展起着重要的推动作用,其中最具代表的国家是德国和新加坡。

德国是名不虚传的展览强国,作为国家经济和国际贸易发展战略中的一个重要环节,展览业受到德国各级政府的高度重视。在德国,汉诺威、法兰克福、科隆、慕尼黑、杜塞尔多夫等城市将展览业作为支柱产业加以扶持,出台了一系列鼓励措施和优惠政策,以吸引展会组织者和参展商。

每年,德国联邦经济科技部都要对出国展览提供直接的财政支持,同时还通过特定的组织或机构,组织德国企业赴国外参加展览会。德国的会展公司往往拥有自己的大型会展场馆,公司与会展场馆是一体的。会展场馆基本上都是公有性质的,一般由政府出资建设,州、市两级政府一般占会展公司股份的99.0%左右。展览公司由政府控股,实行企业化管理。例如,法兰克福会展中心就是由法兰克福市和黑森州共同拥有,市政府占60.0%的股份,州政府占40.0%的股份。位于汉诺威的德国最大的展览公司——德国展览公司则由下萨州政府和汉诺威市政府分别控股49.8%。

行业协会在德国的会展业管理中起了很大的作用。德国展览业的最高协会是德国贸易会展和会展业联盟AUMA,是由参展商、购买者和博览会组织者三方面力量组合而成的联合体。AUMA对德国展览业实行统一、权威性的管理,是德国唯一的中央级展览管理机构,有着最高的权威性。它的职责主要包括：制定全国性的展览管理法律条例和相关政策、支配使用政府的展览预算、代表政府出席国际展览界的各种活动以及规划、投资和管理展览基础设施(如展馆、酒店、交通、旅游等)。德国政府和展览行业协会紧密结合,相辅相成,使展览业得到了有效管理。

新加坡对会展的管理模式也属于政府主导型。在促进会展经济发展中,政府的主要作用是加强基础设施建设。发展会展经济,基础设施必不可少,展馆建设是首要条件之一。新加坡政府对会展业发展的扶持主要表现在对大型会展设施与配套设施建设的支持与投资上。新加坡博览中心就是有政府背景的新加坡港务集团投资建立的。博览中心展览面积达6万平方米,是亚洲最好的展馆之一。

新加坡政府对会展业进行协调控制的部门是新加坡旅游局下辖的展览会议署,成立于1974年,主要任务是协助、配合会展公司开展工作,向国际上介绍新加坡举办国际会展的优越条件,促销在新加坡举办的各种会展,扶持、服务、规范、协调和发展会展业。例如,特准国际贸易展览会资格计划(AIF),从国家的贸易政策和发展目标出发,对符合政府产业发展方向的展览会,或者对从质量、规模、参展人数、国际化程度等方面评估后认为符合标准的展览会,授予AIF资格证书,并且给予最高达2万新币的政府资助款。这些政策使优秀展会得到了有效的扶持。

(二) 市场主导型

市场主导型管理模式是指会展业管理主要由市场主导,很少由政府或政府某个部门直接组展和办展,政府仅仅提供间接的支持和服务。代表性的国家与地区有法国、英国、加拿大、澳大利亚和瑞士等。

法国展览业的协调机构主要是法国博览会、展览会和会议协会。协会每年在法国举办4 200个展览和会议,其中包括举办1 200个展览,吸引2 300万观众,举办3 000个会议,参会人员200万人。展览和会议面积合计70万平方米,带来直接经济效益75亿欧元,创造12万个就业机会。另外,法国的工商组织也介入展览业,如巴黎工商总会直接拥有并参与管理展览中心,其下属展览中心的展览面积占整个巴黎大区展览面积的1/3。法国的展览和德国不一样,政府参与程度低,市场竞争相对较完全。展览公司不拥有场馆,而场地公司不组办展会,也不参与其经营。法国的业界人士坚持认为这种模式能够促进展览公司之间的公平竞争,也有利于场馆公司专心做好自己的场馆服务工作。

法国展览业的激烈竞争使展览公司日趋专业化和集团化。在20世纪五六十年代,许多专业性展会由行业协会主办。随着展览会之间竞争的日益激烈,行业协会逐渐把自己的展览会转让给专业展览公司,或者和专业展览公司合资经营展览会。另外,由于市场对展览会的要求越来越高,展览公司需要在资金、人力等方面做更大的投入,而小公司大多力不从心,被大公司纷纷兼并,展览公司集团化成为趋势。

英国政府虽然长期以来也非常重视展览业的发展,强调展览对于扩大出口的推动作用,但英国目前没有专门的政府部门负责展览事务,主要通过财政手段来鼓励英国企业参加海外展览。英国举办展览完全是商业行为,政府不直接介入,展览市场准入政策十分宽松,任何商业机构和贸易组织不需要经过特殊的审批程序便可以从事展览业务。展览公司的商业注册也和普通商业公司一样,没有额外的要求。同时各展览公司举办展览的内容只要合法均可自行确定,不需审批。英国规范展览行业主要遵循的是优胜劣汰的自然法则。英国协会的权威性远远不及德国,由于英国政府对展览行业不直接进行管理,因此行业协会发挥的是"维护质量"的职能。英国的各类协会组织制定各自的展览服务行为规范,仅对会员起指导和约束作用。

英国的展览行业高度开放,鼓励国际竞争,而且对本国企业基本没有保护政策。各种展览公司在竞争中纷纷通过兼并和收购手段来保持企业发展,而对于效益不好的下属公司和分支业务则尽快出售,以免影响整体实力。目前英国展览业发展的一个显著特点是公司规模变大,但业务范围却越来越专一,以便充分实现项目专业化和规模经济,以降低管理成本。

(三) 政府市场结合型

政府市场结合型是指在会展业发展过程中政府参与和市场运作同时并行,美国和中国香港属于此类型。

以会展场馆管理为例,在美国,大部分展览中心都是公有的。在全美面积超过2 500平方米的展览中心中,大约64%(约为243个)属于地方政府所有。在长期的产业发展过程中,形成了三种各有特点的公有展览中心管理模式:

1. 政府管理模式

这种方式是由地方政府成立大会和参观事务局,负责管理公有展览中心。多数情况下政府并不能通过展览中心盈利,甚至要承担其亏损。但由于政府控制展览中心的经营可以更好地体现政府发展区域经济和特定产业的意图,并对展览市场进行宏观调控,故而这种模式仍然有其好处。在此模式下,展览会组织者预定展览场地需要到该机构事先登记,而不是去展览中心。在政府管理模式下,尽管某些服务也外包给专业承包商,但参观者事务局一般都有管理队伍,包括市场营销、销售和公共关系人员。对市政展览中心来说,盈利能力往往基于下列关键因素:经营实体的政治结构(一般认为,私人或权威机构/委员会的管理优于市政当局);来自城市的对特定展览中心和整个观光事业的营销支持;最重要的是,展览中心经营和参观者事务局管理的质量。

政府管理模式虽然有利于政府获得某些重要的利益,但是也会造成展览中心经营绩效低下、市场机制扭曲等问题,不利于展览产业的长期发展。从美国的情况来看,拉斯维加斯和芝加哥等重要的展览城市都已废弃这种模式。

2. 委员会管理模式

这种模式由地方议会或政府成立一个单独的非营利管理委员会经营公有展览中心,对议会或政府负责。例如,依照内华达州的法律,拉斯维加斯成立了半官方的大会和参观者事务管理委员会。委员会管理往往是比政府管理更有效的模式。由于经营自主和收入独立,由一个管理委员会管理的展览中心,可以更少地受政府采购和城市服务需求的限制。

不过这种模式也有其弱点,那就是可能产生官僚主义等政治问题。此外,从企业治理的角度来看,委员会管理模式下存在着激励不足的问题。很多时候政府还是要充当救火队长,补贴公有展览中心经营的损失。

3. 私人管理模式

私人管理模式就是将公有展览中心的管理业务外包给私人展览管理公司。当前展览产业界一致认为,这是一个积极而难以逆转的趋势。私人管理公司越来越多地从市政府那里赢得公有展览中心的经营权和管理权。私人管理模式具有许多公认的优势:经营自主、富于活力,充分考虑成本效益,致力于客户服务,避免官僚主义,人力资源得到深度开发,盈利能力较强,雇佣工人有灵活性。另外,对政府来说,财政风险相对较小。

当然,对地方政府而言,将公有展览中心交给私人公司管理也有一定风险,有可能失去对其营利动机的控制。由于不能排除所办展会不适应当地产业发展规划,私人管理公司利润最大化的经营可能不符合城市发展的整体利益。

中国香港会展业管理也可归入政府市场结合型。香港特区政府高度重视会展业的作用,一方面特区政府会展管理部门香港贸易发展局致力于为香港公司,特别是中小企业,在全球寻找新的市场机会,协助它们把握商机,并为推广香港具备优良商贸环境的国际形象作出卓有成效的努力;另一方面,特区政府在场馆建设方面进行大量投资,然后实行商业运作。香港会展中心于1987年落成,香港政府投资48亿元,香港贸发局代表政府成为该中心业主,并收取毛收入一定百分比作为投资回报。展馆管理机构不参与展馆的筹办,以确保公平公正。香港的展览馆本身不主办展览,展览的场地、时段的安排,由展览馆管理机构按国际惯例去协调,政府不参与。展场收费分旺淡季,以有利于时段的安排。旺淡季的收费有较大的差异,由展馆按照市场机制来调节。这种管理模式为香港会展中心发展成为国际一流的会展场馆起到了巨大的促进作用。由此,香港连续9年被英国权威杂志《会议及奖励旅游》评为全球最佳会议中心。香港有超过50个大小不同的会展场地,可提供的总展览面积已超过15万平方米。2017年,香港共举办了逾100项展览,吸引超过190万名会议、展览及奖励旅游(MICE)的海外过夜旅客来参加。2017年内共有135个总面积至少2000平方米的展览在香港举办。目前,香港有超过100家展览服务供应商,提供专门或综合展览服务。全年展览摊位租金总收入38亿港元。

二、中国会展业的管理模式

中国会展业的管理机构从性质上分主要包括两部分:(1)政府部门,如经贸委,贸促会,商务部等政府机构;(2)会展行业协会,包括各地区或城市的会展行业协会,如会展业协会,展览业协会,会议旅游协会等。

改革开放后,在传统计划经济向市场经济过渡的过程中,政府管理部门对会展业的管理根据市场发展情况,不断地进行调整,出台和制定了包括从展览主办单位资格的认定到展览立项审批在内的一系列管理规定和办法,对引导会展业走向有序竞争和促进会展业的快速起步起到了重要的作用。然而,对展览业实行的严格的审批制度也给会展业打上了深刻的计划经济体制的烙印,又加之政府作为会展活动的宏观管理者,却积极参与到会展活动的组织中来,直接参与办展,政府既是运动员,又是裁判员的"角色错位",使我国会展业呈现出行政审批和政府办展的两大特色。

(一) 会展审批制

我国会展行业多年来一直延续了计划经济时代的管理体制,对出国展和在境内举办的全国性展览会,实行由各级、各地区主管部门分层分类审批。

在涉外展览方面,最早由外经贸部和中国贸促会两家审批,即规定到境外参加博览会或者在国内举办国际性展览会,须经中国贸促会协调后,报外经贸部最后同意审批。在我国经济体制改革过程中,为减少政府管理,国务院规定自2001年1月1日起,各地区各单位出国举办经贸展览会一律由贸促会审批。2001年2月15日,贸促会和外经贸部联合出台了《出国举办经济贸易展览会审批管理办法》,对出国办展单位、审批程序、审批的依据和要求、展览团的管理以及处罚措施做了明确的规定。该办法的出台,将出国办展审批权交由贸促会负责,是外经贸部按照转变政府职能的要求,对我国出国举办经济贸易展览会审批管理体制的重大调整和改革。由贸促会会同外经贸部制定的新的管理办法,虽然仍实行项目审批制,但审批的内容和范围较之过去都有减少,并强调了提高审批工作效率和为组展单位提供服务。

在境内举办的全国性展览会,主要由4个系统审批,包括国家经贸委、外经贸部、科技部、中国贸促会。而对于地方性展览会,一般也要由贸促会、地方政府、经贸委和科委四个审批渠道进行审批。

我国会展业对出国展、国内办展实行的展览审批制度,是我国计划经济体制的产物,也是由我国会展业发展过程中政府直接参与办展的特点所决定的。在行政办展占主导的时期,确实有必要对展会举办过程和效果负责,对办展单位、办展目的和办展条件等进行审查,以规范会展业的发展。但这种多层次、多渠道的审批机制在市场经济条件下已不适应市场发展的要求,在很大程度上制约了我国会展业的良性发展,这主要表现在以下四个方面:

1. 展览审批制度效率低,使得展览组织者缺乏灵活的应变机制

展览会的发展是随国内、国际经贸形势的变化而随时调整的,灵活的应变机制对于展览组织者来说十分必要。但展览审批制度使从具体展览组织的工作内容、展览立项、展览实施到展览评估均需要较长的审批时间,不仅往往使得展览组织者错失良机,也制约了展览的及时转型。

2. 展览审批渠道多,造成重复办展

由于国内办展有4个审批渠道,这就意味着如果不同系统的主办单位举办同一或相近主题的展会,就可能四家同时批准,结果导致重复办展,加剧会展市场的无序竞争。例如近年来婚庆类博览会以及房地产展览会在各地层出不穷。这样多头重复办展,不仅使会展业效益下降,还使国内外工商企业无所适从。

3. 妨碍公平竞争,阻碍会展市场的发育

目前实行的行政审批管理体制,也使得会展举办权成为一种稀缺资源,导致拥有行政权力的部门或有官方背景的一些机构更有可能拿到主办权,而其他市场主体很难取

得主办权。由于展览审批制度的存在,一些民营的展览公司和一些刚成立的展览公司,在市场竞争中往往受到不公平的待遇,抑制了专业展览公司的成长。

4. 导致寻租现象的产生

展览审批制度的存在,意味着要想举办展览会,就必须取得批文。由于多头审批的客观存在,一些企业或组织为取得批文,经常会采取"公关"活动,或者拉拢有主办资格的企业"联合举办",甚至运用不正当的钱权交易的手段,导致了寻租行为。

为消除展览审批制度带来的种种弊端,逐步与国际惯例接轨,国家经贸委已于2002年取消了包括国内展览审批在内的131项审批权。而为了在取消审批权的情况下更好地监督、发展会展业,国家经贸委制定了《专业性展览会等级的划分及评定行业标准》,并于2003年3月1日开始颁布实施。这是我国展览业的第一个行业标准(适用于专业性展览会),也是我国展览业的主管部门改变管理模式,放弃展览审批权的尝试。

尽管国家经贸委已取消了展览审批制度,但一些地方政府的展览审批制度仍在实施。我国加入WTO后,现有的展览审批制度是否要取消,是展览业人士普遍关心的问题。从宏观方面看,WTO原则是按照市场经济的要求办事,现行的管理审批制度应该取消,但就我国会展业发展现状来看,目前的审批管理制度在短期内不会也不应该取消,因为条件并不成熟。由于目前我国的会展市场尚不规范、新的制度尚未建立、市场环境有待改善等因素,审批在现阶段有继续存在的必要和需求。随着市场经济的发展和成熟,会展市场的规范有序,良性市场环境的创立,会展安全进一步提高,法规、法律的建立健全,审批管理制度将逐渐取消,需要的只是时间和条件。

(二) 政府办展

与其他行业不同,我国会展业在发展过程中,不少情况下是政府或行政体制改革中衍生的"准政府"机构——行业协会在直接出面主办展览,使我国会展市场具有较为浓厚的行政色彩。基于会展业的整合效应,不少展会作为政府或领导的"形象工程"被当作一个城市的整体推广活动来展开,各级政府(包括区县政府)往往投入相当多的精力和资金直接办展。

从形式上看,政府直接出面办展,一度被称为"政府搭台,企业唱戏"而被广泛推广。为扩大展会的影响力,一些地方省长、市长经常亲自带队去外地甚至国外招商招展。同时,组展过程中较多运用行政命令手段,如展位空置往往由政府下任务"摊派"。

从展会类型上看,政府直接主办的展会主要是综合性的经济类展览,如各种投资贸易洽谈类展会,教育类展会中的政治意识形态类展会及各类知识普及型展览,世界博览会等。在中国展会总量中,这些展会虽然总量并不多,但由于这部分展览的规模和影响力都比较大,所以其重要程度常常超过其他各类展会。

由于政府具有一定的权威性,政府主办展会,能够增强展会的号召力和影响力,吸引更多的客商。在缺乏市场选择途径或者说市场发育不完备的情况下,参展商选择展会也经常以政府组织为标准,并且以政府参与的级别来区别会展的效果。因此,在某种程度上讲,对那些尚在起步摸索阶段的地区或城市,由政府出面引导与调控市场走向,对会展业的发展也能起到一定的推动作用。

但是,在市场经济下,政府直接介入会展业、直接办展的模式,产生了政府既是运动员、又是裁判员的"角色错位"现象,不仅办展运营成本高,不利于政府部门实施公平的市场管理,同时,政府办展形成的垄断性行业的展览还限制了民营展览企业的成长,对展览市场的正常竞争造成了一定的冲击。政府办展的弊端主要体现在以下几方面:

1. 阻碍会展市场发育

(1) 政府办展的非专业性,不利于会展业的长期发展。由于政府内部一般没有专业的展览机构,展会普遍由政府成立临时机构或组建事业单位来承办。通常是临时抽调人员组成"组委会"或筹备组,靠政府发文招徕参展商和参展人员,活动结束后,机构随之解散。既没有展前的市场调研,又没有展后的跟踪服务,服务意识差,竞争力不强。同时政府直接办展,往往不关心会展的核心业务,而主要关心会展对当地旅游、餐饮等附属业务的带动作用,对当地经济的带动作用,这就造成了短视行为,很难使其举办的展会在市场竞争中长期发展下去。如一些城市的会展活动由于缺乏经验,对市场的需求了解不够,经常举办两三届就发展不下去了。

(2) 政府办展的垄断性,抑制了非国有企业、民营企业的发展。政府作为市场主体参与会展活动,与真正的会展市场主体——会展企业同台竞争,由于二者权力地位的不可比性,政府往往垄断一些会展资源,使一些会展项目在市场上占有垄断地位。政府办展妨碍了市场的公平竞争,限制了非国有企业、民营企业的成长,明显地造成了市场的不规范。

(3) 政府办展的地方主义,不利于全国统一的会展市场的形成。地方政府为培育城市会展品牌,控制会展资源,往往对会展活动实行地方保护,排斥外来的会展企业,阻碍了会展资源的合理流动,不利于全国统一的会展市场的形成。

2. 成本高,效益差

政府办展由于其目的并非为参展商提供尽可能周到的服务,而大多是为了完成上级领导或部门交办的任务,因此往往不顾及成本,不考虑效益,使展会成本居高不下,经常需要财政补贴来维持。一般情况下,政府主办的展会,地方政府的直接补贴和各种支出少则几十万元,多则几百上千万元,这在很大程度上给政府财政造成了巨大的压力。

3. 不利于参展企业的发展

由于政府组展时较多地运用行政命令手段,展位空置了就由政府下任务"摊派",具有一定的"强制性"。而对于非自愿参加展会的企业来说,不仅影响了它们的正常生产经营活动,还使企业因投入一定的财力、精力而造成经济利益的损失。同时,政府办展的观众质量水平低,往往不是以专业观众为主,客商以捧场型居多,不能满足参展商的需求,展会展出效果差。

综上所述,政府办展不仅成本高,效率低,与市场经济规律背道而驰,而且不利于会展市场的良性发展,甚至有损于企业的利益。尽管政府办展在我国展览业起步阶段也对展览业的发展起到了一定的推动作用,但政府过多直接办展只是我国经济体制改革过程中的一个过渡性特点,政府主办展览会并不是会展业发展的方向。事实上,根据国际会展业的发展经验,举办展会应该是市场行为,不应是政府行为,政府不应该成为办展的主体,办展的主体应该是会展协会和专业会展公司。因此,政府在会展业发展过程中应从台前走到幕后,把精力集中在宏观调控和对基础设施的统筹安排方面,为会展业的发展营造良好的外部环境。只有这样,才能推进会展业的市场化进程。

第二节 会展业的行业管理模式

一、国外会展行业协会运作模式

在会展经济发达的国家和地区,主要依靠市场机制调节会展行业,但由于不同国家、不同历史传统和不同市场经济状况,管理模式也存在一些差别。目前,国际上会展行业协会的运行模式,按照行业协会、政府、市场和企业之间的关系,主要可归纳为三种。一种是以美国为代表的"横向运作模式",另一种是以德、日为代表的"纵向运作模式",第三种是以法国、中国香港为代表的"综合运作模式"。

（一）横向运作模式——企业推动型

以美国为代表的"横向运作模式"是一种主要以会展企业自发组织、自愿参加为特点的行业协会模式,具有较强的民间性,在管理上自由放任,规范宽松。如美国展览管理协会（IAEM）,其最大的特点就是企业自主推动。在发展过程中,遇到同行业价格和质量竞争时,会展企业出于维护自身利益和市场秩序的需要,被迫组建行业协会,尝试着用行业自律的方式规范市场和行业的秩序。显然,在这种背景下所成立的行业协会,其动力源就在于企业本身,其他的因素,如政府提供帮助或指导仅仅是动力源的外部因素。即会展企业只要存在共同的利益,就可以成立一个行业协会,政府对此既不干预,也不予资助。行业协会为企业提供技术与信息服务,协调政府、企业、消费者之间的关系,同时实力强劲的行业协会,如美国商会及美国制造商协会与联邦政府、议会都保持密切联系。当政企发生矛盾时,这些行业协会组织寻求议会的支持与介入,按照制衡原则处理政府与行业协会的关系。

（二）纵向运作模式——政府推动型

以日本和德国等国家为代表的"纵向运作模式"是一种政府行政作用参与其中、大型会展企业起主导、中小会展企业广泛参与的行业协会模式。其突出特点是强调政府的推动作用,对内是政府机构,对外是民间团体。日本和德国的政府通过机构改革与职能调整,大大削减专业经济管理部门,使专业经济管理由过去偏重条条性的部门管理向偏重块块性的行业综合管理转化。这样,从政府职能中逐渐剥离出一些职能转交给行业协会,使行业协会在政府的主导下得以产生,积极致力于高速发展本国市场经济,力图建立政府与社会合作或官民协调的宏观管理模式。行业协会具有庞大的组织机构和较高的组织化程度,协会的覆盖面广,政府与行业协会是一种合作协调关系。

（三）综合运作模式——市场推动型

以法国、瑞士、中国香港为代表的"综合运作模式"不像企业自主推动和政府主导推动那样单一,而是指在市场的推动下,政府参与管理,政府与会展企业在组建协会的过程中都倾注了大量的精力,很难分清到底是企业还是政府起了主导作用,可以说是企业和政府合力推动的产物。而且行业协会与政府的关系非常密切,如香港的展览会议协会(HKECOSA)的主要职责是配合政府宣传,把香港建成亚太展览之都、提供业务培训以提高行业水平、为会员单位制造商机、增强会员之间的联络、代表行业向媒体和政府表达统一意见,等等。

无论是横向运作模式的会展协会,还是纵向运作模式的会展协会,它们与会员的关系都非常密切,它们认为行业协会的任务是协助企业做好生产、加工和销售工作,为企业最大限度获取利益提供各种服务。当然,行业协会展开一些活动,可能也会涉及营利部分。但行业协会,一方面不能与企业争利,另一方面又不能以营利为目的,直接参与利润分红活动,它们的工作仅仅是提供服务,维护企业的权益。

二、我国的会展行业协会

(一) 我国会展行业协会的基本职能

1. 代表职能

代表职能主要表现在对公共政策制订过程中的影响力,如行业协会对政府制定公共政策和政府有关部门作出涉及行业利益的重大决策的影响,或者对行业协会会员采取重大处理措施的影响,通过这种影响力,便于参加协会的企业争取和获得有利于自身发展的利益。

2. 维护职能

维护职能主要表现在建立行规行约、实行价格自律、保证质量维护行业信誉、协调成员企业的内部关系与外部关系,开展公益活动等方面。行业和企业利益往往因不规范的市场运作和政府有关部门过多干预而受损,同时,同行业企业之间也容易发生利益纠纷。为了保护成员企业和行业的合法权益不受损害,需要通过有效的制度安排来实现。行业协会就是维护行业与企业利益的最好的组织制度安排。行业协会对行业成员进行相应的内在约束,实行行业自律。自律一般有奖励、认证、惩罚三种。对于优秀人士,协会给予奖励。如果发现有违反行业规范,搞不正当竞争或欺诈、损害同行和消费者利益的行为,协会可采取惩罚措施,或取消会员资格,禁止在本行业从业,甚至向法院起诉。

3. 服务职能

参加行业协会的企业,既希望得到成员企业的帮助,更需要行业协会提供各种各样的服务,以能使企业降低生产成本,提高管理能力,最大限度地获取经济效益和社会效益。行业协会所提供的服务包括提供技术支持、培育和开拓产品市场(如展览会、展销活动)、开展国内外管理与技术交流、传递和沟通信息(如编办协会通讯和会刊)、培训技术与管理人员、推介名牌展会等。

(二) 我国各地会展行业协会的基本情况

几乎每个行业都有自己的全国性协会与行规,但会展行业却是一个例外。随着我国会展经济的日益繁荣,一些城市及个别行业已率先成立了会展行业协会或行业协会服务机构,这预示着中国会展行业无序竞争的局面将有所扭转。自从1998年北京在全国率先成立第一家地方性的会展行业协会(北京国际会议与展览业协会)以来,全国各地相继成立了一些行业组织,下面对我国三大会展中心城市的行业协会加以介绍:

1. 北京国际会议与展览业协会

北京国际会议与展览业协会于1998年6月成立,是我国第一家国际会议展览业具有社团法人地位的中介组织,有会员单位200余家,主要由北京地区与国际会展业务相关的公司、企业、团体和在京国际知名机构组成。其宗旨是:组织北京地区相关国际会展,规范会展业秩序,优化会展市场环境,提高会展质量和效益,开展国内外会展市场调研,沟通会展信息,交流举办会展的经验,保障会员合法权益,促进会员间了解与合作,加强与国际会议展览业界的联络与合作。

协会成立以来,在各有关单位大力支持下,经理事会和广大会员的共同努力,按照协会章程规定的任务,通过举办年会、专题研讨会、座谈会、出国考察访问和接待境外会展界专家及为会员单位咨询、协调、培训等多种形式,在促进会展市场的发展、提高会展组织水平和质量方面做了大量工作,因而受到会展业界的欢迎和好评,使协会在国际会议展览领域的影响和作用日益扩大。

北京国际会议与展览业协会可提供如下服务项目:

(1) 信息与联络服务。

与在京和国内外会展业协会、组织机构和企业建立广泛友好合作关系;

利用自办和合作的多种媒体宣传、推介和交流会展信息。

(2) 会展人员培训服务。

提供会展管理人才的培训;

提供会展从业人员的培训;

提供国际会展相关专业分类培训;

组织境内外会展企业、机构、团体和院校间的交流、实习。

(3) 会议和展览服务。

策划和组织大型活动、会议及展览服务;

举办境内外研讨会、报告会;

为大型会议和展览会提供招商、参会中介服务及相关服务;

为会展提供后期追踪服务,扩大会展效应。

(4) 为政府主管部门服务。

接受政府有关部门委托,进行行业协调和行业自律;

为政府提供有关会展课题的调研和咨询;

为制定会展业的相关法律、法规提供论证、意见和建议;

为政府与会展行业的沟通提供相关服务。

(5) 会展相关法律服务。

为会展的标识和参会参展企业的产品提供商标注册代理服务;

为会展知识产权保护提供法律咨询;

为会展中发生的争议提供非诉讼的相关法律服务。

2. 广州会展行业协会

广州市会展业行业协会，是由广州地区从事会议、展览及相关的企事业单位发起，自愿组成，具有法人资格的行业性、非营利性社团组织。该行业协会在广州市登记，接受广州市协作办公室的业务指导和广州市民间组织管理局的监督管理，办公地点设在广州市越秀区先烈中路80号汇华商贸大厦1306号。该行业协会的宗旨是：遵守中华人民共和国宪法、法律、法规和国家政策，遵守社会道德风尚。在广州市会展业管理领导小组的指导下，协助政府从事行业管理，建立行业自律机制，规范行业市场秩序，优化行业市场环境，培育国际会展品牌，保护会员合法权益，提高行业整体素质，组织行业国际交流和合作，促进广州市会展行业的健康发展。

3. 上海市会展行业协会

上海市会展行业协会（Shanghai Convention & Exhibition Industries Association，SCEIA）于2002年4月成立，由上海市从事会议、展览及相关业务的企事业单位自愿组成的跨部门、跨所有制、非营利性的行业性社会团体法人。

协会的常设机构为秘书处，下设办公室、联络部、项目部。与华东师范大学共同组建"华东师范大学上海会展学院"，创建了良好的培训机制，加强行业培训力度，该模式为国内首创。开展了对国际展览会的评估工作，规范行业标准，创建有影响力的会展品牌。创办了"上海会展"报和"上海会展"网，发布行业的咨询和信息。

协会成立以来，本着遵守国家法律、法规，积极发挥"服务、代表、协调、自律"的四大职能，在上海市有关职能部门的指导下，协助政府从事行业管理，在保护会员的合法权益、提高行业整体素质、进行行业统计、形成行业自律机制、行业认证、组织国际交流与合作等方面做了全方位的开创性工作，同时一直致力于为会员单位提供全面的优质服务，体现行业协会的广泛性和代表性，从而真正构筑政府与企业之间沟通交流的和谐平台。

另外，宁波、重庆、昆明、深圳、合肥、天津、西安、福州、大连、广西和黑龙江等省市也相继成立了会展行业协会。

第三节　国际会展组织及其管理运行

一、国际会议组织

（一）国际会议协会

国际会议协会（International Congress & Convention Association，ICCA）创建于1963年，总部位于荷兰首都阿姆斯特丹，是会议领域最具有国际影响的协会。目前在全球近100个国家（地区）拥有1 124个机构和企业成员。协会根据成员不同的业务范围分为5类，包括目的地营销、会议管理、会议支持、场馆、交通运输等。其目标是：通过合法的手段，促进各种类型的国际会议及展览的发展，评估实际操作方法，以促进旅游业最大限度地融入日益增长的国际会议市场，同时为相关会议的经营管理提供信息交流平台。

作为世界主要的会议专业组织，国际会议协会包含了所有当前以及未来的会议领域专业部门，协会肩负如下使命：

（1）提高协会成员举办会议的技巧及对会议行业的理解；
（2）为协会成员间的信息交流提供便利；
（3）最大限度地为协会成员提供发展机会；
（4）根据客户的期望值逐步提高专业水准。

国际会议协会将其成员按所属会议产业专业部门分类，并以一个英文字母作为成员类型的代号，如表7-1所示。

表7-1 国际会议协会成员分类体系

成员类型	成员数量	成员类型	成员数量
目的地营销	382	场馆	377
会议管理	270	交通运输	10
会议支持	103	荣誉会员	11

国际会议协会采用区域性的组织结构，该协会不仅致力于促进同一会议产业专业部门成员之间的协作，而且突破会员所属会议产业部门类型的限制，促进在同一区域的不同会议产业部门成员间的合作。基于这种目的，国际会议协会成立了区域分会、国家和地方委员会。国际会议协会将全世界划分为8个区域，设立了11个区域分会：非洲分会、法国分会、北美分会、亚太分会、中东分会、拉美和加勒比分会、斯堪的纳维亚分会、中欧分会、地中海分会、英国/爱尔兰分会、伊比利亚分会。此外，国际会议协会在全世界19个国家和地区设立了委员会。

各种会议公司或机构必须缴纳入会费和年费才能成为国际会议协会的成员，并享受该协会提供的产品和服务。国际会议协会提供的产品和服务有：

（1）协会数据库说明；
（2）协会数据库报告书；
（3）协会数据库提供的按客户要求特制的表格名录；
（4）公司数据库说明；
（5）公司数据库提供的按客户要求提供的表格名录；
（6）国际会议协会数据专题讨论会资料；
（7）国际会议市场统计资料。

国际会议协会提供的产品的服务对于帮助其会员了解国际会议市场，获取行业信息、开展会议行业教育和调研活动，以及制定会展发展计划和策略，具有重要的参考价值。

（二）国际协会联盟

国际协会联盟（UIA）于1910年在比利时布鲁塞尔召开的国际组织第一届世界大

会展导论

会上正式宣告成立。该联盟是一个独立的、非政府的、无政治色彩的可帮助 4 万个国际组织和客户交换信息的非营利性组织和有关各类国际组织的信息中心。国际协会联盟用书面、光盘和互联网的形式为广大用户提供了大量的数据资料。国际协会联盟的宗旨和活动是：

(1) 在人类尊严、全世界人民团结和沟通自由的基础上为建立全球秩序做出贡献。

(2) 在人类活动的每一个领域里，特别是在非营利和志愿者协会里，促进非政府网络的发展和效率的提高。

(3) 收集、研究和传递有关信息，如政府和非政府国际机构、它们之间的关系、召开的会议及它们面临的问题与采取的策略。

(4) 国际协会联盟尝试用更有意义、更切实有效的信息传递方法，将其所提倡的联合活动和跨国合作发扬光大。

(5) 促进国际协会就法规政策、协会管理和其他问题开展研究。

国际协会联盟每两年召开一次大会，选举国际协会联盟执行委员会。该执行委员会由 15—21 个成员组成，每个成员最长任期 4 年。国际协会联盟的正式会员不超过 250 个，由全体大会根据候选人的兴趣和他们在国际机构中的作用选举产生。通常候选人都在某个国际机构中发挥过积极的作用。正式会员包括外交家、国际公务员、协会管理人员、国际关系教授和基金负责人。正式会员不需交纳年费，但要在各自的领域内为维护国际协会联盟的利益、进一步扩大联盟的影响做出努力。对国际协会联盟的宗旨和活动感兴趣的法人团体和个人只要缴纳年费，并经过国际协会联盟执行委员会的批准，就可以成为国际协会联盟的非正式会员。非正式会员如各种组织、基金会、政府机构和商业企业有权优先使用国际协会联盟的服务。

国际协会联盟的工作语言为英语和法语。自 1910 年以来，国际协会联盟出版了 300 多种出版物，大多数出版物用英语出版。国际组织年鉴用各种语言编制索引供其他国际组织工作使用。期刊《跨国协会》(Transnational Associations)刊登英文和法文的文章，该联盟的年度预算为 80 万美元，通过成员的预定刊物费、联盟的研究和咨询合同收入、出版物的销售及服务支付 95% 的预算费用，其余部分来源于比利时、法国、瑞典政府及一些官方和私人机构的捐款和赞助。

(三) 国际专业会议组织者协会

国际专业会议组织者协会(The International Association of Professional Congress Organizers, IAPCO)是会议组织者和国际性会议管理人员的专业协会，创立于 1968 年，总部在比利时布鲁塞尔，目前拥有 40 个国家和地区的 136 名成员，这些成员有公司的，也有个人的。协会的目的在于制定高等级的专业化的标准，在组会方面保持高专业化的水准；协助 PCOs 获取技能以及组织会议所需的专长；倡导参会者寻求 PCOs 的协助；调研专业组织者面临的问题，并使之得以解决。自协会创立以来，IAPCO 已经为这个在经济和服务意义上发展迅速的行业确立了全球化的标准。

IAPCO 的品牌即"高品质"，它已成为专业会议策划者经理，从事国际性活动，特别是会议组织方面的全球性品牌，IAPCO 作为一个卓越的标志已广泛被会议行业内外各相关领域充分认可。

(四) 国际会议中心协会

国际会议中心协会(Association International des Plalis de Congres, AIPC)于1958年成立于罗马,为非营利组织,目前有来自世界60个国家和地区的185个国际会议中心会员。我国北京国际会议中心、广东(潭州)国际会展中心、杭州国际博览中心、珠海国际会展中心、香港会议和展览中心、香港亚洲国际博览馆、台湾地区台北国际会议中心都是其会员。

其主要宗旨是:为结合全世界会议中心资源,通过会员间的交流,交换有关会议管理、会议技术、会议沟通以及会议新需求等信息,向会员提供有关会议管理和顾问服务;通过会员间主管的交流,提升有关会议硬件管理与营运、财务运作、组织与员工发展、行销与客户管理和环保诉求等相关议题的水准。协会在行业术语的释义方面、统计数据方面以及国际会议等其他方面起非常重要的作用。

AIPC每年都要在世界上不同地方举行年会和委员大会,来自全球各地的人士互相讨论行业议题并交换意见。

二、国际展览组织

(一) 国际展览业协会

国际展览业协会(The International Association of the Exhibition Industry, UFI)是世界上主要博览会组织者、展览场馆业主、各重要国际性和国家展览业协会的联盟,于1925年4月15日在意大利米兰市由20个欧洲顶级国际展会发起成立。总部设在法国巴黎,是迄今世界博览会、展览会行业唯一的国际性组织。今天,它已由一个代表欧洲展览企业和展会的区域性组织发展成为一个全球性的展览业国际组织。其会员分布在五大洲87个国家和地区,共有781个正式会员组织。

2019年,国际展览业协会对其会员机构主办的936个交易会和展览会授予UFI质量认证。国际展览业协会有一套成熟的展览评估体系,对由其成员组织的交易会和展览会的参展商、参观者、规模、水平、成交等进行严格评估,用严格的标准挑选一定数量的交易会和展览会给予认证。国际展览业协会认证(UFI Approved Event)是高质量国际展览会的标志。由于国际展览业协会在国际展览业中的权威性,得到国际展览业协会认证的交易会和展览会在吸引参展商、参观者方面优势明显。国际展览业协会认证的基本条件有:

(1) 展会必须至少已定期举办过两次;
(2) 能够提供按UFI审计规则统计的展会数据;
(3) 展会拥有正式且长期稳定的组织架构;
(4) 举办场馆功能齐全且维护良好,具备安全和卫生应急处理能力;
(5) 能够提供英文版的展会宣传资料。

作为世界重要的交易会和展览会的组织者,国际展览业协会会员作出了显著的成绩:

(1) 主办超过4 500个交易会和展览会;

(2) 年租用展览面积达 5 000 万平方米；

(3) 每年吸引 440 万参展商；

(4) 每年吸引 2.6 亿人次展会参观者。

国际展览业协会没有个人成员，只有团体成员。我国目前已有 194 个展会企业和组织加入了国际展览业协会。

资料链接 7-1

走进国际展览业协会

国际展览业协会(UFI)于 1925 年在意大利米兰成立，并将总部设在法国巴黎，是迄今为止世界展览业最重要的国际性组织。在最初成立的时候，参加国际展览业协会的只是欧洲的 20 个展览公司，而且也不是这些公司的所有展览项目都能自然而然地成为国际展览业协会成员。所以，参加 UFI 实际是两种"概念"，一是成员单位（展览公司），二是成员项目（即由国际展览业协会所认证的展览会）。

随着时间的推移，国际展览业协会逐渐地发生了一些变化。先是成员的地域扩大到欧洲以外；之后主办单位的类别突破了展览公司的限制，即展览公司以外举办展览会的单位（譬如协会、学会、其他类型的公司等）也可以加入。现在，国际展览业协会的成员范围再次扩大，只要是与展览业相关的单位，诸如展览馆、贸易协会、展览服务机构、展览媒体等都能申请加入。不过至今国际展览业协会 80% 的活动还是集中在展览会举办行业。国际展览业协会总部位于巴黎，其法人代表为主席。日常事务由秘书长负责处理，日常运行主要靠会员缴纳的会费。

对国际性展会进行权威认证是国际展览业协会的核心任务。经 UFI 认可的展会是高品质贸易展览会的标志。展览会举办公司只有在其举办的展会至少有一个被国际展览业协会认可后才有可能被接受为正式会员。一个展会要想获得其认证，其服务、质量、知名度皆要求达到一定的标准。国际展览业协会对申请加入的展览会的规模、办展历史、主办方、办展条件等都有极严格的要求。

作为 UFI 的成员，必须遵守以下规章制度。坚持道德操守的承诺是实现专业目标的建设性方法，进行专业活动应符合公认的标准、法律和法规；尊重国际展览业协会章程、内部规则和义务；提供关于活动与承诺准确的、可靠的信息；按照事实所需写合同，必须是清楚与公正的，因此也是相互尊重的；尊重他人的知识产权，保护在商务活动中提供的机密信息；在展会行业支持可持续发展的实践；致力于改善专业能力等。

UFI 作为一个特别的对话论坛，它的主要目标是代表、宣传及支持其会员和世界会展业的发展，它在处理业务及与客户和同事的关系时，坚守相互尊重、诚实、责任感及专业素养的道德标准。

为了使国际展览业协会更好地在全球范围内开展业务，它在香港成立了亚太地区办公室以及在科威特成立了中东及非洲办公室，此外还在亚太地区设立了分会，主要任务是商讨地区的具体问题,鼓励区域会员之间的合作,在本地区宣传 UFI,让更多符合条件的成员加入 UFI,亚太分会由朱玉伦担任会长,中国展览馆协会的郑世均及韩国的 Chong-ManPark 以及印度的 Chandrajit Banerjee 担任副会长,香港的 Mark Cochrane 担任秘书长。两者共同作用吸引世界上各个地方优秀的会员加入其中,推动各个地方会展业发展,从而加速世界会展业的发展。

资料来源:《中外会展》2012 年第 2 期

(二)国际展览与项目协会

国际展览与项目协会(International Association of Exhibitions and Events,IAEE)成立于 1928 年,总部设于美国达拉斯,董事会成员由 17 人组成。该协会前身是"国际展览管理协会"(International Association for Exhibition Management,IAEM),被认为是目前国际展览业最重要的行业组织之一,是全世界培养会展专业人才首屈一指的专业机构,与国际展览业协会(UFI)在国际展览界享有同样盛誉,两者现已结成全球战略伙伴,共同促进国际会展业的发展与繁荣。

国际展览与项目协会的成员来自 50 个国家,成员数量超过 12 000 个。其使命是通过国际性网络为成员提供独有的、必要的服务、资源的共享,以促进展览业的发展。

国际展览与项目协会的基本目标有:

(1)促进全球交易会和博览会行业的发展;

(2)定期为行业人员提供教育机会,提高他们的从业能力;

(3)发布展览会信息和统计数据;

(4)为展览人员提供见面机会,交流信息和想法。

国际展览与项目协会提供展览管理的注册培训认证项目 CEM(Certified Exhibition Management,CEM),该培训项目的必修课程包括项目管理、选址、平面设计与布置、计划书的制定、会议策划、标书的制定与招标。高级课程为:展览策划与预算、经营展会的法律问题、安全与风险问题的防范。高级课程专为取得 CEM 认证、并可能使用 CEM 培训论证项目开展培训活动的人员所开设。

(三)国际展览局

国际展览局(The Bureau of International Expositions,BIE)是专门从事监督和保障《国际展览公约》的实施、协调和管理举办世博会,并保证世博会水平的政府间国际组织。1928 年 11 月,31 个国家(地区)的代表在巴黎开会签订了《国际展览公约》。该公约规定了世博会和分类、举办周期、主办者和展出者的权利和义务、国际展览局的权责、机构设置等。《国际展览公约》后来经过多次修改,成为协调和管理世博会的国际公约。国际展览局依照该公约的规定应运而生,行使各项职权,管理各国(地区)申办、举办世博会及参加国际展览局的工作,保障公约的实施和世博会的水平。

国际展览局总部设在巴黎,成员为各缔约国(地区)政府。联合国成员国、不拥有联合国成员身份的国际法院章程成员国、联合国各专业机构或国际原子能机构的成员国均可申请加入。各成员国派出 1—3 个代表组成国际展览局的最高权力机构——国际展览局委员会,在该机构决定世博会举办国时,各成员国均有一票投票权。

国际展览局目前共有 170 个成员国,遍及欧洲、美洲、非洲、亚洲及大洋洲,下设执行委员会、司法委员会、行政与预算委员会、信息交流委员会等 4 个专业委员会。国际展览局主席由全体大会选举产生,任期 2 年。

国际展览局下的 4 个专业委员会的职责分别是:

(1) 执行委员会:负责评估新项目,并关注展览会的重大事项;

(2) 司法委员会:负责展览会有关规则文件与技术条款的具体化工作;

(3) 行政与预算委员会:对国际展览局的管理活动实施监控;对国际展览局的财务管理进行检查;制定国际展览局年度预算并提交全体大会通过;

(4) 信息交流委员会:出版国际展览局通讯,并研究和宣传国际展览局的活动。

国际展览局 1993 年 5 月 3 日起接纳中国为正式成员国。中国国际贸易促进委员会一直代表中国政府参加国际展览局的各项工作。

(四) 展览服务和承包商协会

美国展览服务和承包协会(Exhibition Services & Contractors Association, ESCA),它是负责展览馆装修的具体部门,为展览会提供 AV 视听设备、装饰、人工、展位设计、电力、交通物流、搭建与撤展、展示建筑、保洁维护、管道、安全、家具、影像制作、给排水、绿化植物等服务的组织可以成为其会员。

从 1971 年开始,ESCA 就为服务搭建商及他们的合作伙伴提供服务。目前拥有包括美国、加拿大、墨西哥等 160 多个成员,与国际展览管理协会 IAEM(International Association Exhibition Management)、美国贸易展参展商组织 TSEA(Trade Show Exhibitors Association)、美国工业展览研究中心 CEIR(Center Exhibition Industry Research)合作,促进展览行业及会员利益的发展。

1. 其会员可以得到以下利益:

(1) ESCA 论坛:双月刊的新闻简报,客户有一千多家,它们分别代表了展览行业各个方面的公司。包括重要的最新产业消息、广告、重要人物信息;

(2) 重要的新闻及其他机会随时通过邮电和传真送达;

(3) ESCA 登录了所有的会员名单并提供免费的链接,还有如会议、会员名录等信息;

(4) 夏季培训会议:通过 Internet(互联网)和 Conference(会议);

(5) 年度大餐:与 IAEM 年会同期举行。会员可以与同行交流,认识新会员、庆祝年会。年会的其他节目:ESCA 会员用信用卡可节省很多开支,诸如广告、租车、人力资源咨询;

(6) 网络:ESCA 提供会展行业最重要的方面——定期的、正在举行的网络机会。通过举行夏季培训学习、广告、主办及其他活动,ESCA 创造一个同行业交流的论坛天地。

2. ESCA 会员宣誓遵守以下自律条款

(1) 精确:ESCA 会员必须提供真实、准确的服务信息;

(2) 透明:会员必须遵守 ESCA 提供的完整付款细节及条款;

(3) 送达：ESCA 按约定提供服务，如无法提供约定服务，则需提供比约定服务更好的或同等的交通服务，或给予适当的赔偿；

(4) 合作：ESCA 会员与展会管理、其他承建商、设施管理、参展商合作服务；

(5) 义务：ESCA 会员永远为顾客提供及时、可靠、优质的服务；

(6) 遵纪守法：ESCA 遵守联邦、州政府及当地的法律、法规的规定；

(7) 制度：ESCA 会员遵守安全、操作、展览规定的各项条款及标准；

(8) 保密：ESCA 会员对客户交易保密，除非法律规定，在没有客户允许的情况下，禁止泄露任何信息；

(9) 利益冲突：ESCA 会员不允许下属或从属的供应商和分包商破坏顾客利益；

(10) 争议解决：ESCA 会员与客户之间公正、迅速地解决争议，若无法解决，则通过调解与仲裁。

三、其他国际会展组织

(一) 奖励旅游管理协会

奖励旅游管理协会(SITE)成立于1973年，是全球唯一的非营利性的、致力于综合效益极高的奖励旅游产业的世界性组织。该协会主要向会员提供奖励旅游方面的信息服务和教育性研讨会。目前奖励旅游管理协会有 2 500 个会员，遍布 90 个国家，协会还在不同区域设有 30 个分会。协会会员主要来自航空公司、游船公司、公司企业、目的地管理公司、地面交通公司、饭店、官方旅游机构和旅游公司。

奖励旅游管理协会的成员享有以下权利：

(1) 获得与分布在 90 个国家的 2 500 个会员的联系方式；

(2) 被列入协会的名录；

(3) 在参加奖励旅游管理协会年会时享受优惠注册费；

(4) 能够参加奖励旅游管理协会在全世界的分会活动和教育培训项目；

(5) 在参加奖励旅游交易会时获得参展的奖励旅游管理协会成员的展示材料；

(6) 可以在个人名片和公司信笺上使用奖励旅游管理协会的标志；

(7) 有资格参加奖励旅游管理协会水晶奖大赛；

(8) 有机会获得奖励旅游管理协会认证的称号；

(9) 能以会员价订购奖励旅游管理协会的出版物，免费获得奖励旅游管理协会提供的研究报告。

(二) 世界场馆管理委员会

世界场馆管理委员会(WCVM)汇集了全世界场馆行业专业人士和设施，它的六个协会成员为 5 000 多个经营管理场馆设施的专业人员提供专业资源、论坛和有益的帮助。场馆设施包括全世界 1 200 个体育馆、竞技场、大剧场、会展中心、演艺中心和会议场所。

世界场馆管理委员会成立于1997年，它通过加强成员协会和会员之间的信息和技术交流来促进沟通和专业发展，以促进场馆行业的专业认识与相互了解。世界场馆管理委员会的6大协会会员是：会议场馆国际协会(AIPC)、亚太会展委员会(APECC)、国际会议经理协会(IAAM)、欧洲活动中心动员会(EVVC)、亚太场馆管理协会(VAM)和体育场馆经理协会(SMA)。世界场馆管理委员会的目标是：

（1）让世界更好地了解场馆行业；

（2）鼓励协会成员相互交流和合作；

（3）促进有关场馆管理专业信息、技术和研究成果的分享；

（4）推动成员协会之间的沟通，以提高和改进世界场馆行业的知识水平和公共传播；

（5）世界场馆管理委员会定期召开会议，促进场馆管理相关的信息交流，并开展相关教育活动。

思 考 题

1. 阐述政府在会展业发展中的常见管理模式。
2. 结合实际分析会展行业协会的职能与运行模式。
3. 简述国际上主要的会议组织。
4. 简述国际上主要的展览组织。

第八章 会展支撑体系与会展业发展

学习目标

理解网上会展的作用

了解网上会展的安全问题与对策

理解会展业与旅游业的联系与区别

理解会展旅游

了解主要的会展媒体

第一节 现代科技与会展业

一、网上会展的经济作用

(一) 网上会展将丰富各地信息港的有价值信息

网上会展最大的特点是依托各地运营机构和合作伙伴的信息平台或者企业上网站点来展示。网上会展中的展会、展商、展品等所有信息都经过组委会、电信运营商的严格审核,以保证网络信息的真实性,有利于企业放心地选择展会、展商和展品。网上会展信息的真实和有价值信息也增强了参与站点的信息价值性,增强这些站点在本地或本行业的品牌影响力。

(二) 网上会展可以吸引大量企业主动上网并进行信息的整合和交易

网上会展在一段时间里的高速集中的宣传和造势,不仅促使实地参展的企业同时参加网交会,亦带动大量因受时间和空间限制的外地企业参加网络展。使得网上会展线上线下都被企业关注,吸引企业上网进行产品供求信息的交换甚至进行商品交易。

(三) 提升电信运营商在中国经济建设中的重要地位

中国加入WTO后,会展经济在国民经济领域的重要作用日益凸显。会展业作为一种高智商的服务行业和信息技术几乎有着天然的必然联系。网上会展完全符合会展经济的发展趋势,将是电信运营商参与中国会展经济运作的重要手段,也是政府上网工程和企业上网工程的最佳结合点。

电信运营商是网上会展价值链的基础,依托网交会体系能够面向广大参展企业和参会会员提供网上展会的一揽子服务。电信运营商在对参展、参会企业提供服务的过程中，获得收益。电信运营商的定位将是平台和网络提供者，采取有效的运营机制鼓励和发展社会IT公司、网站网页制作公司作为代理发展网交会的各项业务。

电信运营商的经济收益来自直接收益和潜在收益两部分。直接收益：(1)参展企业网上平台租用费和参会企业会员费。(2)参展企业网上展品的制作业务，包括三维、视频、Flash、专题网站等特展制作。(3)全国网交会网络导航、广告宣传及网络营销推广服务。(4)宽带视频会议系统等出租业务。五是为网交会系统平台展商提供数据增值服务和电子商务，其中包括企业邮局及邮件列表、无线上网和短信服务、语音应答、在线洽谈、在线统计、在线调查、安全认证、网上支付、网上贸易撮合等。间接收益：如同传统展会一样，通过网交会平台这个虚拟的网上会展平台，大量现实和潜在的行业参展商及参观者进行商贸互动，对于展开电信业务的营销培训推广，拉动电信的接入业务、IDC业务和丰富的电子商务业务提供了广阔的应用空间。

网上会展同样存在着1∶10的拉动效应，网上会展1元钱的直接收益，将带来电信接入业务、IDC业务、电子商务业务、宽带视讯业务、网页制作、IP电话会议、视频点播、彩信、3G等数据业务等10元钱的拉动效应，进军网上会展将有利于电信业正在进行的语音业务向数据业务的战略性转变。

（四）网上会展是扭转行业、企业网络应用观念的有效手段

网络经济在网络泡沫消退后步入了务实阶段，扭转企业的网络观念将是影响企业信息化发展的关键一步。网上会展并不提倡上网能够解决企业的一切问题，而是主攻企业的供求信息的关注度，让企业能够得到真实有效的产品信息，并通过互联共享机制，让企业发布的信息最广泛地为人所知，让企业感觉到网络所能带来的实际利益，扭转企业的互联网应用观念，引导企业深入网络经济之中。

（五）"网上会展"成为会展业应对突发危机的最佳选择

会展组织者以展会为媒体，为展商与贸易商提供有效的交流平台，客观上是以集群与时空结合的方式，为行为主体间创造交流的环境。在突发危机发生的情况下，这种方式受到了挑战。"网上会展"以其高效、灵敏的特点，表现出特殊的应用价值，实现了人们之间在不接触的情况下，照常进行经济交往与贸易活动，有效阻断了传统展览密集人群，集合传染源的途径。在SARS期间，以"非接触经济"形态出现的"网上会展"高效运转，发挥了具有历史意义的重要作用，成为我国会展业应对突发危机的最佳选择。

资料链接 8-1

"互联网+"与会展产业

会展是物流、人流、资金流、信息流的高度聚合，由于会展具有举办期间资源多、时间短、参与者结构复杂等特点，传统数据处理方式无法深入开发。随着互联网大潮的来临，基于"互联网+会展"诞生的网络会展正极大地助力会展行业经济提速。2015年，中国会展业信息化水平得到长足推进。会展官方网站、官方微博、官方微信数量均显著增长，公众号、App等新技术手段得到普遍应用。互联网重构了商业价

值、变革了服务边界、提高了服务效率和质量。预计未来中国会展业将加快运营机制的互联网流程再造，运用大数据发展平台化管理与运营，从而开创会展业发展新局面，实现会展产业的升级——线上＋线下"O2O 模式"。

一、网络会展的发展

近年来，扎根于网络的电子商务服务企业纷纷开始涉水线下会展，借助"线上为主＋线下为辅"的模式帮助传统企业拓展新的发展空间。其中以线上"虚拟展会"加线下"面对面交易会"的虚实互补组合方式，成为电子商务巨头们觊觎的一大热点。在国内，包括阿里巴巴、网盛生意宝、慧聪网、环球资源、焦点科技在内的五家 B2B 电子商务上市公司在线上内外贸交易平台、线下展览或买家见面会和认证服务中均有涉足。2016 年 4 月 5 日，CES 全球总裁 Gary Shapiro 对外宣布，CES 已经与天猫签署独家战略合作协议。未来由 CES 首发的全球消费电子类新品，将在天猫电器城进行独家销售。2016 年 5 月在上海开幕的 CES 亚洲消费电子展（CES Aisa），聚焦机器人、无人机、未来电视等技术。

二、网络会展与传统会展的对比

网络具有的高效性、普及性、虚拟性和强大的信息集散功能使得互联网＋会展的网络会展具有虚拟性、开放性、通用性和可扩展性的特征。与传统的实物会展相比，网络会展在时空、资源、成本、效益等方面有着明显的优势。

三、"互联网＋"对会展业是颠覆还是升级

互联网、大数据、多媒体视听以及新材料等领域各种新技术的蓬勃发展，正在不断影响传统会展业的操作习惯和思维模式。新兴技术和互联网思维将助力传统会展行业向着更绿色、更高效、更智能的方向实现跨越式发展。其中，特别需要注意的是，数据及分析（Data and Analytic）已经成为企业营销的新宠，会展业正在变为一个需要量化价值的行业。网络会展在局部范围内对会展活动有一定程度的替代。但无论技术多么发达，都不大可能取代人与人之间面对面的会谈，技术只是协助会展组织者为客户创造更大价值的工具。

对于会展行业来说，实物展示＋面对面交流＋以互联网为载体的多种营销手段的组合，其价值在于以下几个方面：

1. 参与体验。精心策划的主题、精心设计的环境、精心设置的展品、精心组织的营销活动、精心组合和调配的资源，在特定气氛和时间内带给参观者的参与体验，或震撼、或欢乐、或沉浸、或激动，都将激发参观者从感官、到感情、到思考，最终形成对品牌的认知和行动，完成参展品牌从基础价值到附加价值的转化；产生一种"极化""磁化"作用，当这种作用足够强烈，就可能固化为一种观念——一个展览的"灵魂"是能够倡导、传播一种观念，从而左右消费行为的。

2. 信息传播。会展活动，特别是展览活动对于参观者，真正的价值在于展位和展示内容所传递的内在信息。传递信息是会展活动的基石，一是信息的实物性、直观性和集中性；二是因为信息集中和特定策划所派生的"事件性"，吸引众多新闻媒体和产生"眼球效应"；三是信息的互动交流。参观者和外界获取信息的质量就是会展活动的质量。

3. 品牌认证。会展活动,具有"认证"功效,而且"第三方认证"始终是市场经济中通行和重要的运行机制,品牌的会展活动本身就具有一种认证价值。

4. 精神引导。成为某一类别的消费群体或某一类会展活动的"精神领袖",无疑是会展、特别是展览会活动参展者和活动组织者想达到的最高境界,这意味着他们拥有足以作为引导群体和行业的清晰、被广泛认同并理解的价值观念,在他们所组织或参与的会展活动中,这种价值观在一个特定的平台上被推广、放大、传播,带来巨大的社会和经济效益。

"互联网+"不可能从根本上改变上述会展活动的本质和价值。参加展览会、特别是贸易展览会仍是最有效的市场营销和对外联系、交流的途径和方法。"互联网+"虽然不能"颠覆",但"互联网+"正成为展览业创新发展的最新驱动力,提升用户体验、提高效率、降低成本等一系列红利必将加速会展行业的深度转型和升级。目前的趋势是会展企业和移动互联网企业的融合,比如齐家网从线上到线下的家装节,万耀企龙联手房多多开创房展会"互联网+"新时代,这些都是会展企业拥抱互联网的体现,并不是取代,而是互相融合。

四、"互联网+"新常态下会展产业的供给侧改革

传统会展在筹备前期的花费和投入占比很高,会展开始后,同时在一个展会上可能有几万人,传统模式在应对这样的局势时,并没有做好数据的保留和挖掘。

（一）转变观念:在"互联网+"新常态下会展行业由定性的产业转变成定量的产业

关于会展的本质与边界,尽管我国业界和学界尚未就此形成统一的意见,但有一点可以肯定,会展及商务活动是双边甚至多边交流、交易的平台。其实,不管是什么类型的活动,都是一个平台,不同的参与者希望在这个平台上实现各自的目标。在移动互联时代,会展都缺少不了以下基本要素:社会交往、教育、体验、创意设计与服务,这些要素都附着在"活动"这个平台上,其核心应该是创造、传递和交换"价值"。

1. 认识到数据对于会展业的重要性。在这个高度互联的时代,几乎所有行为都能被追踪到。大数据分析将把来自各种源头的追踪数据合并起来,分析出趋势并辅助业务决策以及改善客户互动体验。会展业是最重视数据的行业之一,数据及分析已经取代社交媒体成为企业营销的新宠。在此背景下,曾经被定义为定性产业的会展业,如今正在变成一个定量的产业。

2. 数据来源渠道及搜集技术应更多元化。未来的会展市场竞争,得数据并充分应用大数据者将赢得先机。目前各类移动应用和社交媒体工具成为可追踪信息的重要来源。智能手机定位、近场通信(NFC)以及iBeacon等技术也让信息追踪变得更加简单。另外,主办方现在有更多的外部数据来源。

3. 数据的共享与整合。传统会展业往往把内部数据作为机密,不愿意对外分享,使得我国会展业在定量分析方面处于相对落后状态。在"互联网+"时代,这些数据将成为会展的核心。数据共享技术不是障碍,破除各自为政的思想观念,虽然并不

是所有的数据集都可以实现连接,但是即使是在某个时间、连接某些数据集便可以发掘重要的价值。

(二) 基于平台思维的价值重塑与体验优化

1. "互联网+"新常态下的会展企业要具有平台战略。平台商业模式的精髓在于打造一个完善的、成长潜能足够大的生态圈。作为典型的服务性平台,会议或展览会随目标群体的需求变化而变化是最基本也是最重要的成功因素之一。从新技术应用的角度,在传统的会展及活动市场,策划者将移动应用作为增强观众体验、降低纸张消费和更深入理解观众行为的便利工具;在企业活动市场,除了上述原因,策划者更看重的是将移动技术作为日常商业运作的重要平台。

2. 优化流程,打造极致体验。通过云计算手段进行定向邀约将成为专业参展的标准化服务,室内导航可以有效避免观众不知道"我在哪儿、我要去哪儿",线上展厅作为线下观展的充分补充等。组织者利用网站、社交工具等各种手段,对线下活动的时空进行拓展,其核心是不断生产和分享有价值的信息。只有线上、线下有创意地互动,才能给会展及活动参与者创造良好的体验。

(三) 会展产业升级——线上+线下"O2O模式"

实物展能够满足消费者或商家"眼见为实"的心理需求,提供面对面的人际交流、实物触摸、看样成交、联络感情等机会。但时代的变革使得原有实物展具备的这些功能以及过去展览主办方提供的展览面积、展商数量、现场观众数量等几项有限的汇总数据已远远无法满足客户的进一步需求。客户需要在实物展的背后获得更深的大数据可视化运用和展览本身的经济效益延伸。

线上、线下结合"O2O会展"模式成为迎接风口的必由之路。展网合一,线上讲流量,线下讲场景。追求现场参观人数的同时能发现根本性的需求才是关键点,互联网+会展的必然趋势是建设一个线上平台,将云计算和移动互联网技术和线下展览合二为一,把线下参展的观众导入到线上,让他们能够产生持续的关注和互动,这也为主办方和展商进行数据挖掘分析提供了基础。

资料链接:www.finance.eastmoney.com

二、网络技术在现代会展中的具体应用

(一) 利用网络技术为展馆服务

展馆内部采用局域网,统一接入Internet,运行统一的OA、项目管理、流程管理软件。采用客户机/服务器数据库管理方式,进行展商与观众的管理与营销。建立网站开展客户关系管理的销售自动化,实行网上报名、网上服务订单、网上支付、观众登记和报价系统等。建立网络展商应答中心,开展网上营销。建立网站为展商提供个性化服务,如展出信息自行维护、展览顾问系统等。

展会前:网上会展门票远程预定、展会观众胸卡制作。

展会中：观众现场登记、个人信息显示、智能卡身份识别、现场人像制作、现场观众信息统计传输。

展会后：会展观众数据整理、会展观众详细统计分析、展会远程参观访问、展会现场摄像直播、大屏幕网屏等系列产品应用。

电子商务：展馆电子商务平台建设，展馆展示、服务介绍、展馆服务预定，展会发布、展会报道、展会统计分析，展览论坛、新闻中心。

系统集成：展馆内部系统集成建设，上网接入、Internet web 服务器运行、展馆信息数据服务器建立，展会网络建设、上网接入。

系统管理：展馆内部信息化管理系统、展馆信息资源管理系统、展馆网络商务管理系统、展馆展会服务管理系统。

科技服务：网上观众登记、展会现场观众登记统计分析。

信息统计：展馆信息资源统计整理、商务活动运作安排、数据仓储建立。

作为基础性设施的网络平台的搭建自然是相当重要的，各种信息的快速传递均离不开高速的信息网络平台，现代会展中心在建设初期就必须将计算机网络工程规划在内。可靠、先进的信息网络系统是会展中心不可缺少的重要组成部分。根据会展中心网络的功能和用途，可以划分为管理者计算机网络、参展商计算机网络、公众计算机网络、数据中心及高速接入网五大网络。

2003年，建设规模为目前亚太地区最大、全球第二的广州国际会议展览中心选定了美国网捷网络的网络设备解决方案，并由 IBM 全球服务部提供整体的信息技术服务和咨询服务，首期工程成功构建了完整的信息网络系统，高性能 BigIron 交换机系列、FastIron 边缘交换机系列和电信级城域网 NetIron 路由器系列将会展中心16个展厅和上万个展位连接起来，再加上用于服务器群组应用负载均衡的 ServerIron 系列交换机，以及能保证线速网络流量监控与安全的 sFlow（RFC3176）技术，从而构成了从边缘到核心完整的解决方案，完全满足了会展中心对于网络设计在高性能、数据、语音和视频合一、安全性、可扩展性及易于管理等方面的要求。

深圳市新建成的 IP 宽带城域网已单独分配给2003年高交会展馆100兆带宽，将信息高速公路铺到了每个展台，并使高交会展馆上网速度比上年提升近50倍，并使各种高新网络信息展示成为可能，广大参展商和参观者通过 IP 城域网真正体验高速网上冲浪的乐趣。

（二）利用网络技术为展会组织者服务

会展组织者企业首先利用网络技术实现办公和管理上的信息化，实现企业办公和经营管理的各种信息、数据、指令的发布、传送、查询、控制、保存的计算机网络化；其次运用于会展的运作、营销和功能拓展，展馆信息、展会信息、参展商信息、采购商信息、招展过程和围绕展会各企业相互间的信息沟通都可以通过网络实现。高效、充实、开放的信息平台不仅有助于提高展览公司、展会的知名度、促进营销，还将为参加展会的企业创造新的价值。依托网络信息技术发展起来的展会，由于其招展的便捷、高效、互动、覆盖面广、能够为参加展会的企业创造新的价值，因而有可能迅速做强做大，使会展业进入良性循环的轨道。

展会前：建设展会的互联网商务平台，发布展会信息，有效利用网络优势进行展会推广、展会招商、展位预定、服务合作、服务预定、参展商信息发布、网上观众预定、网上调研等，建立包含多功能的大型数据库，采用三层结构的应用管理，对展会后台简单的操作页面进行管理维护。

展会中：进行展会现场新闻报道、信息发布，展会现场图片直播、摄像直播，展会现场观众登记统计分析、观众条码识别胸卡制作、观众信息识别管理，参展商、观众统计信息发布。

展会后：进行数据库展会信息资源整理、展会信息资源数据库提交、展会信息资源详细统计分析、展会成效成本统计分析、网上展会系统管理。

电子名片制作：会展组织者为参展商和参观者特制电子参展证，通常用磁卡或带条形码的材料制作。在签发该证前，会展组织者要求参展商或参观者输入个人资料，包括公司名称、联络办式、本人职衔、公司性质和业务范围等，然后把这些资料存入卡中。有了电子名片，展览会甚至不用花人力来看守大门，可以像地铁入口那样实行电子化管理，从而准确记录入场人数。

（三）利用网络技术为参展企业服务

展会前：提供展会查询、展会比较、展位预定、服务查询预订等服务。

展会中：提供现场报道、展台摄像、网上展会、网上企业路演等服务。

展会后：提供网上展示、展台布置、展品特效、在线交易等服务。

网上报名：可以让出席者直接在网上填写申请表，在网上浏览会议详情，自动统计出席者人数，自动监控财务交易。运用网上报名数据库的最大的优点是能将所有报名资料都汇总在一起，使会展组织者拥有不断更新而准确的数据信息。

住宿安排：展会组织者还应该引导展会参加者在网上预定旅店，可以把免费团体住宿安排应用软件、网上预定工具和报名数据库结合起来使用，把所有住宿安排信息都储存在一个在线数据库中，及时监控住宿安排情况，并可以提前几个月或几个星期根据定房情况的变化及时调整住房安排结构。

旅行：让会展参加者在网上做旅行安排、网上预订机票，或是与网上报名和网上预订房间系统相结合。最新的选址和RFP工具添加了为参加小型会议而及时预订房间和会议地点的相关内容。

电子名片使用：参展商可以自由选择租用组委会提供的电子名片读取设备，将设备连接到自己的电脑上就可以开始使用。买家需要把名片给参展商时，只需要把存有自己资料的入场证在读取设备上划过，所有资料就会在眨眼间被传输到参展商的电脑里。参展商还可以把双方谈话的要点记录在相应备注栏里，做到十分有条理地管理买家资料。

网上会议服务范围：在任何地点对任何人作讲演；在线软件、产品演示说明，可以让会议中任何人观看、编辑发言人的各种电子文档；向所有与会者播放发言人计算机里的多媒体文件；发言人带领其他与会者共同浏览网页；发言人计算机里的任何应用程序可共享，受众可以进行各种操作；使用桌面控制功能进行远程技术支持；视频功能使会议更人性化；VOIP语音功能可以节约大量的电话费用。以上所有功能都是实时、交互的,参与会议的所有人都可以实现。

网络营销:网络营销必须考虑企业的外部环境和内部情况。外部宏观环境包括网民人数、在线交易额、互联网技术状况、互联网法律的完善程度、政府对待互联网的态度等。企业内部情况包括产品、资金、人才等。产品是最重要的考虑因素。对于软件和书籍、影视类可以通过数字形式传播的产品,企业应该努力用信息流来替代物流。对于服务类和个性化、贵重产品,不能或者不适合通过物流配送体系来完成物流的,可借助互联网进行营销传播,用传统营销的分销渠道和零售终端最终达成交易。

资料链接 8-2

人工智能在会展领域的应用和展望

一、数字化趋势　精准对接

人工智能技术的发展延伸到几乎所有的行业会议,也冲击着会展行业的发展。人工智能还与5G、云计算、物联网等技术相融合,近几年成为会展界的重要议题。人工智能实现的一些成功应用案例,在博物馆、展览会等智慧场馆建设中较少,但其融合发展前景良好,因此,下一阶段会展场馆将会在人工智能、区块链和大数据深度应用方面发力,并借由以上技术的成熟商化而推动智慧场馆建设进入新的发展阶段。

在现实应用中,一些展会利用人工智能技术,运用机器人进行迎宾、会议主持和讲解,在线登记和数字化导览,以及利用人脸识别技术进行智能签到等,但现阶段人脸识别技术还只是停留在初级阶段,对展会中的证件识别应用较多,机器人的智能程度并不够高,没有得到充分的利用。此外,仍缺少懂人工智能技术的新型会展人才,只有将技术与实际应用相结合,才能在会展发展的转型阶段,更好地向智能化和数字化拓展,从而提供更智能精准的服务。

二、人机交互　共享资源

机器和人交互产生数据将会成为未来发展的重要趋势,如何处理和利用数据资源便成为行业需要考虑的问题。近年来,会展业的发展速度加快,展会举办数量也越来越多,但随之而来的便是展会资源利用与分配的不合理现象,例如,资源统计没有可供量化的视图,制定政策没有统一的数据收集通道,且缺少信息支持,获取会展产业动态信息困难而繁琐等。人工智能技术应用的出现,将会对这些问题提供更好的解决方法。

如今,以大数据为基础的人工智能已进入到了一个全新的发展阶段,由此预测建立大数据AI服务平台,充分实现数据的核心价值将成为未来趋势。例如,建立会展+产业发展分析系统,在国家范围内,对产业发展情况、龙头企业与产业相关会展信息进行分析;在城市圈内,对产业发展情况与产业相关会展进行分析。同时,可建立会展管理系统,对会展项目、国内会展城市进行对比分析,以及相关产业链与消费数据的统计等。

在会展大数据AI应用服务中,可以分会展产业区域经济服务、会展企业体管理以及会展主体管理三个部分进行。通过人工智能技术的运用,制作产业及会展画像、绘制会展业历史及趋势图、以及构建会展经济联动仿真模型。对于会展企业体管理,可以制作城市会展战略沙盘,进行政策规划跟踪等。在会展主体的管理方面,不仅可以利用人工智能进行主体画像的绘制,也可以利用大数据进行深度调查等宏观分析。例如,在展会举办时,可以通过AI数据平台,对参观者人数、行业地域分布、展后回馈以及参观者个人信息和偏好等信息数据进行分析,从而提升综合管理水平,对展会策划和运营能力也有助力作用。

在展会举办时,可以将人工智能与手机管理、云数据等结合,实现自动盘点和采集展位信息;利用3D导航系统,方便参观者对各个展位有一个明确的定位,丰富观展体验;智能抓取技术可以把与展会主题相关的信息进行提取和分析,整合办展资源,丰富展会信息库。由此看来,今后可以对会展业各类资源进行整合更新,让参展观众了解相关领域的会展信息,发挥其内在价值与实际效能,让数据资产变现,最终在会展行业内形成更加智能化、人性化的资源共享模式。

会展管理是一个复杂的过程,为了给到场的参展商与观众提供更好的服务,需要融入技术化的手段,由此构建良好的展会品牌形象。例如,会展场馆经营者可运用高速稳定的监控对展位和停车场等空间进行有效的高清实时监控,并运用这些统计数据对场馆进行智能化管理,对会展的空间设计和参展路线进行更合理的规划。

三、创新科技服务　层出不穷

人脸识别系统对会展领域的发展有着重要作用,它不仅可以提升签到效率,而且能够对参展人员进行审核,加强安全保证。例如,第十四届中国会展经济国际合作论坛便启用了"人脸识别"登记系统,改变了传统人工扫描登记的方式,利用自主门禁系统,对参会嘉宾进行自动识别和身份验证,他们只需面对识别程序,只需5秒钟便可完成刷脸到领证件的整个过程,这样缓解了排队难的状况,也让参会者有了更好的体验。

近年来,机器翻译进入了新的发展阶段,会展业语言服务也将迎来颠覆式的发展。如今,MT+PE模式逐渐走入了一些国际展会,它是指通过人工和部分自动化方式增强机器翻译的输出,利用人机交互的模式,实现译文质量和翻译效率之间的平衡。这样利用人工智能为不同国家的客户进行"定制化"服务,对于展会本身发展来说,不仅塑造了良好的展会品牌形象,也为会展全球化发展提供了良好的条件。

四、创新有效利用空间资源

人工智能与虚拟现实、机器智能等技术的联通拓宽了人们的视野,近年来,一些场馆在建设时也开始打破传统建造模式,利用人工智能技术实现场馆空间的创新与利用。

2018年世界人工智能大会的主会场——上海西岸人工智能峰会场馆,充分利用了人工智能技术,成为新型场馆的代表。如模块化的轻铝排架场馆、3D打印的服务亭、碳纤维展亭的设计等都是对未来建筑方式的设想与采纳,例如,场馆内利用机器人3D打印技术建造咖啡厅和家具,同时使用编程语言生成连续的空间网格,力求做到整体结构轻盈,材料节省,这不仅呼应了人工智能峰会的主题,而且提升了西岸滨水开放空间的独特性和吸引力。

会展导论

在未来行业的竞争中,掌握了新技术便意味着掌握了发展的先机,人工智能是引领未来发展战略性的技术突破,展会的举办是信息知识传播的重要途径,因此,会展行业的发展需要与人工智能技术相结合,无论是在资源的共享方面、展会服务的创新方面,还是在场馆的创新与利用方面,需要找到行业发展的痛点,并与各行业协调合作,使会展行业的发展实现质的飞跃。

资料来源:徐惠孜.人工智能在会展领域的应用和展望[J].中国会展,2019(17):90-92.

三、网上会展的安全问题及对策

(一)网上会展的安全威胁

网上会展的实施依赖于现代计算机信息技术,由于计算机网络信息的全球性、开放性、扩散性、共享性和动态性等特性,它在存储、处理、使用和传输上存在严重脆弱性,易于受计算机病毒的感染,存在数据被干扰、遗漏、丢失,甚至被人为泄露、篡改、窃取、冒充、滥用和破坏等风险,从而受到多种安全威胁。

会展网站信息系统的安全风险来源于社会环境的威胁、技术环境的脆弱和物理自然环境的恶化。社会环境指各种社会组织机构和人员。技术环境指会展网站信息系统的技术因素,包括硬件设施、软件设施、网络结构、局域网、信息采集、信息处理、信息传输、信息存储、安全人员管理和技术安全管理等。物理自然环境是指来自物理基础支持能力和自然环境的变化。

1. 社会环境的威胁

社会环境的威胁方主体可能是个人,也可能是竞争对手组织,具体攻击手段主要有:内部窃密和破坏、非法访问、删改、伪造、重演、抵赖、中断与摧毁等。

2. 技术环境的脆弱性

技术环境的脆弱性来源于会展信息系统技术上和管理上的缺陷。包括:网络设备的安全性、操作系统的安全性、协议软件的安全性、系统安全监视乏力、对病毒和黑客侵袭的抵御不足、应用服务的安全性等。

3. 物理自然环境恶化

物理自然环境恶化是指网上会展信息系统物理基础的支持能力下降或消失,包括电力供应不足或中断、电压波动、静电或强磁场的影响,以及自然灾害的发生等。

(二)网上会展的安全对策

会展网站信息网络安全防范包含以下内容:访问控制、识别和鉴别、完整性控制、防火墙系统、密码技术、审计和恢复、计算机病毒防护、操作系统安全、数据库系统安全和抗抵赖协议等等。

1. 访问控制

对用户访问会展网站信息系统的权限或能力的限制,包括限制进入物理区域(出入控制)和限制使用会展网站信息系统资源(存取控制)。

2. 识别和鉴别

针对攻击,网上会展电子商务安全系统至少应提供识别与鉴别机制。识别指分配给每个用户一个ID来代表用户和进程。鉴别是系统根据用户的私有信息来确定用户的真实性,防止欺骗。识别的方法有PID、UID。鉴别最常用的简单方法如口令机制,利用生物技术,根据人的指纹、视网膜等生物信息来提高鉴别强度。现在经常使用的还有数字签名的鉴别方法。

口令机制:口令有时可能被攻破,对抗口令攻击可采取加密、签名和令牌等办法,但最重要的是口令管理。

数字签名:数字签名机制提供了一种鉴别方法,以解决伪造、篡改、冒充和抵赖等问题。数字签名采用一定的数据交换协议,使信息发送方不能否认其发送过数据这一事实,接收方能够鉴别发送方所宣称的身份。数字签名一般采用非对称加密技术,发送者通过对整个明文进行某种变换,得到一个值,作为核实签名。接收者使用发送者的公开密钥对签名进行解密运算,如其结果为明文,则签名有效,证明对方的身份是真实的。数字签名不同于手写签字,手写签字反映某人的个性特征,它是不变的,而数字签名随文本的变化而变化;手写签字是附加在文本之后的,与文本信息是分离的,而数字签名与文本信息是不可分割的。数字签名技术涉及密钥问题。根据对密钥的管理方式不同,数字签名可分为公开密钥加密的数字签名和常规加密技术的数字签名。

3. 完整性控制

必须采用数据完整性控制技术来识别会展网络信息有效数据的一部分或全部信息是否被篡改,根据数据完整性控制范围的不同,可采用两类技术,即报文认证和通信完整性控制。

4. 防火墙系统

会展信息网络中的防火墙能够保护内部网络免受外界攻击。

防火墙的技术核心是防火墙控制网络传输的技术,如包过滤、链路级网关、应用层网关、状态监控包封过滤。

5. 密码技术

密码算法是一些公式、法则或程序,算法中的可变参数是密钥。密码算法相对稳定,视为常量,而密钥是变量。现代密码学的一个基本原则是"一切秘密寓于密钥之中"。

6. 审计和恢复

审计是指对用户和程序使用会展网络信息资源的情况进行记录和审查,以保证会展网站信息系统的安全,帮助查清事故原因。恢复是指当会展网站信息系统受到损害时,将系统恢复到可接受状态的安全机制,如建立备份系统等。

7. 计算机病毒防护

反病毒技术包括预防病毒、检测病毒和消毒三种技术。反病毒技术的实施对象包括文件型病毒、引导型病毒和网络病毒。网络反病毒技术的具体实现方法包括对网络服务器中的文件频繁地进行扫描和检测,设置功能强大的反病毒防火墙,对网络目录及文件设置访问权限等。

8. 操作系统安全

操作系统安全是指从系统设计、实现和使用等各个阶段都遵循一套完整的安全策略,包括存储器寻址保护、访问控制、认证机制。

9. 数据库系统安全

网上会展电子商务数据库系统的安全需求应包括:物理完整性,政务信息数据能够免于遭受物理破坏(如火灾、水灾、电压波动、掉电等);逻辑完整性,能够保持会展信息数据库的结构完整,比如对某字段的修改不至于影响其他字段;元素完整性,包含在每个元素中的数据是准确的;可用性,指用户通常情况下,可访问会展信息数据库和所有授权访问的数据;用户认证,保证每个用户能够被正确地识别,免遭非法用户的入侵;可审计性,能够追踪到谁访问过会展网站信息数据库。

第二节　旅游业与会展业

一、会展业与旅游业的联系与区别

任何以消遣、闲暇、度假、体育、商务、公务、会议、疗养、学习和宗教等为目的,而在其居住国,不论其国籍如何,所有进行 24 小时以上、一年之内旅行的人均称为国内旅游者。旅游者主要分为:闲暇(休假、文化、参与体育、探亲访友);专业(会议、宗教、商务);其他(求学、就业过境)。会展业与旅游业同属第三产业——服务业,都需要食、住、行、游、娱、购六大要素的支持,它们提供的都是无形的服务产品,对相关产业的联动性都很强,经济和社会效益很高。

(一)旅游与会展的联系

1. 旅游业成为会展业发展的重要基础

会展业需要食、住、行、游、娱、购这旅游六大要素的有力支持,所有的会展活动在申办、筹办和举办的各阶段都要将旅游六大要素放在显著的地位来加以考虑,否则必然会影响到会展活动的申办与成功。旅游业对会展业的支持主要表现在会展地点的选择和会展活动的组织等方面。从会展地点的选择来看,一般会议和展览的举办地都是旅游资源富集、旅游接待服务设施完善的地区。如"中国第一展"——广交会的主办地广州、2010 年世博会的举办地上海、G20 峰会的举办地杭州,以及举办过多次国际性会展的北京,无一不是国内的著名旅游城市。因为只有著名的旅游地才能更好地吸引参展商和观展者,也只有旅游业发达的地区才能为展会提供优质的接待和服务。

2. 会展业大大地促进了旅游业的发展

因为会展业已经成了旅游业不可缺少的重要市场,旅游业的发展也离不开会展业这一重要的客源细分市场。参加会展活动的人虽然不像观光客那样单纯因"游"而"旅",但他们在参加贸易展览、体育赛事、国际会议等的过程中,对吃住行游娱购的影响非常大。博鳌亚洲论坛对当地的旅游起了明显的促进作用,大连服装节对当地服装产业的带动作用则远远小于对于旅游业的带动作用。青岛市也认为自身拥有丰富的节会资源,发展会奖旅游的潜力很大,为发展会展旅游做了大量工作,意在通过发展会展旅游加快青岛旅游产品的更新换代,推动旅游产业结构调整,提高产业核心竞争力。

3. 旅游业与会展业动态发展、良性互动

动态发展的关系表现在旅游与会展发展的时间序列和发展的层次上。从会展与旅游的发展序列上来看,旅游相对于会展来说属于基础性产业部门,往往比会展业发展得早,只有当旅游业发展到一定程度,会展的产生才具备前提条件。而会展业的产生和发展将促使旅游业在原有基础上获得进一步发展。这种发展的序列首尾相接,形成一个环状向上的螺旋链,使会展和旅游不断地发展,在这样不断上升的发展过程中,旅游和会展的层次也在不断提升。无论是旅游和会展的硬件、软件设施,还是区域影响力都得到持续性的增强。

良性互动主要表现在会展与旅游发展的相互促进上。会展的发展要求有相应水准的旅游服务设施与之配套。比如,许多国际性会展场馆附近需要有一定数量的四星或五星级的酒店来为参展商提供食宿服务。这样的需求就促使旅游业硬件和软件设施的改善和更新。另外,会展还有利于带动城市功能的提升,增强城市的知名度,这些都为旅游业的进一步发展提供了有利的外部环境。而旅游的发展将使得该地成为人流、物流、信息流的聚集地,良好的集聚优势同时也会促使会展业快速发展。

(二)旅游与会展的区别

会展业与旅游业相比,有如下区别:

1. 会展活动的参与者主要以工作为目的

大部分的会展活动参与者都是以工作为目的的,即参加会议、参加展览或者参加节事活动,一般在工作之余才参加旅游,旅游不是参加会展的主要目的而是附带行为。

2. 会展有强烈的经贸属性

大部分的会展活动都有经贸属性(当然也有少部分不是),会展活动是传递商务信息的一种有效手段,这与旅游有本质区别。

3. 相当一部分会展活动的主办者和参与者不是旅游者

在本地举办的会议、展览或节事活动,相当一部分举办者或参与者可能并不会参加旅游。只有外出到别的国家、省、市参加会展活动的人员,才有可能成为会展旅游者。

4. 两者的需求有很大区别

两者的目标市场有很大差异,会展业的需求方大部分都是单位与组织,它们需求的是经贸信息,而旅游业的需求方很多都是个人,他们需求的是休闲。

5. 会展业和旅游业的运作方式有很大的区别

会展业策划一个会议展览往往需要几个月甚至几年的时间,而旅游则短得多,会展业所需的会议设备、展示设备和旅游业有很大差异。

6. 会展产生的商务活动具有比一般休闲旅游高得多的消费能力

(三)会展业与旅游业融合的三个阶段

1. 第一阶段:旅游业被动收益阶段

会展业与旅游业的相互关联和相互交融的关系使二者有一种固有的内在的局部结

合。这种结合是一种初级阶段的被动结合。它主要体现在会展业给旅游业带来了大量的客源即来自异地的会展主办者和参与者,而这些客源所带来的旅游需求又使旅游业中的饭店业和旅游公司得益丰厚。但会展业为旅游业带来的客源面前,旅游业没有充分认识、准备不足,十分被动,无论是它们的数量、质量还是服务项目都不能满足会展业发展的需求,更不要说主动推出会展服务项目或去开发会展业发展所需要的产品和服务了。在这一阶段,会展业的发展常常受制于旅游业。

2. 第二阶段：积极参与配合阶段

旅游业的积极参与和配合阶段：指会展业与旅游业的结合突破了原有的那种内在固有的局部联系,会展业的发展给旅游业带来的经济和社会效益使旅游业开始认识到会展业对旅游业的重要性,从而使旅游业从被动消极地局部结合转入积极参与和配合阶段。第二阶段的主要表现为：会展业发展产生的大量特殊需求给旅游业创造了许多的商机,旅游业从仅对来自异地的会展主办者与参与者,即会展旅游者提供服务而转向对各种会展活动的全面接待服务。会展成为旅游业新的兴奋点,旅游业纷纷推出为会展业服务的产品,既满足了会展业发展的需求,推动了会展业的发展；也促进了旅游业自身的发展；旅游业受益水平比第一阶段有了很大的提高,但是众多的旅游企业仅以提供服务这种相同的方式进入会展业,势必导致产品雷同,形成过度竞争,重演价格战的噩梦。由于旅游企业在这一阶段还没有承担会展的策划和组织功能,因此不能从根本上改变旅游业的被动受益的局面。这一阶段的结合还是局部和浅层次的。

3. 第三阶段：完全融合

这是两者结合的高级阶段,是指两者的结合突破了原来内在固有的那种局部联系,旅游企业不仅突破了对异地会展活动举办者与参与者的接待服务,也突破了对整个会展业服务接待的局限,开始承担会展的策划和组织工作。目前会展业和旅游业中传统的行政壁垒正在快速消除,锦江集团与JTB的合作,就是会展业与旅游业融合的一个好的例子。我国的大型旅游集团如上海锦江、中青旅、春秋旅行社等也已经加入了国际会展组织,积极投身于开发会展旅游的市场中去,有些旅游企业如首都旅游集团、陕西旅游集团等也正在进行市场调研,并着手参与场馆建设,有的正在申请加入国际会展协会。

二、会展旅游

(一) 会展旅游的定义

会展旅游是指借助举办的各种类型的会议、展览会、博览会、交易会、招商会、文化体育、科技交流等活动,吸引游客前来洽谈贸易、观光旅游,进行技术合作、信息沟通和文化交流,并带动交通、旅游、商贸等多项相关产业发展的一种旅游活动。

(二) 会展旅游的特性

(1) 会展旅游不等于会展业,会展参与者并不都是会展旅游者。会展业构成会展旅游的核心基础,没有会展业,就没有会展旅游。

(2) 会展旅游是商务旅游的组成部分,但不同于休闲旅游,相比而言客人档次高、消费高、停留时间长、组团规模大、利润丰厚、行业互动性强。

(3)会展旅游是一种高级的、特殊的旅游活动方式,是会展经济发展的必然产物,是会展产业链的一个重要环节。

(三)会展旅游者的特点

(1)会展旅游者消费高。会展旅游者多为商务旅游者,他们的需求不会因为机票、目的地位置、用餐和其他旅行费用的变动而产生过大的变化。他们的各种消费基本上都是由政府、企业、事业单位或国际组织等支付,标准很高,无须自掏腰包,所以,他们在住宿、通信、宴请、饮食、交通等方面的消费很高。

(2)会展旅游者主要集中在大中城市和经济发达的地区。这是因为会展旅游者主要是因为会展而开展的旅游,而会展主要是在大中城市举办。

(3)会展旅游者多为重游客。这一点和一般旅游者有很大的区别,一般旅游者是很少重复到一个地方去旅游的,而会展旅游者因为会展活动的地点经常不变而需要重复到一个城市。

(4)会展旅游者受过良好教育,文化程度高,年龄有年轻化趋势,见多识广,对服务的要求高。

(5)会展旅游者的工作决定了旅游需求。会展旅游者旅行的目的是为了工作,因此他们对饭店位置、客房设施、服务内容与速度等旅游产品的需求与评价都是由他们的工作目的和是否有助于他们很好地完成工作任务所决定的。

(6)会展旅游者的旅游活动时间安排紧、活动节奏快、需要快速、优质的服务。

(四)会展旅游的作用

1. 有助于提升目的地的旅游形象

会展或者大型活动的举办对东道主地区或国家来说就像是地区的外交活动,对地区的形象塑造产生积极影响,有助于形成其作为潜在旅游目的地的良好形象。尽管活动在一个相对短的时间内举办,但是由于全球媒体的关注,这种宣传效应和产生的吸引力巨大。会展在短时间内将人流、物流、资金流、信息流聚集到举办地,成为当地、全国乃至世界关注的焦点。这种积聚性有助于推动举办地旅游业的快速发展,对展会举办地的知名度和美誉度会有一个大的提升,尤其发展成为名优品牌的展会,其辐射带动作用更是强大。当优秀的旅游资源和知名的会展品牌相结合,将会产生共振效应,使旅游与会展的潜力得以完全释放。如海南的博鳌,虽为名不见经传的小镇,但因"博鳌亚洲论坛"的举办而举世皆知,成为对外宣传的金字招牌。正是这一招牌,使当地的旅游业在短期内获得了快速发展,慕名参观游览的客人也络绎不绝。

2. 有助于改善地区旅游吸引力

会展旅游最基本、重要的作用就在于吸引旅游者。吸引旅游者前往某特定地区的引力就是旅游吸引力,旅游吸引力一方面是从本源上吸引旅游者前往某个地区进行旅游活动,另一方面是旅游者在某地进行相关的旅游或旅行活动时提供某些活动或者会展项目以便其参与,对于会展或者节庆活动而言,对于其吸引力问题则需要引起特别注意,因为它的吸引力不仅与特定的物质设施有关,而且其他诸如拥挤的人群、服务和娱乐等因素可能对于营造一种良好的氛围显得更为重要。每举办一次大型活动,都必须建造能够适应所需活动的场馆以及活动所需的配套设施。这些场馆和设施在活动使用完后，一般就会成为一个新的旅游点。广州为九运会所建的广东奥林匹克体育中心和广州新体育馆已成为广州新的城市标志，"九运体育场馆游"也成为"广州一日游"的经典线路。如昆明举办世界园艺博览会，会后，其整个会址及配套设施被整体保留下来并转为企业化经营，作为旅游景区被利用起来，并使云南省很多"养在深山人未知"的旅游景点迅速驰名于国内外，极大地促进了云南省旅游业的发展。又如北京奥运会的场馆鸟巢和水立方，如今不仅承接各项体育赛事及演出活动，也成为北京标志性的旅游景点。上海世博会中国馆如今改名为中华艺术宫，转型成为一座近现代艺术博物馆。

3. 有助于解决目的地季节性旅游困境

季节性问题是许多旅游目的地一直非常困惑的问题，从现在旅游经济发展实践来看，已经有许多旅游目的地通过在旅游淡季举办相关会展活动来解决这一问题，会展项目和大型活动甚至还成为目的地延长旅游旺季或者形成了一个新的"旅游季"的重要手段。比如在北方地区，通过在冬季举办一些冬季竞技体育活动、冬季节庆活动等，完全有可能形成一个新的旅游旺季。因此，会展或者大型活动在缓解目的地旅游发展过程中季节性问题方面具有独特的作用。

（五）我国会展旅游的发展状况

管理层次上，大多数省份的会展活动（除个别会展发达的城市外）既没有明确统一的部门统一管理与规划，缺少专门管理机构的指导，主办者大都集中精力于申请、审批、接待事务，很少甚至没有考虑到同旅游部门的广泛合作以及对会展旅游的综合效应认识不足。

经营层次上，由于多头管理、利润导向等局限性，政府在组织会展公司和旅游企业联合开展宣传促销时存在现实的困难。

活动内容上，参展商、与会者及观展人员的主要目的局限于参加或观看会展，仅有很少一部分人自发、小规模地参与游览、购物或文娱活动；旅游部门提供给参展商及观众的服务主要是交通、住宿和餐饮，文娱表演、购物向导和游览活动组织等服务项目明显不足。

综合效益上，会展活动给旅游企业带来的综合效益不够大（尽管带动了旅游业的吃、住、行三要素），旅游业内部各行业的收益很不平衡，住宿、餐饮、交通获利较多；游览、购物、娱乐三要素未有效开发，获利较少，现有的旅游资源尤其是城市及周边地区的景点没有得到充分利用。

第三节　会展媒体的发展

一、会展媒体及其作用

（一）会展媒体的含义

"媒体"一词来源于英文的 media，该英文单词最早出现在 1943 年美国图书馆协会的《战后公共图书馆的准则》一书中。在《现代英汉词典》中它被释义为"大众传播媒体";在《简明英汉词典》中,它被释义为"媒体"。国内外的传播学者对媒体的认识也有分歧,如国内传播学者龚炜认为:"媒体是指承载并传递信息的物理形式,包括物质实体和物理能。前者如文字、各种印刷品、记号、有象征意义的物体、信息、传播器材等;后者如声波、光、电波等。"巴特勒认为:"媒体通常用来指所有面向广大传播对象的信息传播形式,包括电影、电视、广播、报刊、通俗文学和音乐。"戴维·桑德曼等学者认为:"媒体就是传递大规模信息的载体,是通讯社、报纸、杂志、书籍、广播、电视、电影等的总称,一般又称为大众媒介。"会展媒体作为会展活动的一部分,其实质与传播学中的媒体概念并无本质区别,因此,会展媒体可以理解为在会展活动中,将展览信息、参展商信息、观众信息、展馆信息以及其他一切与会展活动有关的信息传递给相关受众的载体。通常包括会展杂志、会展报纸、会展电视台(频道)、专业会展网站、会刊、展览会入场券、展览会官方网站、安置于展览中心的会展电视等等。除了会展大众传播工具外,在会展经济活动中,还存在许多特有的会展信息传播媒体,这些将在后文一一介绍。

（二）会展媒体的分类

会展媒体的分类方法有很多,常见的有:印刷媒体、电子媒体与数字媒体;传统媒体与新媒体;主流媒体与非主流媒体。它们都有具体的特征,这些分类彼此交叉和相关,不可分割。

（1）印刷媒体。主要包括报纸和杂志两大类。不管是报纸还是杂志,不同类别的印刷媒体针对的目标读者通常有较大差异。有的报纸和杂志是面向市民的,而有的报纸和杂志主要是面向专业读者的。这就好像企业领域需要进行市场细分一样,印刷媒体通常也需要有相对固定的"细分读者群"。那么,展览会宣传与推广通常需要通过哪些报纸和杂志呢?显然,这要看展览会的类型和面对的主要目标观众和参展商。例如,汽车展不仅需要通过汽车类报纸和杂志等专业媒体来宣传,而且在市场占有率高的大众性报纸杂志上投放广告也是非常必要的。因为汽车展不仅针对汽车的制造厂家和经销厂家,广大车迷观看车展的门票费通常也是组展商的重要收入来源。相反,铝工业展、制冷展、印刷展等专业性的工业品展览会,通常更多地需要在专业报纸和杂志上作宣传,利用一般性的市民报或者娱乐性杂志进行宣传和推广并没有实质价值。

（2）电视媒体。主要包括中央和地方电视媒体。通常情况下,同一家电视台的不同频道以及不同地方的电视台都会有自己的风格和市场定位,但是无论如何电视都无法回避其"大众性"特征。收看电视的广大受众中,关心某一专题展览会的人数并不多。因而,在会展行业中,除了少数"形象类"以及"消费类"展览会以外,绝大多数组展商不会选择在电视媒体上投放广告。当然,展览会通常是社会经济生活中比较有影响力的"事件",而且展览会期间通常有许多值得报道的素材,因而不少电视台经常报道展览会的盛况,这些新闻报道对提高展览会的知名度发挥了非常重要的作用。但是,这种情况与组展商主动投放广告明显不同。

（3）广播媒体。伴随着电视、网络等信息传播途径的发展,广播受到较大的冲击。但是,不管怎样,在特定的时间和特定的场所,广播依旧是一种重要的媒体工具。例如,现代城市中,对于数量庞大的汽车驾乘人员而言,广播仍然是一种简便流行的传播媒介。不过,从总体来看,展览会组织在宣传和推广展览会时,一般情况下较少选择广播媒体。当然，也有不少例外。例如，利用城市交通广播电台推广一些汽车、家居等方面的展览会，通常也会收到比较理想的效果。

（4）网络媒体。网络是20世纪后半期以来发展最快的媒体，相对于报纸、杂志、电视广播等传统媒体，网络被称为新媒体。网络以其传播成本低、传播速度快、不受时空限制等优势，给报纸、电视、广播等传统媒介工具带来了强大的挑战。会展企业作为一种服务于工商企业中高层人士的经济组织，其目标顾客对现代网络工具有较高的依赖性。与之相对应，网络也成为展览会最重要的宣传和推广媒介之一。会展营销人员利用网络宣传和推广展览会主要通过三种途径来进行：一是专门为展览会构建一个独立的网站；二是在其他相关网站上发布展览会广告；三是利用移动网络实现参展观众线上预约注册。

（5）还需要特别指出的是，会展组织者利用上述大众传播媒介进行宣传和推广时，一方面可以采取在上述媒体上投放广告的方式，另一方面要尽量争取这些媒体以"新闻报道"的形式宣传展览会。新闻报道形式多样，费用一般较低，而且可信度较高，宣传效果通常比直接做广告要好得多。因此，制造新闻素材，加强新闻报道通常是展览会组织者宣传展览会的重要方式，新闻宣传工作贯穿整个展会的始终。

在会展经济活动中，除了上述大众传播媒体对会展产品的营销及品牌推广具有举足轻重的作用外，还有一些会展活动中特有的传播媒体，我们称之为会展特种媒体。会展特种媒体工具主要是指会展企业利用海报、户外广告、小型纪念品、参观邀请券等形式，自己制作相应宣传资料进行会展的宣传和推广。这些媒介工具依靠组展商自己的宣传渠道对外推广，而不是依赖于报纸、杂志、电视、广播、网络等大众媒体进行传播。特种媒介工具通常包括以下三类：

（1）户外广告。户外广告是指会展企业在都市的楼顶、墙体、路牌、路灯、地铁以及人流量较大的高速路道桥等特种媒介工具上发布展览会广告。一般来说，在这些媒介上发布的广告大多数仍旧是涉及普通观众比较多的消费品展览会，如服装展、体育用品展等；专业性较强的工业品展览会通常不会利用这些媒介进行宣传和促销。

（2）特种宣传资料。特种宣传资料是指会展企业专门印制、单独派送的展览会特种广告，主要采取展览会宣传册、展览会海报、参观邀请券、会刊等形式。这类宣传资料有的以信件形式直接投递给目标参展商和观众，有的则在会展企业策划的公关活动现场派发。

（3）依附于小型纪念品的宣传媒介。作为一种辅助宣传手段，组展商通常制作一些物美价廉的小型纪念品，如手提袋、领带夹、水果刀、小收音机、小玩具、日历本、明信片等，在这些纪念品上印制展览会名称、主办机构、联系方式等信息，并在老客户回访、市场调查、抽奖活动等场合派发给目标受众。这些小型纪念品虽然价值不高，但是如果制作得精美可爱，同样可以让得到者爱不释手，并长期保留。这种情况下，这些小纪念品就会起到比较好的宣传效果。

（三）会展媒体的作用

会展媒体作为会展活动信息的传播载体，其作用主要包括：

1. 信息传播功能

媒体的功能首先是传播信息，会展媒体也不例外。各种与展览活动相关的信息通过会展杂志、报纸、广播、电视、网络等形式传递给社会公众,可以最大限度地满足公众的知情权。会展活动作为一种以参展商与观众交换产品供求信息为主的展示行为,需要信息高度集中。这种集中既包括展示的物品的集中,也包括参展商和观众的人的集中,同时还包括同行业信息的集中。从现代经济学的视角看,展览会之所以能够产生并不断得以发展,关键在于展览会能够在短时间内集聚大量供求信息和产品信息,无论对买家还是卖家来说,从展览会上获取这些信息比他们自行搜寻,要节省大量的时间和精力,从而极大地降低了商品供求双方的"交易费用"。国外的有关资料显示,参加展览会是企业成本最低、收效最好的营销方式。展览会之所以受到商家的青睐,除了"信息集聚效应"外,展览会还提供了一种"信息筛选机制",市场竞争是这种机制的驱动力量。买方之所以愿意通过参加展览会购买商品,一个重要的原因在于展览会上有大量的卖家,卖家之间存在面对面的竞争,买家不仅可以从展会上获取更多同类或替代产品信息,有利于买方对商品性能、质量等方面的比较,扩大选择空间,而且买家还可以从卖家的竞争中获取商品真实的成本信息,避免上当受骗。因此,信息传播成为会展媒体的首要功能。

2. 宣传推广功能

从会展企业的实践来看,现实经济中存在大量的会展活动组织者,同时也存在着数量庞大的参展商。虽然从企业最根本的利益出发,组展商希望更多的企业参加他们主办的展览会,参展商也期望能够从众多展览会中选择最能够达到预期目标的展览会,但是现实中由于组展商与参展商之间存在着"信息的不对称性",往往使得组展商和参展商都无法达到自己的预期目标。组展商不可能找到全部的潜在客户,总会有一定数量的目标客户因为不了解展览会的信息而没有参展;与此同时,参展商也不可能了解同行业中所有展览会的信息,他们通常只能从组展商传递给他们的有限信息资源中,选择"相对满意"的一家,而很难找到在理论意义上最理想的组织者。显然,在这样一种信息特征下,谁被目标参展商了解得多,谁就可能成为参展商的选择对象;与此相反,如果参展企业不了解展览会的信息,不论该展览会组织得多么出色,参展商都不可能选择。所以,组展商采取主动策略,通过各种会展媒体将展览会的真实信息传递给目标参展商和专业观众,这是展览会成功招展、招商的基本前提。可见,宣传推广是会展媒体的重要功能。

3. 信息收集和质量监督功能

会展媒体除了具有信息传播和宣传推广的功能外,还具备收集客户信息、强化质量监督等功能。比较明显的例子就是展览会的入场券中除了印有以宣传推广为目的的展会相关信息外,一般还会印有参观登记表,主要用于收集参观人员及其公司的相关信息,帮助组展商更有针对性地了解市场需求、开发会展产品。在展览会的官方网站上,往往还会有客户满意度调查表,用于及时收集客户反馈意见,这是展会后期评估工作的主要途径,此时的会展媒体除了收集信息外,更重要的是发挥了其质量监督的功能。

4. 审美娱乐功能

会展媒体虽然不像大众传媒那样特别强调审美、娱乐功能,但是在会展经济步入产业化和市场化的今天,会展媒体的审美娱乐功能无疑对会展产品的成功推广、会展品牌的有效延伸具有不可或缺的作用。许多会展产品的宣传已经不仅仅局限于普通的信息传播,而是更加注重信息传递的视觉效果和听觉感受。减少雷同、增加差异化,已成为各类会展媒体创新的切入点。越来越多的会展杂志、会刊、展览会入场券和官方网站在强调其信息传递的真实性和实用性外,也更加注重其信息传递方式的多样化和有效性。不管怎样,会展媒体的信息传播和宣传推广是其最主要的功能,由此而衍生出来的信息收集、质量监督及审美娱乐等功能都是为了更好地实现其信息传播和宣传推广的功能。

二、专业会展媒体的运行

(一)专业会展媒体的特点

从整体上讲,所有的专业会展媒体具有以下三个特点:

1. 目标受众明确

专业会展媒体的受众只是针对某一领域或某一行业的企业和人员,把相关展会信息传递给目标受众,目的只有一个,那就是招展和招商的需要,最大限度地争取更多参展商和专业观众的关注。

2. 内容专业化

由于会展活动都是围绕特定的产品主题来进行的,所以会展媒体的内容都是专业化程度较高的行业或产品信息,明确的目标受众群体决定了会展媒体内容的专业化方向。

3. 经济效益高

会展活动尤其是商贸类的展览会,不管从组展商的角度来说,还是从参展商和专业观众的角度来看,经济效益是他们参与会展活动的动机所在。会展媒体作为一种典型的商业信息的传播载体,其运作带来的高经济效益可以形成多方共赢的格局。

具体来说,各种会展媒体又具有各自的特点,不同类型的会展媒体,由于自身载体物质、技术手段不同,在长期的发展过程中形成了各自不同的性质特征,正是这些特质决定了不同类型会展媒体传播效果的不同,决定了它们在承载信息传播和宣传推广上的优点和缺点。深入了解会展媒体的特质是制定有效的会展媒体策略,充分发挥各类会展媒体的优势,及时、准确、有效地将相关会展信息传达给目标消费者,以及建立良好媒体关系的一个重要前提条件。

以网络为例,网络之所以能够成为展览会组织者青睐的信息传播媒介,主要因为网络在信息传播过程中具有许多其他传统媒介工具无法比拟的优点。这些优点主要体现在:(1)网络传播速度快。(2)网络能够突破时间和空间的限制,达到随时随地沟通,尤其是无线上网技术的发展,更好地满足了商务人士的需要。(3)网络信息量大,可供传输的信息内容丰富。(4)网络交流费用低,有利于节约组展商的信息交流成本。

(二)会展媒体的主要载体

会展媒体的主要载体有杂志、报纸、网络等,以下作简单介绍:

1. 专业会展杂志

目前国内比较有影响力的专业会展杂志有《中国会展》《中国展览》和《中外会展》

等。其中，2000年创刊的《中国会展》杂志被认为是中国最具权威性的会展业核心传媒。《中国会展》杂志由国家发展与改革委员会主管，中国信息协会主办，是目前唯一经国家新闻出版总署正式批准，国内第一家面向海内外公开发行的会展专业杂志，集专业性、知识性、实用性、指导性与现代时尚理念于一体。该杂志凭借其权威、客观、公正的新闻报道以及全面、准确、及时的会展资讯，已成为海内外各类参展企业、专业观众、相关政府主管部门、会展主办单位、会展公司的得力助手与专业指南。《中国会展》杂志多次组织业内大型活动，如2002中国会展论坛、2003中国会展行业振兴计划视频大会、2004中国会展年会等，成功协办2005首届中国会展经济国际合作论坛，2006年与商务部外贸发展事务局等共同主办首届中国—东盟会展业国际合作高峰论坛，2007年主办中国城市会展合作与发展论坛，2010年与厦门市人民政府联合主办首届中国国际会议产业盛典，2005年至2019年连续主办中国国际会展文化节。

《中国展览》杂志（北京钟鼎文文化传播工作室）是一本由中国贸促会、中国国际商会主办，中国展览馆协会协办的中国会展业的专业期刊。它运用现代传播理念和手段，兼顾行业和市场，集权威性、专业性、服务性于一体，是专业从事展会宣传报道的媒体。《中国展览》杂志与中国国际机床展览会合作，每届展会均出版《展览快讯》（Show Daily），采用中英双语，对展会现场做即时报道，内容丰富、形式活泼、涵盖量大，具有很强的时效性、针对性和可读性。在展会现场免费赠阅，对展会和展商的宣传报道具有很大的轰动效应。

《中外会展》是一本连接中外会展行业，服务中国会展经济的展览业专业刊物。本刊以会展行业专业人士、国内外企事业单位为读者对象，内容以展览行业新闻、发展动态、会展信息及政策为主体，及时准确发布全国各地及国外展览会信息，对名牌展会进行深层追踪报道，探讨会展行业的发展趋势，具体内容包括："会展论坛""会展关注""会展追踪""域外会展""会展动态""场馆扫描""会展充电""会展书海""会展英才""设计擂台""会展指南""会展信息""会展旅游"等众多栏目。

除了会展杂志，《中国贸易报》《中国旅游报》以及各地方财经类报纸中许多已经开辟了会展专栏，为会展经济的发展搭建宣传与交流平台。

2. 专业会展网站

随着我国会展经济的不断发展，专门的会展网站也如雨后春笋般发展起来。中国会展网、中国会展在线、中国会展信息网以及新浪会展频道、搜狐财经会展频道、新华网会展频道、世界经理人会展频道的出现，为会展经济的发展提供了专业的会展信息咨询平台。此外，各展览会的主办方都有其官方网站，尽管展览会组织者在网站风格的设计方面尽量体现自己的"个性化"，但是从总体来说，展览会网站的具体内容大同小异，通常包括如下几个板块：展会简介、行业信息、展商信息、参展商服务信息、观众服务信息、媒体中心、特殊活动、合作机构、组展方联系方式等。

除此之外，在不少展览会的网站上还设置了组织者与浏览者之间的互动系统，以便于组织者更有效地倾听浏览者关于展览会的反应。这些互动系统主要有两类：一类是基于信息交流的互动系统，如设置对展览会满意度的调查投票站；建立浏览者网上答疑系统等；另一类是基于商业交易的互动系统，包括网上预订展位、网上支付等。

资料链接 8-3

如何做好展会的微信营销

当下,会展企业利用社交媒体平台进行微信营销日趋广泛。统计数据显示,截至2019年第三季度,微信和WeChat的合并月活跃账户数达到11.51亿,拥有2 000万个微信公众号。微信作为最热门的社交信息平台,也是移动端的一大入口,正在演变成为一大商业交易平台,其对营销行业带来的颠覆性变化开始显现。

移动互联网、智能手机、社交媒体的快速普及,使得以微信为主的移动终端成为展商和观众在互联网搜索引擎外,获取展会信息的另一重要入口,也成为近几年会展企业营销转战的必争之地。微信二维码也以几近简单粗暴的方式,挤满了从展会海报、展会入口、展馆通道到参展企业展位的各个角落,成为展会上无法忽视的常客。

纵观微信营销模式多种多样,其中以互动营销为主要营销手段的微信公众号最为引人注目。微信用户既可以通过线下扫描企业发布的公众号二维码关注公众号,也可以通过线上搜索、朋友分享的方式订阅该公众号。公众号则可以利用分组和地域控制实现精准的消息推送,直指目标用户,然后借助个人关注页和朋友圈,实现品牌的"病毒式"传播。

我们就微信公众号的运营谈谈如何做好展会的微信营销。

首先,微信公众号运营需要优质的内容。

目前,很多会展企业都在使用微信公众号,但实际上每个企业公众号的阅读量都有不同程度的降低,由于信息量太大,人们无从选择信息,淹没在订阅平台中。一些展会主办方借助技术手段的对接,开发出深度定制的微信公众号,实现了多种功能的结合。但事实上,对于展会微信营销,依然遵循"内容为王"的原则。

展会微信营销针对的是专业买家,这实际上是主办方试图通过微信进行一个针对买家的"圈子"营销,会展企业微信公众号的目标用户,必然是潜在参展商、已报名参展商、潜在观众、已报名观众。从目标用户的需求分析,展会上最新产品、技术、展商动态、展会活动、行业新近发生的资讯新闻、展会服务等,都是这些用户最关心的内容。在这个"内容为王"的时代,只有持续为用户提供有趣的、能够获取新知的、可带来商用信息价值的、与目标用户高度关联的内容,才能使会展微信成为"吸睛"法宝。而只有留住用户,才能通过不断传递关键价值信息,撬动其参展、参观欲望和行为。

其次,结合线上活动与线下展会,增强互动性。

在为企业定制化营销方案的过程中,一度曾开发过"红包节""摇一摇""刮刮卡""大转盘""星际争霸"等一系列基于微信公众号的互动游戏,适合主办方和展商在展前、展中、展后增强与展商、观众之间的互动,对于微信公众号的吸粉和增强用户活动度有极大的帮助。因此,善用展会的平台资源,通过微信活动使平台、展商、观众三方联动起来,把单向信息传递转变为多方互动,才能增强用户黏性,最大程度释放微信营销效能。

再次,注重微信的媒体特性,提升客户黏度。

一般展会一年举办一次,或是一年举办两次,且每次举办时间只持续3—4天。在展会的"空窗期",主办方可能面临展商客户、观众流失的情况。通过微信公众号的维护与受众保持联系,可提高其对展会的忠诚度,增加客户黏性。如建立一个垂直行业的"头条"媒体,此方面可参考"会展人头条",将微信公众号打造成为行业资讯、媒体、杂志等各种行业资源的资讯集合体,能够有效提高用户获取信息的效率,发挥微信作为媒体的属性,有效留住目标客户。

最后,注重功能性的建设优化,改善用户体验。

微网站则是用户利用微信了解展会信息的主要通道,网站体验的优劣将直接影响受众对展会品牌的判断。如果通过微网站建设优化,并使其具备展会介绍、展商介绍、同期活动、展会资讯、预登记、关联服务等多项功能,将有利于打造视觉性、功能性、权威性的微网站形象,改善用户体验,提升展会品牌。

资料来源:中国国际贸易促进委员会网站 www.ccpit.org

(三) 影响专业会展媒体运行的因素

传媒业的发展与社会经济和技术的发展密不可分。目前,数字技术正在成为支撑所有传媒的存在基础、技术标准与发展取向,正在改变不同形态传媒的边界,正在成为传媒发展的方向。以海量的内容+迅捷的速度+个性的服务为特点,数字传媒正在改变传统的传播模式,包括传播者的运作模式和受众的信息接收模式,最终还将改变传媒业传统的经营理念和传播格局,并对整个人类的社会生活产生革命性的影响。在中国,受惠于全球化趋势下的信息流通和技术共享,专业会展媒体的发展具有良好的基础,影响专业会展媒体发展的关键因素主要来自以下几个层面:

1. 政策层面

首先是国家强制执行的技术标准。特别是会展数字传媒的高科技含量决定了它对统一的技术标准的依赖性,而技术标准通常由国家确定并带有强制性。会展传媒业必须根据国家确定的技术标准及其实施时间表来制定或调整自己的运作模式、资金投入及投向、技术装备更新、人力资源配置。

其次是国家的产业政策。会展传媒的产业链、覆盖面和涉及面更加广泛,因而其受政府的产业政策影响也会更大,IT业、信息服务业、电信业、印刷业乃至造纸业的风吹草动,都可能波及会展传媒业。

2. 技术层面

信息技术的每一项发展都会对会展传媒业产生重大影响。可以预料的是,随着技术的发展,今后数字媒体的各种形态,即广播、电视、网络、智能手机、数据库乃至报刊等,将出现更多的融合和共享,推动数字传媒业的内部进行更大范围和更大力度的资源整合。另一方面,当前数字传媒的发展也还受到一些技术因素的制约。比如,数字电视的技术成本限制了它的迅速普及;智能手机的信息容量成为限制其成为更实用和便捷的媒体终端的瓶颈;互联网的发展也面临垃圾邮件、病毒、黑客等技术因素的困扰。

3. 经营层面

这涉及会展传媒企业内部的发展战略、资本运作、资源整合、赢利模式、运作机制、营销策略等一系列因素,每一方面都可能对会展传媒企业乃至整个会展传媒业的发展起着重要的促进或制约作用。

4. 法律道德层面

近年来,我国传媒界在探讨行业发展时一直比较关注的是与政策层面相关的外部环境、与技术层面相关的客观条件以及与经营层面相关的发展战略,这是无可厚非的,也是传媒业在从计划经济向市场经济、从传统媒体向数字媒体过渡时期所必需的。遗憾的是在关注这些问题的同时,没有对另外一些与法律道德相关的问题予以足够重视,有的甚至在有意无意地"打擦边球",明目张胆地实施一些明显与法律道德相悖的行为,主要表现为盗版侵权、信息失实等。

第四节　会展业相关法律

一、出国举办经济贸易展览会审批管理办法

第一章　总则

第一条　为了加强对出国举办经济贸易展览会(以下称"出国办展")的管理,规范出国办展市场秩序,维护参展单位的合法权益,促进出国办展健康有序进行,根据《中华人民共和国行政许可法》、中华人民共和国国务院令第412号《国务院对确需保留的行政审批项目设定行政许可的决定》和相关法律法规,制定本办法。

第二条　出国办展是指符合本办法规定的境内法人(以下称"组展单位")向国外经济贸易展览会主办者或展览场地经营者租赁展览场地,并按已签租赁协议有组织地招收其他境内企业和组织(以下称"参展企业")派出人员在该展览场地上展出商品和服务的经营活动。

境内企业和其他组织独自赴国外参加经济贸易展览会,赴我国香港(特别行政区)、澳门(特别行政区)、台湾地区举办、参加经济贸易展览会等活动,不适用本办法。

第三条　出国办展须经中国国际贸易促进委员会审批(会签商务部)。组展单位应当向中国国际贸易促进委员会(以下简称"贸促会")提出出国办展项目(以下称"项目")申请,项目经批准后方可组织实施。

第四条　贸促会负责协调、监督、检查组展单位实施经批准的项目,制止企业和其他组织未经批准开展出国办展活动,并提请有关行政管理部门依法查处。商务部负责对出国办展进行宏观管理和监督检查。

第二章　审批的条件和依据

第五条　组展单位应当具备以下条件:

(一)依法登记注册的企业、事业单位、社会团体、基金会、民办非企业单位法人,注

册3年以上,具有与组办出国办展活动相适应的经营(业务)范围;

(二)具有相应的经营能力,净资产不低于300万元人民币,资产负债率不高于50%。

(三)具有向参展企业发出因公临时出国任务通知书的条件。

(四)法律、法规规定的其他条件。

第六条 以地方人民政府名义出国办展,由有关省、自治区、直辖市、计划单列市、副省级市、经济特区人民政府商务主管部门提出项目申请。除非友好省州、友好城市庆祝活动所必需,同一地方商务主管部门申请的项目一年内不应超过2个。

第七条 以商务部名义出国办展,由受商务部委托的组展单位或商务部委派的机构提出项目申请。

第八条 项目审批的依据是:我国外交、外经贸工作需要,赴展国政治、经济情况,我国驻赴展国使领馆商务机构意见,赴某一国家、城市、展览会项目集中程度,展览会实际效果,组展单位上年度项目实施情况,对本办法的遵守情况以及组展单位的资质等。

关于组展单位的资质及评定办法,由贸促会会同商务部另行制定。

第三章 项目申请的受理与审查程序

第九条 组展单位应以书面形式逐个提出项目申请。项目申请包括以下材料:

(一)项目申请报告;

(二)按规定填写的《出国举办经济贸易展览会申请表》原件及电子文本;

(三)我国驻赴展国使领馆商务机构同意函复印件。

首次提出项目申请的组展单位,除应提供前款规定的项目申请材料外,还应提供以下材料:

1. 项目可行性报告及与国外展览会主办者或展览场地经营者联系的往来函件复印件;

2. 法人登记证书复印件(验证原件);

3. 会计师事务所出具的验资报告、财务年度报告、资产负债表复印件;

4. 税务机关出具的完税证明原件;

5. 事业单位批准成立机关或社会团体、基金会、民办非企业单位业务主管单位出具的同意事业单位或社会团体、基金会、民间非企业单位出国办展的批准件原件;

6. 有因公出国任务审批权的部门和单位出具的同意向参展企业发出因公临时出国任务通知书的证明函原件。

第十条 组展单位可在每年2月、5月、8月、11月的最后一个工作日前向贸促会递交项目申请。每年3月、6月、9月、12月的第一个工作日为贸促会受理的起算日。项目开幕日期距受理起算日不足6个月的,不予受理。

对于连续举办五届以上的或因展览会筹备周期长需提前审批的项目,贸促会可提前予以批准并核发《出国举办经济贸易展览会批件》。

第十一条 贸促会自受理起算日起,原则上只对6至12个月以后开幕的项目集中审核,并在20个工作日内作出是否批准的决定。符合条件的,核发《出国举办经济贸易展览会批件》,抄送相关部门;不符合条件的,说明理由并告知申请人享有依法申请行政复议或者提起行政诉讼的权利。

第十二条 贸促会在核发《出国举办经济贸易展览会批件》前,将拟批准的项目送商务部会签。商务部在收到会签函后10个工作日内回复会签意见。

对于赴未建交国家的项目,贸促会同时送外交部会签。外交部在收到会签函后10个工作日内回复会签意见。

第十三条 对于经批准的项目,组展单位还须至迟在展览会开幕前2个月向贸促会提出出国办展人员复核申请,包括以下材料:

(一)人员复核申请报告;

(二)按规定填写的《出国举办经济贸易展览会人员复核申请表》原件及电子文本;

(三)国外展览会主办者或展览场地经营者出具的展览场地使用权确认函复印件;

(四)保护知识产权工作方案和国外突发事件应急处理预案。

贸促会在收到申请后10个工作日内作出是否复核的决定。符合规定的,核发《出国举办经济贸易展览会人员复核批件》,抄送相关部门;不符合规定的,说明理由。

第十四条 项目一经批准,组展单位不得随意变更、取消;如确需变动,组展单位须在展览会开幕日期3个月前连同变动理由通报贸促会和有关驻外使领馆商务机构。

第十五条 贸促会及时公示经批准的项目,并依法通报有关行政管理部门。

第四章 展品和人员出境监管

第十六条 有关监管部门凭贸促会核发的《出国举办经济贸易展览会批件》,核发展品出境所需单证。

出入境检验检疫机构凭贸促会核发的《出国举办经济贸易展览会批件》,办理展品查验手续。

海关根据出口展览品监管的有关规定,凭贸促会核发的《出国举办经济贸易展览会批件》及有关监管部门核发的展品出境所需单证,办理展品查验放行手续。

各级外汇管理部门和外汇指定银行凭贸促会核发的《出国举办经济贸易展览会批件》办理场地租用和展品运输外汇使用手续。

第十七条 各级商务、外事、外汇管理部门和外汇指定银行凭贸促会核发的《出国举办经济贸易展览会人员复核批件》,办理参展人员出国、外汇使用手续。

第五章 展览团的管理

第十八条 组展单位应向相关企业提供准确、全面的展览会信息,与参展企业签订正式参展合同,严格遵守我国法律、法规,信守承诺,合理收费。

第十九条 展览团人员按照每个标准展位(9平方米)2人计算,在外天数按照实际展出天数前后最长各加4天计算,不得擅自增加人员和延长在外天数;与参展业务无关的人员不得参加展览团;如有省部级人员参加展览团,须按照有关规定履行报批程序。

第二十条 组展单位应鼓励参展企业选择高新技术、高附加值和适销对路的商品参加展出,严禁假冒伪劣、侵犯知识产权的商品参展。

第二十一条 组展单位应制定严格的展览团管理方案和保护知识产权工作方案,组织出国前外事纪律、保密制度、知识产权保护、涉外礼仪等方面的学习,组织参展企业做好布展工作并积极开展市场调研和贸易洽谈。展出期间,参展人员不得擅离展位。

第二十二条　组展单位必须协调展览团接受我驻展出国使领馆的领导,遵守展出国法律、法规,及时向使领馆汇报办展情况。

第二十三条　对参加同一展览会组展单位多、展出规模大的展览团,由贸促会会同商务部制定相应管理办法。

第二十四条　组展单位须在展览会结束后1个月内向贸促会提交出国办展总结和按规定填写的《出国举办经济贸易展览会情况调查表》原件及电子文本。

出国办展总结中须专题汇报组展单位实施保护知识产权工作方案的情况,如实提供展出过程中涉及知识产权争议的参展公司名称,描述有关争议情节。贸促会将经过司法程序判定为侵犯知识产权的参展公司名称及相关信息向社会公示,被公示的企业在三年内不得参加出国展览团。

第二十五条　贸促会汇总出国办展有关情况,定期向商务部、外交部等部门通报,并于每年3月底以前会同商务部向国务院报送上一年度出国办展审批管理工作总结。

第六章　法律责任

第二十六条　境内个人不得从事出国办展活动,企业和其他组织未经批准不得从事出国办展活动。境外个人、企业和其他组织不得在中国从事出国办展活动。

境内企业和其他组织在代表国外展览会主办者或展览场地经营者与境内其他企业和组织联系过程中,应遵守国家有关法律、法规,不得扰乱市场秩序,包括强迫境内其他企业和组织接受展位搭建、人员食宿行安排等服务,接受超出场地和展位国际通行定价的销售价格等。

第二十七条　贸促会应将境内个人、企业和其他组织以及境外个人、企业和其他组织违反本办法第二十六条规定的有关情况通报有关行政管理部门,由有关行政管理部门依法予以查处。

第二十八条　组展单位有如下行为之一的,贸促会予以警告,同时,提请有关行政管理部门依法查处:

(一)涂改、倒卖、出租、出借批件,或者以其他形式转让批件的;

(二)违反本办法第十八条、第十九条规定,或者未严格执行保护知识产权工作方案和国外突发事件应急处理预案,在外造成严重影响的;

(三)隐瞒有关情况、提供虚假材料或者拒绝提供反映其活动情况的真实材料的;

(四)其他违反本办法的行为。

第二十九条　组展单位有提供虚假材料,涂改、倒卖、出租、出借或以其他形式转让批件,或者严重违反本办法规定的行为,一经发现,贸促会可撤销批件。

第三十条　组展单位工作人员在出国办展中构成犯罪的,由有关部门依法追究刑事责任。

第三十一条　主管或经办出国办展审批和管理的工作人员未履行法律、法规、规章规定义务的,依法给予行政处分;构成犯罪的,由有关部门依法追究刑事责任。

第七章　附则

第三十二条　贸促会代表国家的出国办展项目,由外交部、商务部、财政部会签后报国务院审批。

会展导论

第三十三条　本办法中有关期限的规定,未指明为工作日的,均为自然天数或月数。本办法第十一条规定的期限,不涵盖本办法第十二条规定的会签时间。

第三十四条　本办法自公布之日起 30 日后施行。贸促会会同原外经贸部于 2001 年 2 月 15 日印发的《出国举办经济贸易展览会审批管理办法》同时废止。

二、展会知识产权保护办法

第一章　总则

第一条　为加强展会期间知识产权保护,维护会展业秩序,推动会展业的健康发展,根据《中华人民共和国对外贸易法》《中华人民共和国专利法》《中华人民共和国商标法》和《中华人民共和国著作权法》及相关行政法规等制定本办法。

第二条　本办法适用于在中华人民共和国境内举办的各类经济技术贸易展览会、展销会、博览会、交易会、展示会等活动中有关专利、商标、版权的保护。

第三条　展会管理部门应加强对展会期间知识产权保护的协调、监督、检查,维护展会的正常交易秩序。

第四条　展会主办方应当依法维护知识产权权利人的合法权益。展会主办方在招商招展时,应加强对参展方有关知识产权的保护和对参展项目(包括展品、展板及相关宣传资料等)的知识产权状况的审查。在展会期间,展会主办方应当积极配合知识产权行政管理部门的知识产权保护工作。

展会主办方可通过与参展方签订参展期间知识产权保护条款或合同的形式,加强展会知识产权保护工作。

第五条　参展方应当合法参展,不得侵犯他人知识产权,并应对知识产权行政管理部门或司法部门的调查予以配合。

第二章　投诉处理

第六条　展会时间在三天以上(含三天),展会管理部门认为有必要的,展会主办方应在展会期间设立知识产权投诉机构。设立投诉机构的,展会举办地知识产权行政管理部门应当派员进驻,并依法对侵权案件进行处理。

未设立投诉机构的,展会举办地知识产权行政管理部门应当加强对展会知识产权保护的指导、监督和有关案件的处理,展会主办方应当将展会举办地的相关知识产权行政管理部门的联系人、联系方式等在展会场馆的显著位置予以公示。

第七条　展会知识产权投诉机构应由展会主办方、展会管理部门、专利、商标、版权等知识产权行政管理部门的人员组成,其职责包括:(一)接受知识产权权利人的投诉,暂停涉嫌侵犯知识产权的展品在展会期间展出;(二)将有关投诉材料移交相关知识产权行政管理部门;(三)协调和督促投诉的处理;(四)对展会知识产权保护信息进行统计和分析;(五)其他相关事项。

第八条　知识产权权利人可以向展会知识产权投诉机构投诉也可直接向知识产权行政管理部门投诉。权利人向投诉机构投诉的,应当提交以下材料:(一)合法有效的知识产权权属证明;涉及专利的,应当提交专利证书、专利公告文本、专利权人的身份证明、专利法律状态证明;涉及商标的,应当提交商标注册证明文件,并由投诉人签章确认,商标权利人身份证明;涉及著作权的,应当提交著作权权利证明、著作权人身份证明;(二)涉嫌侵权当事人的基本信息;(三)涉嫌侵权的理由和证据;(四)委托代理人投诉的,应提交授权委托书。

第九条 不符合本办法第八条规定的,展会知识产权投诉机构应当及时通知投诉人或者请求人补充有关材料。未予补充的,不予接受。

第十条 投诉人提交虚假投诉材料或其他因投诉不实给被投诉人带来损失的,应当承担相应法律责任。

第十一条 展会知识产权投诉机构在收到符合本办法第八条规定的投诉材料后,应于24小时内将其移交有关知识产权行政管理部门。

第十二条 地方知识产权行政管理部门受理投诉或者处理请求的,应当通知展会主办方,并及时通知被投诉人或者被请求人。

第十三条 在处理侵犯知识产权的投诉或者请求程序中,地方知识产权行政管理部门可以根据展会的展期指定被投诉人或者被请求人的答辩期限。

第十四条 被投诉人或者被请求人提交答辩书后,除非有必要做进一步调查,地方知识产权行政管理部门应当及时作出决定并送交双方当事人。

被投诉人或者被请求人逾期未提交答辩书的,不影响地方知识产权行政管理部门作出决定。

第十五条 展会结束后,相关知识产权行政管理部门应当及时将有关处理结果通告展会主办方。展会主办方应当做好展会知识产权保护的统计分析工作,并将有关情况及时报展会管理部门。

第三章 展会期间专利保护

第十六条 展会投诉机构需要地方知识产权局协助的,地方知识产权局应当积极配合,参与展会知识产权保护工作。地方知识产权局在展会期间的工作可以包括:(一)接受展会投诉机构移交的关于涉嫌侵犯专利权的投诉,依照专利法律法规的有关规定进行处理;(二)受理展出项目涉嫌侵犯专利权的专利侵权纠纷处理请求,依照专利法第五十七条的规定进行处理;(三)受理展出项目涉嫌假冒他人专利和冒充专利的举报,或者依职权查处展出项目中假冒他人专利和冒充专利的行为,依据专利法第五十八条和第五十九条的规定进行处罚。

第十七条 有下列情形之一的,地方知识产权局对侵犯专利权的投诉或者处理请求不予受理:(一)投诉人或者请求人已经向人民法院提起专利侵权诉讼的;(二)专利权正处于无效宣告请求程序之中的;(三)专利权存在权属纠纷,正处于人民法院的审理程序或者管理专利工作的部门的调解程序之中的;(四)专利权已经终止,专利权人正在办理权利恢复的。

第十八条 地方知识产权局在通知被投诉人或者被请求人时,可以即行调查取证,查阅、复制与案件有关的文件,询问当事人,采用拍照、摄像等方式进行现场勘验,也可以抽样取证。

地方知识产权局收集证据应当制作笔录,由承办人员、被调查取证的当事人签名盖章。被调查取证的当事人拒绝签名盖章的,应当在笔录上注明原因;有其他人在现场的,也可同时由其他人签名。

第四章 展会期间商标保护

第十九条 展会投诉机构需要地方工商行政管理部门协助的,地方工商行政管理部门应当积极配合,参与展会知识产权保护工作。地方工商行政管理部门在展会期间的工作可以包括:(一)接受展会投诉机构移交的关于涉嫌侵犯商标权的投诉,依照商标法律法规的有关规定进行处理;(二)受理符合商标法第五十二条规定的侵犯商标专用权的投诉;(三)依职权查处商标违法案件。

第二十条 有下列情形之一的,地方工商行政管理部门对侵犯商标专用权的投诉或者处理请求不予受理:(一)投诉人或者请求人已经向人民法院提起商标侵权诉讼的;(二)商标权已经无效或者被撤销的。

第二十一条 地方工商行政管理部门决定受理后,可以根据商标法律法规等相关规定进行调查和处理。

第五章 展会期间著作权保护

第二十二条 展会投诉机构需要地方著作权行政管理部门协助的,地方著作权行政管理部门应当积极配合,参与展会知识产权保护工作。地方著作权行政管理部门在展会期间的工作可以包括:(一)接受展会投诉机构移交的关于涉嫌侵犯著作权的投诉,依照著作权法律法规的有关规定进行处理;(二)受理符合著作权法第四十七条规定的侵犯著作权的投诉,根据著作权法的有关规定进行处罚。

第二十三条 地方著作权行政管理部门在受理投诉或请求后,可以采取以下手段收集证据:(一)查阅、复制与涉嫌侵权行为有关的文件档案、账簿和其他书面材料;(二)对涉嫌侵权复制品进行抽样取证;(三)对涉嫌侵权复制品进行登记保存。

第六章 法律责任

第二十四条 对涉嫌侵犯知识产权的投诉,地方知识产权行政管理部门认定侵权成立的,应会同会展管理部门依法对参展方进行处理。

第二十五条 对涉嫌侵犯发明或者实用新型专利权的处理请求,地方知识产权局认定侵权成立的,应当依据专利法第十一条第一款关于禁止许诺销售行为的规定以及专利法第五十七条关于责令侵权人立即停止侵权行为的规定作出处理决定,责令被请求人从展会上撤出侵权展品,销毁介绍侵权展品的宣传材料,更换介绍侵权项目的展板。

对涉嫌侵犯外观设计专利权的处理请求,被请求人在展会上销售其展品,地方知识产权局认定侵权成立的,应当依据专利法第十一条第二款关于禁止销售行为的规定以及第五十七条关于责令侵权人立即停止侵权行为的规定作出处理决定,责令被请求人从展会上撤出侵权展品。

第二十六条 在展会期间假冒他人专利或以非专利产品冒充专利产品,以非专利方法冒充专利方法的,地方知识产权局应当依据专利法第五十八条和第五十九条规定进行处罚。

第二十七条 对有关商标案件的处理请求,地方工商行政管理部门认定侵权成立的,应当根据《商标法》《商标法实施条例》等相关规定进行处罚。

第二十八条　对侵犯著作权及相关权利的处理请求,地方著作权行政管理部门认定侵权成立的,应当根据著作权法第四十七条的规定进行处罚,没收、销毁侵权展品及介绍侵权展品的宣传材料,更换介绍展出项目的展板。

第二十九条　经调查,被投诉或者被请求的展出项目已经由人民法院或者知识产权行政管理部门作出判定侵权成立的判决或者决定并发生法律效力的,地方知识产权行政管理部门可以直接作出第二十六条、第二十七条、第二十八条和第二十九条所述的处理决定。

第三十条　请求人除请求制止被请求人的侵权展出行为之外,还请求制止同一被请求人的其他侵犯知识产权行为的,地方知识产权行政管理部门对发生在其管辖地域之内的涉嫌侵权行为,可以依照相关知识产权法律法规以及规章的规定进行处理。

第三十一条　参展方侵权成立的,展会管理部门可依法对有关参展方予以公告;参展方连续两次以上侵权行为成立的,展会主办方应禁止有关参展方参加下一届展会。

第三十二条　主办方对展会知识产权保护不力的,展会管理部门应对主办方给予警告,并视情节依法对其再次举办相关展会的申请不予批准。

第七章　附则

第三十三条　展会结束时案件尚未处理完毕的,案件的有关事实和证据可经展会主办方确认,由展会举办地知识产权行政管理部门在 15 个工作日内移交有管辖权的知识产权行政管理部门依法处理。

第三十四条　本办法中的知识产权行政管理部门是指专利、商标和版权行政管理部门;本办法中的展会管理部门是指展会的审批或者登记部门。

第三十五条　本办法自 2006 年 3 月 1 日起实施。

三、商品展销会管理办法

第一条　为加强对商品展销会的监督管理,维护市场秩序,规范市场行为,保护生产者、经营者、消费者的合法权益,根据国家有关法律法规的规定,制定本办法。

第二条　本办法所称商品展销会,是指由一个或者若干个单位举办,具有相应资格的若干经营者参加,在固定场所和一定期限内,用展销的形式,以现货或者订货的方式销售商品的集中交易活动。

第三条　举办商品展销会的单位(以下简称举办单位)、参加商品展销会展销商品的生产者和经营者(以下简称参展经营者),均应遵守本办法。

第四条　各级工商行政管理机关对商品展销会进行登记和监督管理。

第五条　举办商品展销会,应当经工商行政机关核发《商品展销会登记证》后,方可进行。未经登记,不得举办商品展销会。

第六条　举办单位应当具备下列条件:

(一)具有法人资格、能够独立承担民事责任;

(二)具有与展销规模相适应的资金、场地和设施;

（三）具有相应的管理机构、人员、措施和制度。

第七条　参展经营者必须具有合法的经营资格，其经营活动应当符合国家法律、法规、规章的规定。

第八条　举办单位应当向举办地工商行政管理机关申请办理登记。

若干个单位联合举办的，应当由其中一个具体承担商品展销会组织活动的单位向举办地工商行政管理机关申请办理登记。

县级人民政府举办的商品展销会，应当向举办地地级工商行政管理机关申请办理登记；地、省级人民政府举办的商品展销会，应当向举办地省级工商行政管理机关申请办理登记。上一级工商行政管理机关可以委托举办地工商行政管理机关对商品展销会进行监督管理。

第九条　异地举办商品展销会的，经申请举办单位所在地工商行政管理机关核准，依照本办法第八条规定向工商行政管理机关申请办理登记。

第十条　申请办理商品展销会登记手续时，应当提交下列文件：

（一）证明举办单位具备法人资格的有效证件；

（二）举办商品展销会的申请书，内容包括：商品展销会名称，起止日期、地点、参展商品类别，举办单位银行账号，举办单位负责人员名单，商品展销会筹备办公室地址、联系电话等；

（三）商品展销会场地使用证明；

（四）商品展销会组织实施方案；

（五）其他需要提交的文件。

依照国家有关需要经政府或者有关部门批准方可举办的商品展销会，应当提交相应的批准文件。

两个以上单位联合举办商品展销会的，还应当提交联合举办的协议书。

第十一条　工商行政管理机关应当自接到申请之日起15日内，做出准予登记或者不予登记的决定。准予登记的，发给《商品展销会登记证》。不准予登记的，书面通知申请人并说明理由。

《商品展销会登记证》应当载明商品展销会名称、举办单位名称、商品展销会负责人、参展商品类别、商品展销会地点及起止日期等内容。

第十二条　举办单位领取《商品展销会登记证》后，方可发布广告，进行招商。

第十三条　举办单位负责商品展销会的内容组织管理工作，对参展经营者的参展资格，按照本办法第十七条的规定进行审查，并将审查情况报告该商品展销会的登记机关备案。

第十四条　举办单位应当与参展经营者签订书面合同，明确双方的权利和义务。

第十五条　参展经营者的经营行为损害消费者合法权益的，消费者可以依照《消费者权益保护法》第三十八条的规定，向参展经营者或者举办单位要求赔偿。

举办单位为两个以上的，消费者可以向具体承担商品展销会组织活动的举办单位要求赔偿，其他举办单位承担连带责任。

第十六条　未经国务院有关行政主管部门批准，商品展销会名称不得使用"中国"

"全国"等字词。

第十七条 举办单位、参展经营者有下列行为之一的,由工商行政管理机关予以处罚:

(一)举办单位违反本办法第五条规定,未经登记擅自举办商品展销会,或者在登记中隐瞒真实情况、弄虚作假的,责令其改正,并视情节处以人民币3万元以下罚款。

(二)举办单位违反本办法第十二条规定,未领取《商品展销会登记证》,擅自发布广告,进行招商的,责令改正,并处以人民币5 000元以下罚款。广告经营者违反规定,为举办单位刊播广告的,处以人民币5 000元以下罚款。

(三)举办单位伪造、涂改、出租、出借、转让《商品展销会登记证》的,视情节处以3万元以下罚款。

(四)举办单位违反本办法第十三条规定的,视情节处以人民币1万元以下罚款。

(五)参展经营者违反本办法第七条规定,依据国家有关法律、法规、规章予以处罚。

第十八条 《商品展销会登记证》由国家工商行政管理局统一。

第十九条 本办法由国家工商行政管理局负责解释。

第二十条 本办法自1998年1月1日起施行。

四、商务部颁布举办展览会管理办法

第一部分 总则

一、为加强对商务部举办展览会工作的统一规范管理和组织协调,根据科学规划、突出重点,充分发挥资源优势的原则,特制定本办法。

二、商务部举办展览会应以科学发展观为指导,整合优势资源,完善管理规则和运作机制,加强规划协调,促进国际经贸交流与合作,扩大商品流通与消费,推动产业和地方经济发展。

三、本办法所称展览会是指在境内举办的经济技术贸易及投资领域的博览会、展览会、洽谈会、交易会、采购会等。

本办法所称商务部举办展览会工作是指需要以商务部名义作为主办、参与主办、协办或支持单位的内部审批、管理和评估工作。

四、商务部举办的展览会应符合商务事业发展规划和商务部工作重点方向。

五、商务部根据集中资源、合理布局、协调发展和市场化导向的原则,按照展览会对推动国民经济和商务工作的重要程度,对展览会实行分类管理。

六、除采取申办制的展览会外,商务部在同一省、自治区、直辖市及副省级市举办的展览会不超过一个,已有商务部举办展览会的省市不再新增;

商务部新增举办展览会的审批在同等条件下向中西部、东北老工业基地倾斜;

新增展览会在时间和内容安排上与商务部现有举办展览会没有重叠。

第二部分 展览会分类标准

七、重点发展类展览会是指由商务部单独主办或作为第一主办单位的,对国民经济和商务工作发展有重大影响的全国性展览会。具体标准如下：

（一）对全国经济发展有重大作用和意义、配合国家重大战略实施或配合外交外贸多双边工作的需要；

（二）具有全国性、综合性或较强专业性，国内参展商来自全国一半以上省（区、市），且展位比例达到30％以上；综合性展览会参展的主要行业在3个以上，专业观众总人次不少于观众总人次的50％；专业性展览会专业观众总人次不少于观众总人次的90％；涉外领域展览会境外观众人次不少于观众总人次的30％；

（三）综合性展览会展览面积不少于30 000平方米；专业性展览会展览面积不少于20 000平方米；特殊装修展位面积比例不少于40％；

（四）如非商务部发起举办的展览会，应已连续举办3届以上。

八、参与主办类展览会是指对促进国民经济和商务工作发展有重要影响的全国或区域性展览会，涉外领域的展览会以省级人民政府、国务院有关部门或其他副部级以上单位为主举办，商务部作为共同主办单位；非涉外领域的展览会以省级人民政府、国务院有关部门、其他副部级以上单位和全国性行业组织或民间组织为主举办，商务部作为共同主办单位。具体标准如下：

（一）对全国或区域经济发展有重要作用和意义；

（二）在展览会总体方案中，应有按照市场化、专业化运作的规划；

（三）国内参展商来自全国三分之一以上省（区、市），且展位比例达到20％以上；综合性展览会参展的主要行业在3个以上，专业观众总人次不少于观众总人次的40％；专业性展览会专业观众总人次不少于观众总人次的70％；涉外领域展览会境外观众人次不少于观众总人次的20％；

（四）展览会展览面积不少于20 000平方米；特殊装修展位面积比例不少于30％。

九、支持引导类展览会主要是指对主要行业和区域经济发展有积极作用、发展潜力较大的行业性和地方性展览会，涉外领域的展览会以省级人民政府、国务院有关部门或其他副部级以上单位为主举办，商务部作为协办或支持单位；非涉外领域的展览会以省级人民政府、国务院有关部门、其他副部级以上单位和全国性行业组织或民间组织为主举办，商务部作为协办或支持单位。具体标准如下：

（一）有利于扩大消费促进经济增长、有利于经济结构调整和产业优化升级及在业内具有重大影响成长性好，对主要行业和区域经济发展有积极作用；

（二）涉外领域展览会专业观众人次与观众总人次的比值不少于40％，境外观众人次不少于观众总人次的1％；

（三）展览会展览面积不少于10 000平方米；特殊装修展位面积比例不少于20％。

第三部分　审批与举办

十、除对举办时间长、组织办展模式成熟、国内外影响大的展览会继续沿用原有举办方式外，对适合采取申办制的或两个以上申请单位提出举办相近内容的重点发展类展览会，可实行申办制。

十一、新增展览会申请单位应提前一年向商务部提出举办申请。

十二、举办地相关产业比较发达，市场份额比重较高。

十三、展览会申请单位具备成功举办国际性或全国性大型会展活动的经验,具有组织协调商务活动的专门机构,具有举办商务活动所需的广告宣传、招商招展、接待服务等经费保障;举办地具备满足参展人员的住宿接待、安全保卫和交通设施等能力。

十四、对展览会的可行性有充分论证,并征求国务院相关部门、行业商协会的意见;与境外机构或国际组织联合举办的展览会事先征求相关国家(地区)经贸主管部门或行业协会的意见。

十五、展览会申请单位需提供的材料:

(一)申请举办函;

(二)展览会可行性研究报告;

(三)展览会总体工作方案;

(四)展览会招商招展方案;

(五)展览会紧急情况应急方案;

(六)展品知识产权保护方案;

(七)国务院相关部门、行业商协会的意见;

(八)与境外机构或国际组织联合主办的展览会须提供相关国家(地区)驻外经商(参)处的意见;

(九)上届展览会总结;

(十)上届展览会会刊。

如为首届举办,可不提供第(九)、(十)项材料。

十六、商务部收到上述材料后,研究评估并确定举办单位;对符合举办条件的展览会,依据分类标准进行分类,并依据展览会性质确定牵头主办司局,报部领导批准。

十七、对在中西部和东北老工业基地地区举办的重点发展类展览会,商务部可在展览会宣传、招商招展工作等方面给予一定的支持。

十八、对参与主办类展览会,商务部在连续参与主办三到五届后,可退出主办。如需商务部继续支持,可由商务部所属商务促进机构代为主办、协办或支持单位。

十九、对其他地方性、商业性以及不涉及商务部业务的展览会,商务部原则上不再作为举办单位,特殊情况需要纳入的,由归口管理单位会同有关司局研究报部领导批准。

对与境外机构或国际组织联合举办的展览会,商务部原则上不作为举办单位。

第四部分 评价与监督

二十、牵头主办单位应在展览会结束1个月内将详细的展览会总结报告,包括展览会规模、展商数量、主要参展单位和人员、展览会成效等报部领导,抄报归口管理单位。

二十一、归口管理单位会同有关司局根据《商务部举办展览会评估标准》,对展览会提出总体成效评估意见。

二十二、归口管理单位在每年度末对商务部全年举办展览会情况进行总结。

二十三、部纪检部门负责对举办展览会的有关情况进行监督。

二十四、展览会安全工作实行属地管辖的原则,共同主办地人民政府为安全工作

第一责任人,部内展览会牵头主办单位及人事司负责联系展览会地方主办单位安保部门,对展览会安全工作实施具体指导和监督管理。

第五部分 部领导任职与出席

二十五、与外国政府机构共同举办的展览会活动,根据外事对等原则,视外方任职情况可建议部领导担任组委会领导职务。

有党中央、国务院领导任职的展览会活动,可建议由部领导出任组委会相关职务。

除重点发展类展览会外,其他展览会部领导原则上不出任组委会相关职务,如确有需要,可视情由一位分管部领导担任相关职务,由牵头主办单位提出意见会签办公厅、归口管理单位后报部领导批准。

二十六、对重点发展类展览会,商务部领导可以出席相关活动;对参与主办类展览会,商务部领导视情出席相关活动。除此之外原则上不出席其他展览会活动。如确需部领导出席应由牵头主办单位提出意见会签办公厅、归口管理单位后报部领导批准。

第六部分 其他

二十七、商务部机关各司局不得以本司局名义举办或参与各类展览会。

二十八、商务部各直属单位(含商会、协会、学会)不得自行以商务部名义举办各类展览会。

二十九、本办法自 2007 年 1 月 1 日起施行。

思 考 题

1. 网上会展对经济有什么作用?
2. 网上会展有什么安全问题,有什么对策?
3. 旅游与会展有什么联系与区别?
4. 会展媒体有哪些类型?
5. 会展媒体有什么作用?

主要参考文献

1. 金辉,《会展概论》,上海人民出版社,2004年。
2. 杨春兰,《会展概论》,上海财经大学出版社,2006年。
3. 刘松萍、梁文,《会展市场营销》,中国商务出版社,2004年。
4. 向国敏,《会展实务》,上海财经大学出版社,2005年。
5. 马勇、肖轶楠,《会展概论》,中国商务出版社,2004年。
6. 杨顺勇、曹杨,《会展手册》,化学工业出版社,2007年。
7. 俞华、朱立文,《会展学原理》,机械工业出版社,2005年。
8. 田一珊,《会奖旅游:瞄准国际市场》,《中国工商》,2000(7)。
9. [澳]约翰·艾伦等,《大型活动项目管理》,王增东、杨磊译,机械工业出版社,2002年。
10. 刘大可、王起静,《会展活动概论》,清华大学出版社,2004年。
11. 王春蕾,《会展市场营销》,上海人民出版社,2004年。
12. 过聚荣,《会展导论》,上海交通大学出版社,2006年。
13. 戴光全,《重大事件对城市发展及城市旅游的影响研究——以'99昆明世界园艺博览会为例》,中国旅游出版社,2005年。
14. 龚平、赵慰平,《会展概论》,复旦大学出版社,2005年。
15. 马洁、刘松萍,《会展概论》,华南理工大学出版社,2005年。
16. 卢晓,《节事活动策划与管理》,上海人民出版社,2006年。
17. 华谦生,《会展策划与营销》,广东经济出版社,2004年。
18. 苏文才,《会展概论》,高等教育出版社,2004年。
19. 过聚荣,《2006~2007:中国会展经济发展报告》,社会科学文献出版社,2007年。
20. 赵烈强,《会议管理实务》,湖南人民出版社,2005年。
21. 肖庆国、武少源,《会议运营管理》,中国商务出版社,2004年。
22. 沈丹阳,《从"十五"期间中国展览业的基本数据看中国展览业的主要特点》,《2006首届中国会展经济研究会学术年会论文集》,2006年。
23. 阿尔文·托夫勒,《未来的冲击》,蔡伸章译,中信出版社,2006年7月。
24. 王素影,《博鳌:中国的达沃斯与戛纳?》,《中国经营报》,2002年3月18日。
25. 赵云伟,《城市形象营销与旗舰工程建设——以伦敦的千年工程项目为例》,《规划师》2001(5)。
26. 丁秀清等,《城市营销》,兰州大学出版社,2005年4月。
27. 施谊、张义、王真,《展览管理实务》,化学工业出版社,2008年2月。

28. 卢泰宏,《2002年中国营销蓝皮书》,广州出版社,2002年6月。
29. 曾亚强、张义,《会展概论》,化学工业出版社,2007年。
30. 龚维刚、曾亚强,《上海会展业发展报告(2007)》,上海人民出版社,2007年。
31. 贾晓龙、冯丽霞,《会展旅游》(第2版),清华大学出版社,2017年。
32. 王春雷、梁圣蓉,《会展与节事营销》,中国旅游出版社,2010年。
33. 郑建瑜,《会议策划与管理》,南开大学出版社,2008年。
34. [英] 朱莉娅·图姆等,《节事运营管理》,陶婷芳、廖启安译,格致出版社、上海人民出版社,2008年10月。
35. 刘明广、罗巍,《国际会展业经典案例》,清华大学出版社,2019年9月。
36. 中国会展经济研究会,《2018年度中国展览经济发展报告》,2019年4月。
37. 王起静,《会展活动策划与管理经典案例》,南开大学出版社,2012年11月。
38. 郑建瑜,《大型演艺活动策划与管理》(第2版),重庆大学出版社:2017年9月。
39. [美] 乔治·费尼奇,王春雷译,《会展业导论》(原书第4版),重庆大学出版社,2018年4月。
40. [加] 唐纳德·盖茨,刘大可、于宁、刘畅、蒋亚萍译,《活动研究:理论与政策》,重庆大学出版社,2019年11月。
41. 向国敏、刘俊毅,《会展文案:写作与评改》(第二版),华东师范大学出版社,2016年1月。
42. 史建海,《会展设计与搭建》,北京大学出版社,2016年7月。
43. 于世宏,《会展管理信息系统》,重庆大学出版社,2014年1月。
44. 刘大可,《会展项目管理》(第二版),中国人民大学出版社,2017年4月。
45. 王瑞君、曾艳英,《会展物流》,高等教育出版社,2019年11月。
46. 王承云,《会展经济》,重庆大学出版社,2018年5月。
47. 华高莱斯德国研究中心,《会议产业"实干家" 德国如何缔造"会议王国"》,《中国会展(中国会议)》2019年4期。
48. 王青道,《新加坡何以位居亚洲第一国际会议城市》,《中国贸易报》,2015年4月。
49. 余玮,《博鳌:小镇变身外交"鳌头"》,《文史精华》,2019(10)。
50. 李高超,《达沃斯的魅力》,《国际商报》,2019年1月28日。
51. 刘松萍、蔡伊乐、湛冬燕,《广州会展业发展的现状与对策研究》,《城市观察》,2015(3):38-47.
52. 徐惠孜,《人工智能在会展领域的应用和展望》,《中国会展》,2019年第17期,90—92页。

http://www.wl-expo.com
http://www.expo2010china.com

图书在版编目(CIP)数据

会展导论/张义主编. —上海：复旦大学出版社，2020.9
创优·会展专业核心课系列教材
ISBN 978-7-309-15328-6

Ⅰ.①会… Ⅱ.①张… Ⅲ.①展览会-高等学校-教材 Ⅳ.①G245

中国版本图书馆 CIP 数据核字(2020)第 165726 号

会展导论

张 义 主编
责任编辑/方毅超

复旦大学出版社有限公司出版发行
上海市国权路 579 号　邮编：200433
网址：fupnet@fudanpress.com　http://www.fudanpress.com
门市零售：86-21-65102580　团体订购：86-21-65104505
外埠邮购：86-21-65642846　出版部电话：86-21-65642845
上海四维数字图文有限公司

开本 787×1092　1/16　印张 16　字数 360 千
2020 年 9 月第 1 版第 1 次印刷

ISBN 978-7-309-15328-6/G·2155
定价：48.00 元

如有印装质量问题，请向复旦大学出版社有限公司出版部调换。
版权所有　侵权必究